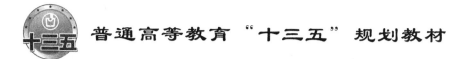

普通高等教育"十三五"规划教材

环境保护概论

主编 吴长航 王彦红

U0314918

北 京

冶 金 工 业 出 版 社

2022

内 容 提 要

本书结合国内外污染控制与治理的经验，比较全面地介绍了环境保护的相关基本概念和基础理论，主要内容包括环境保护与生态系统的基本概念，资源利用与环境保护，大气污染及其防治，水污染及其防治，土壤污染及其防治，固体废物的处理、处置与利用，其他环境污染及防治，环境监测与评价，环境管理与环境标准、法规，可持续发展的基本理论等。

本书可作为应用型高等院校环境工程、环境科学专业的基础课程教材，也可作为非环境专业的通识教育教材，同时还可供从事环境保护及相关领域的技术人员、管理人员参考。

图书在版编目(CIP)数据

环境保护概论／吴长航，王彦红主编．—北京：冶金工业出版社，2017.5（2022.10 重印）

普通高等教育"十三五"规划教材

ISBN 978-7-5024-7498-0

Ⅰ.①环… Ⅱ.①吴… ②王… Ⅲ.①环境保护—高等学校—教材 Ⅳ.①X

中国版本图书馆 CIP 数据核字(2017)第 075226 号

环境保护概论

出版发行	冶金工业出版社	**电 话**	(010)64027926
地 址	北京市东城区嵩祝院北巷 39 号	**邮 编**	100009
网 址	www.mip1953.com	**电子信箱**	service@ mip1953.com

责任编辑 杨 敏 美术编辑 吕欣童 版式设计 孙跃红
责任校对 李 娜 责任印制 禹 蕊
三河市双峰印刷装订有限公司印刷
2017 年 5 月第 1 版，2022 年 10 月第 10 次印刷
787mm×1092mm 1/16；16.25 印张；390 千字；247 页
定价 39.00 元

投稿电话 (010)64027932 投稿信箱 tougao@cnmip.com.cn
营销中心电话 (010)64044283
冶金工业出版社天猫旗舰店 yjgycbs.tmall.com
(本书如有印装质量问题，本社营销中心负责退换)

前　言

　　科学技术的进步和全球经济的迅猛发展，在极大地改善了人类社会生活质量的同时，也带来了环境污染和生态恶化等一系列威胁人类生存的问题，从而引起了世界各国对环境、生态、可持续发展等领域的广泛关注。保护全球环境，实施可持续发展，已成为人类社会的共识。作为人口最多的发展中国家，解决好环境问题，既符合中国自身可持续发展的长远目标，也是人类社会共同利益的重要体现。

　　为确保我国可持续发展战略的顺利实施及环保目标的实现，必须广泛地开展环境教育工作，帮助人们学习有关环境与环境科学方面的知识，从而正确认识环境、了解环境问题并掌握环境保护的相关知识和技能。为适应高等院校环境教育工作的切实需要，我们编写了本书。

　　本书由吴长航、王彦红担任主编，孙克春担任副主编。各章节具体编写分工为：第1章、第2章由王彦红编写；第4章、第5章由叶建华编写；第6章~第8章由吴长航编写；第9章、第10章由孙克春编写；第3章、第11章由李辉编写。统稿工作由吴长航、王彦红负责。

　　本书涉及内容较广，编写过程中参阅并引用了国内外多位学者的研究成果及资料，在此一并致谢！

　　由于时间和水平所限，书中不足之处，敬请专家和读者批评指正。

编　者
2016 年 12 月

目　　录

1　绪论 ·········· 1

1.1　环境概论 ·········· 1

1.1.1　环境的概念 ·········· 1

1.1.2　环境的分类和组成 ·········· 2

1.2　环境问题 ·········· 6

1.2.1　环境问题及其分类 ·········· 6

1.2.2　环境问题的产生及根源 ·········· 6

1.2.3　当代环境问题 ·········· 8

1.2.4　环境科学概述 ·········· 13

1.3　环境污染与人体健康 ·········· 15

1.3.1　环境污染概述 ·········· 15

1.3.2　环境污染对人体健康的影响 ·········· 16

1.3.3　环境污染对人体健康的危害 ·········· 18

1.4　国内外环境保护发展历程 ·········· 20

1.4.1　国外发达国家环境保护发展历程 ·········· 20

1.4.2　我国环境保护发展历程 ·········· 21

1.4.3　现阶段环境保护工作 ·········· 22

复习思考题 ·········· 25

2　生态学基础 ·········· 27

2.1　生态学 ·········· 27

2.1.1　生态学的定义 ·········· 27

2.1.2　生态学的发展 ·········· 27

2.2　生态系统 ·········· 28

2.2.1　生态系统的概念和组成 ·········· 28

2.2.2　生态系统的功能 ·········· 31

2.3　生态平衡 ·········· 38

2.3.1　生态平衡的概念及特点 ·········· 38

2.3.2　生态平衡的破坏 ·········· 40

2.3.3　改善生态平衡的主要对策 ·········· 41

2.4　生态学在环境保护中的应用 ·········· 41

2.4.1　全面考察人类活动对环境的影响 ·········· 41

2.4.2　充分利用生态系统的调节能力 ································ 42

2.4.3　解决近代城市中的环境问题 ·································· 44

2.4.4　综合利用资源和能源 ·· 44

2.4.5　在环境保护其他方面的应用 ·································· 45

复习思考题 ·· 46

3　自然资源的利用与保护 ·· 47

3.1　概述 ·· 47

3.1.1　基本概念 ·· 47

3.1.2　自然资源的分类 ·· 48

3.1.3　自然资源的基本特点 ······································ 49

3.2　自然资源的利用与环境保护 ······································ 50

3.2.1　土地资源的利用与保护 ···································· 50

3.2.2　水资源的利用与保护 ······································ 53

3.2.3　矿产资源的利用与保护 ···································· 59

3.2.4　生物资源的利用与保护 ···································· 61

3.2.5　海洋资源的利用与保护 ···································· 64

复习思考题 ·· 65

4　大气污染及其防治 ·· 66

4.1　概述 ·· 66

4.1.1　大气的组成 ·· 66

4.1.2　大气圈的组成及结构 ······································ 66

4.1.3　大气污染的概念 ·· 68

4.2　大气污染源及主要污染物发生机制 ································ 68

4.2.1　大气污染源 ·· 68

4.2.2　大气主要污染物及其发生机制 ······························ 69

4.3　大气污染的危害 ·· 71

4.3.1　大气污染物进入人体的途径 ································ 71

4.3.2　大气污染物对人体健康的影响 ······························ 73

4.3.3　全球大气环境问题 ·· 73

4.4　大气污染物扩散的因素 ·· 77

4.4.1　气象因素 ·· 77

4.4.2　地理因素 ·· 81

4.4.3　其他因素 ·· 83

4.5　大气污染的防治 ·· 83

4.5.1　烟尘治理技术 ·· 83

4.5.2　气态污染物的治理技术 ···································· 85

4.5.3　典型气态污染物的治理技术 ································ 85

复习思考题 ……………………………………………………… 88

5　水污染及其防治 ………………………………………………… 90

　5.1　概述 ……………………………………………………… 90

　　5.1.1　水体的概念 …………………………………………… 90

　　5.1.2　地球上水的分布 ……………………………………… 90

　　5.1.3　水的循环 ……………………………………………… 91

　5.2　水体污染与自净作用 ………………………………………… 91

　　5.2.1　水体污染及污染源 …………………………………… 91

　　5.2.2　水体中主要污染物 …………………………………… 92

　　5.2.3　水体自净作用与水环境容量 ………………………… 94

　　5.2.4　水污染现状 …………………………………………… 95

　5.3　水污染防治 …………………………………………………… 96

　　5.3.1　水污染防治的目标与任务 …………………………… 96

　　5.3.2　水污染防治的原则 …………………………………… 96

　　5.3.3　污水处理技术概论 …………………………………… 97

　　5.3.4　物理处理法 …………………………………………… 97

　　5.3.5　化学处理法 …………………………………………… 102

　　5.3.6　生物处理法 …………………………………………… 105

　5.4　水资源化 ……………………………………………………… 115

　　5.4.1　提高水资源的利用率 ………………………………… 115

　　5.4.2　调节水源量、开发新水源 …………………………… 116

　　5.4.3　加强水资源管理 ……………………………………… 116

　复习思考题 …………………………………………………………… 117

6　土壤污染及其防治 ……………………………………………… 118

　6.1　概述 ……………………………………………………………… 118

　　6.1.1　土壤的基本结构及特性 ……………………………… 118

　　6.1.2　土壤环境元素背景值和土壤环境容量 ……………… 120

　6.2　土壤环境污染及其防治 ……………………………………… 121

　　6.2.1　土壤环境污染及其影响因素 ………………………… 121

　　6.2.2　我国土壤污染现状及危害 …………………………… 123

　　6.2.3　重金属污染 …………………………………………… 126

　　6.2.4　化学农药污染 ………………………………………… 132

　　6.2.5　化肥污染 ……………………………………………… 134

　　6.2.6　畜禽粪便污染 ………………………………………… 135

　　6.2.7　土壤污染的修复与综合防治 ………………………… 136

　　6.2.8　污染土壤修复技术的选择原则 ……………………… 152

　6.3　土壤生态保护与土壤退化的防治 …………………………… 152

　　6.3.1　土壤生态系统 ………………………………………………………… 152

　　6.3.2　土壤退化及其成因 …………………………………………………… 153

　　6.3.3　土壤退化的类型及其防治 …………………………………………… 153

　复习思考题 ……………………………………………………………………… 156

7　固体废物的处理、处置与利用 ……………………………………………… 157

　7.1　概述 ………………………………………………………………………… 157

　　7.1.1　固体废物的概念及种类 ……………………………………………… 157

　　7.1.2　固体废物的特点 ……………………………………………………… 158

　　7.1.3　固体废物的污染途径 ………………………………………………… 159

　　7.1.4　固体废物的危害 ……………………………………………………… 160

　7.2　固体废物污染的综合防治 ………………………………………………… 160

　　7.2.1　控制固体废物污染的途径 …………………………………………… 160

　　7.2.2　控制固体废物污染的技术政策 ……………………………………… 162

　7.3　固体废物的处理技术 ……………………………………………………… 164

　　7.3.1　焚烧法 …………………………………………………………………… 164

　　7.3.2　热解法 …………………………………………………………………… 164

　　7.3.3　分选法 …………………………………………………………………… 165

　　7.3.4　固化法 …………………………………………………………………… 167

　　7.3.5　生物法 …………………………………………………………………… 167

　7.4　常见固体废物的综合利用方式 …………………………………………… 168

　　7.4.1　高炉渣的综合利用 …………………………………………………… 168

　　7.4.2　煤矸石的综合利用 …………………………………………………… 169

　　7.4.3　铬渣的综合利用 ……………………………………………………… 171

　　7.4.4　污泥的综合利用 ……………………………………………………… 174

　　7.4.5　粉煤灰的综合利用 …………………………………………………… 175

　复习思考题 ……………………………………………………………………… 177

8　其他环境污染防治 …………………………………………………………… 178

　8.1　噪声污染及防治 …………………………………………………………… 178

　　8.1.1　概述 …………………………………………………………………… 178

　　8.1.2　噪声的评价度量 ……………………………………………………… 179

　　8.1.3　噪声污染控制技术 …………………………………………………… 181

　8.2　放射性污染及防治 ………………………………………………………… 183

　　8.2.1　放射性污染的特点及来源 …………………………………………… 183

　　8.2.2　放射性污染的防治 …………………………………………………… 184

　　8.2.3　放射性废物的处理与处置 …………………………………………… 184

　8.3　电磁辐射污染及防治 ……………………………………………………… 185

　　8.3.1　电磁辐射的来源 ……………………………………………………… 185

8.3.2　电磁辐射的危害 ···················· 185

8.3.3　电磁辐射的防治 ···················· 186

8.4　热污染及防治 ···················· 186

8.4.1　热污染概述 ···················· 186

8.4.2　热污染的防治 ···················· 187

8.5　光污染及防治 ···················· 187

8.5.1　光污染概述 ···················· 187

8.5.2　光污染的防治 ···················· 188

复习思考题 ···················· 189

9　环境监测与评价 ···················· 190

9.1　环境监测 ···················· 190

9.1.1　环境监测的作用和目的 ···················· 190

9.1.2　环境监测的程序与方法 ···················· 191

9.1.3　环境监测中污染物分析方法简介 ···················· 192

9.1.4　环境监测的质量控制 ···················· 193

9.2　环境质量评价 ···················· 194

9.2.1　环境质量评价的意义及类型 ···················· 194

9.2.2　环境质量评价的程序 ···················· 195

9.2.3　环境质量现状评价的内容和方法 ···················· 196

9.3　环境影响评价 ···················· 196

9.3.1　环境影响评价概述 ···················· 196

9.3.2　环境影响评价的程序 ···················· 198

9.3.3　环境影响评价的方法 ···················· 200

9.3.4　环境影响报告书的编制 ···················· 200

复习思考题 ···················· 202

10　环境管理与环境标准、法规 ···················· 203

10.1　环境管理 ···················· 203

10.1.1　环境管理概述 ···················· 203

10.1.2　环境管理的基本职能和内容 ···················· 204

10.1.3　环境管理的技术方法和管理制度 ···················· 208

10.1.4　我国环境管理的发展趋势 ···················· 213

10.2　环境标准 ···················· 215

10.2.1　环境标准的种类和作用 ···················· 215

10.2.2　制定环境标准的原则和方法 ···················· 218

10.2.3　环境标准的监督实施 ···················· 220

10.2.4　我国环境标准的形成和发展 ···················· 221

10.3　环境法规 ···················· 222

10.3.1 环境法的基本概念 ······················ 222

10.3.2 环境法的基本原则 ······················ 223

10.3.3 我国环境法体系的构成 ··················· 224

复习思考题 ································· 226

11 可持续发展的基本理论 ···················· 227

11.1 可持续发展理论的内涵与特征 ················· 227

11.1.1 可持续发展的定义 ······················ 227

11.1.2 可持续发展理论的基本特征 ··············· 227

11.1.3 可持续发展理论的基本原则 ··············· 229

11.2 中国实施可持续发展战略的行动 ··············· 229

11.2.1 《中国21世纪议程》的主要内容 ············ 229

11.2.2 《中国21世纪议程》的特点 ··············· 230

11.3 可持续发展战略的实施途径 ··················· 231

11.3.1 清洁生产 ····························· 231

11.3.2 循环经济 ····························· 236

11.3.3 低碳经济 ····························· 238

11.3.4 绿色技术 ····························· 242

复习思考题 ································· 245

参考文献 ····································· 246

1 绪 论

1.1 环 境 概 论

1.1.1 环境的概念

环境是相对于中心事物而言的，是相对于主体的客体。《中华人民共和国环境保护法》中明确指出，环境是指影响人类生存和发展的各种天然的和经过人工改造的自然因素的总体，包括大气、水、海洋、土地、矿藏、森林、草原、野生生物、自然遗迹、人文遗迹、风景名胜区、自然保护区、城市和乡村等。

在环境科学领域，环境的含义是以人类社会为主体的外部世界的总体。按照这一定义，环境包括了已经为人类所认识的直接或间接影响人类生存和发展的物理世界的所有事物。它既包括未经人类改造过的众多自然要素，如阳光、空气、陆地、天然水体、天然森林和草原、野生生物等等；也包括经过人类改造和创造出的事物，如水库、农田、园林、村落、城市、工厂、港口、公路、铁路等等。它既包括这些物理要素，也包括由这些要素构成的系统及其所呈现的状态和相互关系。

环境是人类进行生产和生活的场所，是人类生存和发展的物质基础。人类对环境的改造不像动物那样，只是以自己的存在来影响环境，用自己的身体来适应环境，而是以自己的劳动来改造环境，把自然环境转变为新的生存环境，而新的生存环境再反作用于人类。在这一反复曲折的过程中，人类在改造客观世界的同时也改造着自己，正如恩格斯在《自然辩证法》中写道："人的生存条件，并不是当他刚从狭义的动物中分化出来的时候就现成具有的；这些条件是由以后的历史发展才造成的。"这就是说，人类的生存环境不是从来就有的，它的形成经历了一个漫长的发展过程。我们赖以生存的环境，就是这样由简单到复杂，由低级到高级发展而来的。它既不是单纯地由自然因素构成，也不是单纯地由社会因素构成。它凝聚着自然因素和社会因素的交互作用，体现着人类利用和改造自然的性质和水平，影响着人类的生产和生活，关系着人类的生存和健康。

人类对自然的利用和改造的深度和广度，在时间上是随着人类社会的发展而发展的，在空间上是随着人类活动领域的扩张而扩张的。虽然，迄今为止，人类主要还是居住在地球表层，但有人根据月球引力对海水的潮汐有影响的事实，提出月球能否视为人类生存环境的问题。现阶段没有把月球视为人类的生存环境，任何一个国家的环境保护法也没有把月球规定为人类的生存环境，因为它对人类的生存和发展影响很小。但是，随着宇宙航行和空间科学技术的发展，总有一天人类不但要在月球上建立空间实验站，还要开发利用月球上的自然资源，使地球上的人类频繁往来于月球与地球之间。到那时，月球当然就会成为人类生存环境的重要组成部分。所以，人们要用发展的、辩证的观点来认识环境。

1.1.2　环境的分类和组成

1.1.2.1　环境的分类

环境是一个庞大而复杂的体系，人们可以从不同的角度或不同的原则，按照人类环境的组成和结构关系将它进行个不同的分类。

按照环境的范围大小，可把环境分为特定的空间环境、车间环境、生活区环境、城市环境、区域环境、全球环境和星际环境等。

按照环境的要素，可把环境分为大气环境、水环境、土壤环境、生物环境和地质环境等。

按照环境的功能，可把环境分为生活环境和生态环境。

按照环境的主体，可以分为两种体系：一种是以生物体（界）作为环境的主体，而把生物以外的物质看成环境要素（在生态学中往往采用这种分类方法）；另一种是以人或人类作为主体，其他的生物和非生命物质都被视为环境要素，即环境指人类生存的氛围。在环境科学中采用的就是第二种分类方法，即趋向于按环境要素的属性进行分类，把环境分为自然环境和社会环境两种。自然环境是社会环境的基础，而社会环境又是自然环境的发展。自然环境是指环绕人们周围的各种自然因素的总和，如大气、水、植物、动物、土壤、岩石矿物、太阳辐射等。自然环境是人类赖以生存的物质基础。通常把这些因素划分为大气圈、水圈、生物圈、土壤圈、岩石圈五个自然圈。人类是自然的产物，而人类的活动又影响着自然环境。社会环境是指人类在自然环境的基础上，为不断提高物质和精神文化生活水平，通过长期有计划、有目的的发展，逐步创造和建立起来的高度人工化的生存环境，即由于人类活动而形成的各种事物。

1.1.2.2　环境的组成

人类的生存环境，可由近及远，由小到大地分为聚落环境、地理环境、地质环境和星际环境，形成一个庞大的多级谱系。

A　聚落环境

聚落是人类聚居的场所、活动的中心。聚落内及其周边生态条件，成为聚落人群生存质量、生活质量和发展条件的重要内容。聚落及其周围的地质、地貌、大气、水体、土壤、植被及其所能提供的生产力潜力，聚落与外界交流的通达条件等，直接影响着区域内居民的健康、生活保障和发展空间。聚落的形成及其在不同地区、不同民族所表现的不同模式，是人、地关系和区域社会经济历史演化的结果。聚落环境也就是人类聚居场所的环境，它是与人类的工作和生活关系最密切、最直接的环境，人们一生大部分时间是在这里度过的，因此历来都引起人们的关注和重视。

聚落环境根据其性质、功能和规模可分为院落环境、村落环境、城市环境等。

a　院落环境

院落环境是由一些功能不同的建筑物和与其联系在一起的场院组成的基本环境单元，如我国西南地区的竹楼、内蒙古草原的蒙古包、陕北的窑洞、北京的四合院、机关大院以及大专院校等。院落环境的结构、布局、规模和现代化程度是很不相同的，因而，它的功能单元分化的完善程度也是很悬殊的。院落环境是人类在发展过程中适应自己生产和生活的需要，而因地制宜创造出来的。

院落环境在保障人类工作、生活和健康，促进人类发展中起到了积极的作用，但也相应地产生了消极的环境问题，其主要污染源来自生活"三废"。院落环境污染量大面广，已构成了难以解决的环境问题，如千家万户的油烟排放，每年秋季的秸秆焚烧，导致附近大气污染。所以，在今后聚落环境的规划设计中，要加强环境科学的观念，以便在充分考虑到利用和改造自然的基础上，创造出内部结构合理并与外部环境协调的院落环境。目前，提倡院落环境园林化，在室内、室外、窗前、房后种植瓜果、蔬菜和花草，美化环境，净化环境，调控人类、生物与大气之间的二氧化碳与氧气平衡。这样就把院落环境建造成一个结构合理、功能良好、物尽其用的人工生态系统。

b 村落环境

村落主要是农业人口聚居的地方。由于自然条件的不同，以及农、林、牧、副、渔等农业活动的种类、规模和现代化程度的不同，所以无论是从结构、形态、规模上，还是从功能上来看，村落的类型都是多种多样的，如有平原上的农村，海滨湖畔的渔村，深山老林的山村等，因而，它所遇到的环境问题也是各不相同的。

村落环境的污染主要来源于农业污染及生活污染源。特别是农药、化肥的使用和污染有日益增加和严重的趋势，影响农副产品的质量，威胁人们的健康，甚至有急性中毒而致死的。因此，必须加强农药、化肥的管理，严格控制施用剂量、时机和方法，并尽量利用综合性生物防治来代替农药防治，用速效、易降解农药代替难降解的农药，尽量多施用有机肥，少用化肥，提高施肥技术和效果。总之，要开展综合利用，使农业和生活废弃物变废为宝，化害为利，发挥其积极作用。除此之外，生产方式的变迁（潜在因素）也是造成村落环境污染的原因之一。城市化的浪潮席卷农村之后，为村民提供了更广阔的就业空间和多样的谋生手段，大部分年轻的村民都去城区打工，村中只剩下留守儿童和老人。有的田地开始荒芜，且相当一部分村民在原来的田地上建造了房屋，水土得不到很好的保持。自来水的推广和普及，使得河水以饮用为主的功能被替代，水体"饮用"功能不断退化。村民维护水和土地的意识不断减弱，面对经济效益的诱惑，个别村民以牺牲环境来维持生计。农村对污染企业具有诸多"诱惑"：一是农村资源丰富，一些企业可以就地取材，成本低廉；二是使用农村劳动力成本很低，像"小钢铁"、"小造纸"这样的一些污染企业，落户农村后，一般都以附近村民为主要用工对象；三是农村地广人稀，排污隐蔽。因此，近年来大部分污染企业开始进驻农村，村落环境成了污染企业的转移地。

c 城市环境

城市环境是人类利用和改造环境而创造出来的高度人工化的生存环境。城市是随着私有制及国家的出现而出现的非农业人口聚居的场所。随着资本主义社会的发展，城市更加迅速地发展起来，特别是第二次世界大战以后的 30 多年，世界性城市化日益加速进行。所谓城市化（urbanization）就是农村人口向城市转移，城市人口占总人口的比率变化的趋势增大。

城市是人类在漫长的实践过程中，通过对自然环境的适应、加工、改造、重新建造的人工生态系统。如今，世界上有约 80% 的人口都居住在城市。城市有现代化的工业、建筑、交通、运输、通讯联系、文化娱乐设施及其他服务行业，为居民的物质和文化生活创造了优越条件，但也因人口密集、工厂林立、交通频繁等，而使环境遭受严重的污染和破坏，威胁人们安全、宁静而健康的工作和生活。城市化对环境的影响有以下几个方面。

（1）城市化对水环境的影响。

1）对水质的影响。主要指生活、工业、交通、运输以及其他服务行业对水环境的污染。在18世纪以前，以人畜生活排泄物和相伴随的细菌、病毒等的污染为主，常常导致水质恶化、瘟疫流行。18世纪以后，随着近代大工业的发展，工业"三废"日益成为城市环境的主要污染源。

2）对水量的影响。城市化增加了房屋和道路等不透水面积和排水工程，特别是暴雨排水工程，从而减少渗透，增加流速，地下水得不到地表水足够的补给，破坏了自然界的水分循环，致使地表总径流量和峰值流量增加，滞后时间（径流量落后于降雨量的时间）缩短。城市化不仅影响到洪峰流量增加，而且也导致频率增加。城市化将增加耗水量，往往导致水源枯竭、供水紧张。地下水过度开采，常造成地下水面下降和地面下沉。

（2）城市化对大气环境的影响。

1）城市化使城市下垫面的组成和性质发生了根本性变化。城市的水泥、沥青路面，砖瓦建筑物以及玻璃和金属等人工表面代替了土壤、草地、森林等自然地面，改变了反射和辐射面的性质及近地面层的热交换和地面的粗糙度，从而影响了大气的物理状况，如气温、云量、雾量等。

2）城市化改变了大气的热量状况。城市消耗大量能源，释放出大量热能集中于局部范围内，大气环境接受的这些人工热能，接近甚至超过它从太阳和天空辐射所接受的能量，从而对大气产生了热污染。城市的市区比郊区及农村消耗较多的能源，且自然表面少，植被少，从而吸热多而散热少。另外，空气中经常存在大量的污染物，它们对地面长波辐射吸收和反射能力强，造成城市"热岛效应"。"热岛效应"的产生使城市中心成为污染最严重的地方。随着人们生产、生活空间向地下延伸，热污染也随之进入地下，使地下也形成一个"热岛"。

3）城市化大量排放各种气体和颗粒污染物。这些污染物会改变城市大气环境的组成。一般说来，在工业时代以前，城市燃料结构以木柴为主，大气主要受烟尘污染，18世纪进入工业时代以来，城市燃料结构逐渐以煤为主，大气受烟尘、二氧化硫及工业排放的多种气体污染较重，进入20世纪后半叶以来，城市中工业及交通运输以矿物油作为主要能源，大气受 CO_2、NO_x、CH、光化学烟雾和 SO_2 污染日益严重。由于城市气温高于四周，往往形成城市"热岛"。城市市区被污染的暖气流上升，并从高层向四周扩散；郊区较新鲜的冷空气则从底层吹向市区，构成局部环流（见图1-1）。这样加强了城区与郊区的气体交换，但也一定程度上使污染物圈于此局部环流之中，而不易向更大范围扩散，常

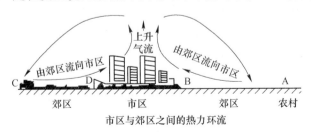

图 1-1　热岛环流图

常在城市上空形成一个污染物幕罩。

（3）城市化对生物环境的影响。城市化严重地破坏了生物环境，改变了生物环境的组成和结构，使生产者有机体与消费者有机体的比例不协调。特别是近代工商业大城市的发展，往往不是受计划的调节，而是受经济规律的控制，许多城市房屋密集、街道交错，到处是水泥建筑和柏油路面，几乎完全消除了森林和草地，除了熙熙攘攘的人群，几乎看不到其他的生命，被称为"城市荒漠"。尤其在闹市区，高楼夹峙，街道深陷，形如峡谷，更给人以压抑之感，美国纽约的曼哈顿（Manhattan）峡谷式街道就是典型的例子，日本东京在发展中绿地也大量减少。森林和草地消失，公用绿地面积减少，野生动物群在城市中消失，鸟儿也很少见，这些变化使生态系统遭到破坏，影响了碳、氧等物质循环。城市不透水面积的增加，破坏了土壤微生物的生态平衡。

（4）城市化噪声污染。盲目的城市化过程还造成振动、噪声、微波污染、交通紊乱、住房拥挤、供应紧张等一系列威胁人们健康和生命安全的环境问题。噪声污染是我国的四大公害之一。尤其是近些年随着城市规模的发展，交通运输、汽车制造业迅速发展，城市噪声污染程度迅速上升，已成为我国环境污染的重要组成部分。据不完全统计，我国城市交通噪声的等效声级超过 70dB（A）的路段达 70%，有 60% 的城市面积噪声超过 55dB（A）。

我国本着"工农结合，城乡结合，有利生产，方便生活"的原则，努力控制大城市，积极发展中、小城市。在城市建设中，首先是确定其功能，指明其发展方向；其次是确定其规模，以控制其人口和用地面积，然后确定环境质量目标，制定城市环境规划，根据地区自然和社会条件合理布置居住、工业、交通、运输、公园、绿地、文化娱乐、商业、公共福利和服务等项事业，力争形成与其功能相适应的最佳结构，以保持整洁、优美、宁静、方便的城市生活和工作环境。

B　地理环境

地理环境是能量的交错带，位于地球表层，即岩石圈、水圈、土壤圈、大气圈和生物圈相互作用的交错带上，其厚度约 10～30km，包括了全部的土壤圈。

地理环境具有三个特点：（1）具有来自地球内部的内能和主要来自太阳的外部能量，并彼此相互作用；（2）它具有构成人类活动舞台和基地的三大条件，即常温常压的物理条件、适当的化学条件和繁茂的生物条件；（3）这一环境与人类的生产和生活密切相关，直接影响着人类的饮食、呼吸、衣着和住行。由于地理位置不同，地表的组成物质和形态不同，水、热条件不同，地理环境的结构具有明显的地带性特点。因此，保护好地理环境，就要因地制宜地进行国土规划、区域资源合理配置、结构与功能优化等。

C　地质环境

地质环境主要是指地表以下的坚硬壳层，即岩石圈。地质环境是地球演化的产物。岩石在太阳能作用下的风化过程，使固结的物质解放出来，参加到地理环境中去，参加到地质循环以至星际物质大循环中去。

如果说地球环境为人类提供了大量的生活资料、可再生的资源，那么，地质环境则为人类提供了大量的生产资料，丰富的矿产资源。目前，人类每年从地壳中开采的矿石达 4 亿立方千米，从中提取大量的金属和非金属原料，还从煤、石油、天然气、地下水、地热和放射性等物质中获取大量能源。随着科学技术水平的不断提高，人类对地质环境的影响也更大了，一些大型工程直接改变了地质环境的面貌，同时也是一些自然灾害（如山体滑坡、山崩、泥石流、地震、洪涝灾害）的诱发因素，这是值得引起高度重视的。

　　D　星际环境

　　星际环境是指地球大气圈以外的宇宙空间环境，由广漠的空间、各种天体、弥漫物质以及各类飞行器组成。星际环境好像距我们很遥远，但是它的重要性却是不容忽视的。地球属于太阳系的一个成员，我们生存环境中的能量主要来自太阳辐射。我们居住的地球距太阳不近也不远，正处于"可居住区"之内，转动得不快也不慢，轨道离心率不大，致使地理环境中的一切变化既有规律又不过度剧烈，这些都为生物的繁茂昌盛创造了必要的条件。迄今为止，地球是我们所知道的唯一有人类居住的星球。我们如何充分有效地利用这种优越条件，特别是如何充分有效地利用太阳辐射这个既丰富又洁净的能源，在环境保护中是十分重要的。

1.2　环　境　问　题

1.2.1　环境问题及其分类

　　（1）环境问题的概念。所谓环境问题是指由于人类活动作用于周围环境，引起环境质量变化，这种变化反过来对人类的生产、生活和健康产生影响的问题。

　　（2）环境问题的分类。按照环境问题的影响和作用来划分，有全球性的、区域性的和局部性的不同等级。其中全球性的环境问题具有综合性、广泛性、复杂性和跨国界的特点。

　　按照引起环境问题的根源划分，可以将环境问题分为两大类：一类是自然原因引起的，称为原生环境问题，又称第一环境问题，它主要是指地震、海啸、洪涝、干旱、风暴、崩塌、滑坡、泥石流、台风、地方病等自然灾害；另一类由人类活动引起的环境问题称为次生环境问题，也称第二环境问题。第二环境问题又可分为以下两类：

　　第一类是由于人类不合理开发利用自然资源，超出环境承载力，使生态环境质量恶化或自然资源枯竭的现象。也就是说，人类活动引起的自然条件变化，可影响人类生产活动。如森林破坏、草原退化、沙漠化、盐渍化、水土流失、水热平衡失调、物种灭绝、自然景观破坏等。其后果往往需要很长时间才能恢复，有的甚至不可逆转。

　　第二类是由于人口激增、城市化和工农业高速发展引起的环境污染和破坏，具体是指有害的物质，以工业"三废"（废气、废水、废渣）为主对大气、水体、土壤和生物的污染。环境污染包括大气污染、水体污染、土壤污染、生物污染等由物质引起的污染和噪声污染、热污染、放射性污染或电磁辐射污染等物理性因素引起的污染。这类污染物可毒化环境，危害人类健康。

1.2.2　环境问题的产生及根源

　　（1）环境问题产生的原因。环境问题产生的原因主要有三个方面：

　　1）由于庞大的人口压力。庞大的人口基数和较高的人口增长率，对全球特别是一些发展中国家，形成巨大的人口压力。人口持续增长，对物质资料的需求和消耗随之增多，最终会超出环境供给资源和消化废物的能力进而出现种种资源和环境问题。

2）由于资源的不合理利用。随着世界人口持续增长和经济迅速发展，人类对自然资源的需求量越来越大，而自然资源的补给、再生和增殖是需要时间的，一旦利用超过了极限，要想恢复是困难的。特别是非可再生资源，其蕴藏量在一定时期内不再增加，对其开采过程实际上就是资源的耗竭过程。当代社会对非可再生资源的巨大需求，更加剧了这些资源的耗竭速度。在广大的贫困落后地区，由于人口文化素质较低，生态意识淡薄，人们长期采用有害于环境的生产方法，而把无污染技术和环境资源的管理置之度外，如不顾环境的影响，盲目扩大耕地面积。

3）片面追求经济的增长。传统的发展模式关注的只是经济领域活动，其目标是产值和利润。在这种发展观的支配下，为了追求最大的经济效益，人们认识不到或不承认环境本身所具有的价值，采取了以损害环境为代价来换取经济增长的发展模式，其结果是在全球范围内相继造成了严重的环境问题。

（2）环境问题产生的根源。从环境问题产生的主要原因可以看出，环境问题是伴随着人口问题、资源问题和发展问题而出现的，这四者之间是相互联系、相互制约的。从本质上看，环境问题是人与自然的关系问题。在人与自然的矛盾中，人是矛盾的主要方面，因而也是环境问题的最终根源。因此，分析环境问题的根源应该从人着手。环境问题主要来自三大根源：一是发展观根源；二是制度根源；三是科技根源。

1）发展观根源是指环境问题的产生，是由于人们用不正确的指导思想来指导发展造成的。长期以来，人们在发展观上有个误区，认为单纯的经济增长就等于发展，只要经济发展了，就有足够的物质手段来解决各种政治、社会和环境问题。二战后近20年西方各国流行把"发展"等同于"经济发展"思想。然而事实却非完全如此。很多国家的发展历程已经表明，如果社会发展不协调，环境保护不落实，经济发展将受到更大制约，因为经济发展取得的部分效益是在增加以后的社会发展代价。很多人认为中国可以仿效发达国家，走"先发展后治理"的老路。但中国的人口资源环境结构比发达国家紧张得多，发达国家能在人均8000～10000美元时着手改善环境，而我国很可能在人均3000美元时提前面对日趋严重的环境问题，多年改革开放所积累的经济成果将有很大一部分消耗在环境污染治理上。而如果以"和谐发展观"作为指导，在发展过程中注重人与社会、人与自然、社会与自然的和谐发展，则既能兼顾到经济发展的短期和长期效益，又能减少环境问题的产生。从这个意义上说，不正确的发展观和发展观的误区是产生环境问题的第一根源。

2）制度根源是指环境问题的产生，是由于环境制度的失败造成的。环境问题之所以产生，就是由于人们生产和消费行为的不合理，而人们生产和消费行为的不合理，是由于没有完善的制度来规范人们的行为和职责。何茂斌在《环境问题的制度根源与对策》一文中认为，环境制度的失败主要表现在四个方面：一是重污染防治，轻生态保护，即预防污染的法规多，生态保护的法规少；二是重点源治理，轻区域治理，即忽视环境的整体性，头痛医头、脚痛医脚；三是重浓度控制，轻总量控制，即按照制度标准控制排放浓度的限值，而忽视污染物的总排放量；四是重末端控制，轻全过程控制，即重视控制经济活动的污染后果，而轻视经济活动过程中的污染排放。由此可见，制度的不完善或不合理是环境问题产生的根源之一。

3）科技根源是指环境问题的产生，是由于科学技术的负面作用而引起的。科技的发展在给人类的生产、生活带来极大便利的同时也不断地暴露其负面效应。农药可以预防害虫，也可以使食物具有毒性；塑料袋方便人们拎提物品，也会造成白色污染；电脑方便人们快速地传递信息，也辐射着人们的皮肤；核能能为人们发电，也可以成为毁灭人类的致命武器。从环境污染角度来看，现代社会的重大环境问题都直接和科技有关。资源短缺直接与现代化机器大规模开发有关；生态破坏直接与森林砍伐和捕猎有关；大气污染和水源污染直接和现代的工厂、汽车、火车、轮船等排放的污染物有关。因此，科技的负面作用也是当今环境问题产生的重要根源之一。

1.2.3 当代环境问题

环境是人类的共同财富，人和环境的关系是密不可分的，人类赖以生存和生活的客观条件是环境，脱离了环境这一客体，人类将成为无源之水、无本之木，根本无法生存，更谈不上发展。一方水土养一方人，这是人类生存的基本原则。早在 20 世纪 80 年代初，全球变暖、臭氧层空洞及酸雨三大全球性环境问题已初露端倪。进入 20 世纪 90 年代地球荒漠化、海洋污染、物种灭绝等环境问题更是突破了国界，成为影响全人类生存的重大问题。21 世纪全球主要环境问题有以下几方面。

1.2.3.1 温室效应

大气中含有微量的二氧化碳，二氧化碳有一个特性，就是对于来自太阳的短波辐射"开绿灯"，允许它们通过大气层到达地球表面。短波辐射到达地面后，会使地面温度升高。地面温度升高后，就会以长波辐射的形式向外散发热量。而二氧化碳对于来自地面的长波辐射则能吸收，不让其通过，同时把热量以长波辐射的形式又反射给地面。这样就使热量滞留于地球表面。这种现象类似于玻璃温室的作用，所以称为温室效应。能产生温室效应的气体还有甲烷、氯氟烃等。

大气温室效应并不是完全有害的，如果没有温室效应，那么地球的平均表面温度，就不是现在的 $15℃$，而是 $-18℃$，人类的生存环境将极为恶劣，不适宜人类的生存。但是，人类大量燃烧矿物燃料，如煤、石油、天然气等，向大气排放的二氧化碳越来越多，使温室效应不断加剧，从而使全球气候变暖。目前人类由于燃烧矿物燃料向大气排放的二氧化碳每年高达 65 亿吨。中国是排放二氧化碳的第二大国，因此中国对目前的温室效应具有重大的贡献。温室效应最主要的危害就是导致南北两极的冰盖融化，而冰盖融化以后会导致海平面上升。据科学家预测，如果人类对二氧化碳的排放不加限制，到 2100 年，全球气温将上升 $2 \sim 5℃$，海平面将升高 $30 \sim 100cm$，由此会带来灾难性后果。海拔低的岛屿和沿海大陆就会葬身海底，如上海、纽约、曼谷、威尼斯等许多大城市可能被海水淹没而成为"海底城市"。

现在人类排放的二氧化碳总量在大气层中越积越多，已是不容置疑的事实。据观测，近一个世纪以来，全球平均地面气温确实上升了，上升了 $0.3 \sim 0.6℃$，尤其是自 20 世纪 80 年代以来特别明显。1986 年以来，地球年平均气温连续 11 年高于多年平均值且呈逐步上升趋势。我国也是如此，自 1986 年以来已连续出现 11 个暖冬。据科学家观测，近 100 多年来，地球上的冰川确实大幅度地后退了，海平面也确实上升了 $14 \sim 15cm$。二氧化碳在大气中的积累肯定会导致全球变暖。如果人类不及早采取措施，不防患于未然，将会后患无穷。

1.2.3.2 臭氧层空洞

1985 年，英国的南极考察团首次发现南极上空的臭氧层有一个空洞，当时轰动了世界，也震动了科学界。臭氧层空洞成为当时的热点话题。所谓"臭氧层空洞"是指由于人类活动而使臭氧层遭到破坏而变薄。

在太阳辐射中有一部分是紫外线，它对生物有很大的杀伤力，医学上用紫外线杀菌。在距地表 20~30km 的高空平流层有一层臭氧层，它吸收了 99% 的紫外线，就像一层天然屏障，保护着地球上的万物生灵，使它们免受紫外线的杀伤。因此臭氧层也被誉为地球的保护伞。近年来，科学家又进行调查，发现全球的臭氧层都不同程度地遭到破坏。南极上空的臭氧层破坏最为明显，有一个相当于北美洲面积大小的空洞。

臭氧层空洞会导致到达地面的紫外线辐射增强，人类皮肤癌的发病率大幅度上升。臭氧层破坏最受发达国家的关注，因为发达国家大都是白种人，他们的皮肤癌发病率特别高。另外，紫外线辐射过度还会导致白内障。科学家发现臭氧层中的臭氧每减少 1%，紫外线辐射将增加 2%，皮肤癌发病率将会增加 7%，白内障的发病率将会增加 0.6%。紫外线辐射增强不仅影响人类的健康，还会影响农作物、海洋生物的生长繁殖。现在科学家已经找到了破坏臭氧层的罪魁祸首，那就是氟氯烃类化合物。自然界中是没有这种物质的。它被发明于 1930 年，作为制冷剂、灭火剂、清洗剂等，广泛运用于化工制冷设备，如我们使用的空调、冰箱、发胶、喷雾剂等商品里面都含有氟氯烃。氟氯烃进入高空之后，在紫外线的照射下激化，就会分解出氯原子，氯原子对臭氧分子有很强的破坏作用，把臭氧分子变成普通的氧分子。人类万万没有想到，氟氯烃在造福人类的同时会跑到天上去"闯祸"。

1.2.3.3 酸雨

酸雨是 20 世纪 50 年代以后才出现的环境问题。现在全世界有三大酸雨区：欧洲、北美和中国长江以南地区。随着工业生产的发展和人口的激增，煤和石油等化石燃料的大量使用是产生酸雨的主要原因。化石燃料中都含有一定量的硫，如煤一般含硫 0.5%~5%，汽油一般含硫 0.25%。这些硫在燃烧过程中 90% 都被氧化成二氧化硫而排放到大气中。据估计，现全世界每年向大气中排放的二氧化硫约 1.5 亿吨。其中燃煤排放约占 70% 以上，燃油排放约占 20%，还有少部分是由有色金属冶炼和硫酸制造排放的。人类排放的二氧化硫在空气中可以缓慢地转化成三氧化硫。三氧化硫与大气中的水汽接触，就生成硫酸。硫酸随雨雪降落，就形成酸雨。

酸雨是指 pH 值小于 5.6 的雨雪。一般正常大气降水含有碳酸，呈弱酸性，pH 值小于 7 而大于 5.6。但由于二氧化硫的大量排放，使雨雪中含有较多的硫酸，使降水的 pH 值小于 5.6，就形成了酸雨。

酸雨对生态环境的危害很大，可以毁坏森林，使湖泊酸化。如"千湖之国"的瑞典，已酸化的湖泊达到 13000 多个；另外，加拿大也有 10000 多个湖泊由于酸雨的危害成为死湖，生物绝迹。酸雨还会腐蚀建筑物、雕塑。例如，北京的故宫、英国的圣保罗大教堂、雅典的卫城、印度的泰姬陵，都在酸雨的侵蚀下受到危害。酸雨的危害也是跨国界的，常常引起国与国之间的酸雨纠纷。

酸雨污染已成为我国非常严重的一个环境问题。目前我国长江以南的四川、贵州、广东、广西、江西、江苏、浙江已经成为世界三大酸雨区之一，酸雨区已占我国国土面积的

40%。贵州是酸雨污染的重灾区，全区 1/3 的土地受到酸雨的危害，省城贵阳出现酸雨的频率几乎为 100%。其他主要大城市的酸雨频率也在 90% 以上。降水的 pH 值常为 3 点多，有时甚至为 2 点多。我国著名的雾都重庆，雾也变成了酸雾，对建筑物和金属设施的危害极大。四川和贵州的公共汽车站牌，几乎全都是锈迹斑斑，都是酸雨造成的。另外，酸雨还会使农作物减产。

1.2.3.4　土地沙漠化

土地沙漠化是世界性的环境问题，沙漠化已经影响到了一百多个国家和地区。地球上的沙漠在以一种惊人的速度扩展。据联合国环境规划署的统计，现在每年有 600 万公顷的土地变为沙漠。现在世界各地都是沙进人退，土地不断被蚕食。科学家们呼吁，如果人类再不制止沙漠化，半个地球将成为沙漠。

本来沙漠是气候干旱的产物，像北非的撒哈拉，西亚的一些大沙漠，那些地方的降水量很少。在半干旱地区和湿润地区是不应该出现沙漠化的，因为沙漠化是干旱的产物，在半干旱地区应该是草原景观。但是现在半干旱和半湿润地区也出现了大片的沙漠。例如，我国的内蒙古和陕西交界处的毛乌素沙地。当地的降水量并不少，在汉朝的时候这里还是水草肥美的大草原，可是现在已经变成了一个大沙漠。其实引起沙漠化的罪魁祸首就是我们人类自己。沙漠化是自然界对人类破坏环境的"报复"。在沙漠的外围是半干旱地区的草原，生态环境是比较脆弱的，稍加破坏，生态平衡就会被打破，就会出现沙漠化的现象。人类在沙漠的外围过度放牧，会破坏草原的植被，使草原不断地退化，从而变成沙漠。我国是世界上沙漠化危害严重的国家之一，有 1/7 的国土被沙漠覆盖，有 1/3 的国土受到风沙的危害。现在我们国家的沙漠在以每年 2000km^2 的速度扩展，也就是说平均每天有 500hm^2 的土地被沙漠吞食。据观测，1000 多年来，我国西北部的沙漠已经向南推进了 100 多千米。20 多座有文字可查的历史名城像楼兰都被淹没在沙漠之下，我们现在只能从这些古城的断壁残垣去推断他们过去曾经有过的繁荣。

1.2.3.5　森林面积减少

森林可以说是人类的摇篮，人类的祖先正是从森林里走出来的。由于人类对森林的过度采伐，现在世界上的森林资源在迅速地减少。据联合国粮农组织的统计，现在全世界每年就有 1200 万公顷的森林消失，就是说平均每分钟就有 20hm^2 的森林消失。

现在全世界森林锐减的地区都是在发展中国家。由于贫困所迫，他们不得已用宝贵的森林资源换取外汇，如印度尼西亚、菲律宾、泰国等东南亚国家，出口木材是他们外汇收入的一大来源，他们只要能挣到钱，就不会去保护森林资源。日本是世界上第六大木材消费国，然而他们很少砍伐自己的森林，现在日本的森林覆盖率是 70% 左右。他们从东南亚进口大量的木材，每年约 1 亿吨。虽然说日本的森林保护得很好，可是东南亚地区的森林以每年几百万公顷的速度减少。森林锐减除了砍伐森林之外，另一个原因就是在"亚非拉"的一些发展中国家大约有 20 多亿农村人口，他们是用木柴作生活燃料。为了得到薪柴，他们年复一年地砍树，最后连草皮也不放过。森林锐减的第三个原因就是毁林开荒。沿着长江三峡从重庆到湖北宜昌，沿岸的山几乎都是秃的。由于人多地少，当地农民把坡度很陡的山坡都开垦为耕地。按规定坡度在 25° 以上就不能作为耕地了，必须退耕还林。但是当地农民一方面是愚昧，另一方面是人口太多，他们在坡度很陡的、甚至 50° 以上的地方耕种。我们国家的森林覆盖率约 13%，低于世界大多数国家，处于第 120 位，我国的人均值仅为世界的1/6。由于长期以来的过量采伐，我国很多著名的林区森林资源都濒临枯竭，例如长白山、大兴安岭、小兴安岭、西双版纳、海南岛、神农架等林区，有些地方已经变成了荒山秃岭。森林资源的减少，对人类的危害是严峻的，可以加剧土壤侵蚀，引起水土流失，不但改变了流域上游的生态环境，同时加剧了河流的泥沙量，使得河流河床抬高，增加洪水水患，例如1998年长江洪水就与上游的森林砍伐有着密切的联系。

1.2.3.6 物种灭绝与生物多样性锐减

生态系统是由多种生物物种组成的，生物物种的多样性是生态系统成熟和平衡的标志。当自然灾害或人类行为阻碍了生态系统中能量流通和物质循环，就会破坏生态平衡，导致生物物种的减少。

在地球的历史上，由于自然环境的变迁，发生过5次大规模的物种灭绝。其中我们知道的在6500万年前中生代末期，地球上不可一世的庞然大物恐龙灭绝了，这是一次大规模的物种灭绝。目前，地球正在经历着第六次大规模的物种灭绝。这一次同前几次物种灭绝不同的是导致这场悲剧的正是人类自己。由于人类对野生生物的狂捕滥杀，对生态环境的污染和破坏，使得地球上越来越多的物种已经或正在遭到灭顶之灾，如亚洲的老虎、大象，非洲的犀牛数量都在锐减或濒临灭绝。据科学家估计，地球上生物大约有3000万种，被人类所发现和鉴定的大约有150万种，也就是说，现在地球上很多物种还没有被人类发现。在交通不便人迹罕至的热带雨林地区，如巴西的亚马逊森林、东南亚印尼的热带雨林等人类很难深入进去，那些地区又是物种资源的宝库，很多物种还没有被人类发现。由于人类对生态环境的破坏，大量砍伐热带雨林，可能有很多物种还没有被人类发现和鉴定，就已经从我们地球上灭绝了。这种情况是非常惊人的，原来生存于我国的招鼻羚羊、野马、犀牛、野羊等野生动物在我国已经绝迹了；另外，华南虎、白金貉、亚洲象、双峰驼、黑冠长臂猿等野生动物也都面临濒临灭绝的威胁。如华南虎以前在我国南方数量很多，据科学家调查，现在只剩下30～40只，可以说是危在旦夕。这一数量已经不足以使这个种群再延续下去了。再如，生活在长江内的白鳍豚是一种淡水豚类，据调查，其数量只有20多头，如果再不保护，也会在地球上永远消失。因此，华南虎、白鳍豚都已被列为我国的一级保护动物。由于我国国民的环境意识很差，饮食文化又很发达，食用野生动物很兴盛，在很多餐馆里穿山甲、娃娃鱼等二类保护动物，甚至一些一类保护动物都成了美味佳肴。人类对动物的保护意识很淡漠，如果这些动物不加以保护，在未来这些野生动物在地球上就绝迹了。物种的不断灭绝，将会导致生态的不平衡或食物链的破坏，这种危害是人类所无法估计的。

1.2.3.7 水环境污染与水资源危机

地球表面有71%的面积被水覆盖。可是就在我们居住的这个"水球"上，水资源危机却愈演愈烈，现在全世界很多地方都在闹水荒。那么我们这个"水球"为什么会闹水荒呢？在许多人看来水资源是取之不尽，用之不竭的。但地球上的水资源虽然很丰富，但其中97.5%的水属于咸水，只有2.5%的水是淡水。而且这2.5%中，70%被冻结在南北两极。因此，全球水资源只有不到1%可供人类使用，而且这有限的淡水资源在地球上的分布很不平衡。随着经济发展和人口激增，人类对水的需求量越来越大。现在全世界对水消耗的增长率超过了人口增长率。早在1973年召开的联合国水资源会议上，科学界就向全世界发出警告，水资源问题不久将成为深刻的社会危机，世界上能源危机之后的下一个危机极有可能就是水危机！确实，当人类面临能源危机时，还可以通过核能发电，甚至在大海里还可以有核聚变的能源，可以利用太阳能、潮汐能。也就是说，在一种能源发生危机时，我们可以找到替代能源。但若水资源发生危机了，有什么能替代水吗？没有，到目前为止，还没有一种物质能够替代水的作用。如果水发生危机，将会对人类产生非常巨大的影响。

1.2.3.8　水土流失

由于人类大规模地破坏森林，使全世界的水土流失异常严重，据联合国环境署的不完全统计数字，全世界每年流失土壤达 250 亿吨。例如，喜马拉雅山南麓的尼泊尔，是世界上水土流失最严重的国家之一。每到雨季，大量的表土就被洪水冲刷到印度和孟加拉国，使得尼泊尔耕地越来越贫瘠，人民越来越贫困。土壤被带入江河、湖泊，又会造成水库、湖泊的淤积，从而抬高河床，减少水库湖泊的库容，加剧洪涝灾害。因此，我们说森林破坏所造成的生态危害是非常严重的。有些科学家说，森林的生态效益比它的经济效益要大得多，道理也正在于此。

我国水土流失的面积，占国土面积的 1/3，每年流失的土壤高达 50 亿吨，相当于全国的耕地每年损失 1cm 厚的土壤。而自然形成 1cm 厚的土壤，需要 400 年的时间。我国每年由于水土流失所带走的氮、磷、钾营养元素等，相当于一年的化肥产量。水土流失最典型的例子就是黄河流域。黄河之所以称为黄河，就是因为泥沙含量相当高，黄河每年输送的泥沙达 16 亿吨，居世界之冠，这就是由于水土流失造成的。1998 年我国长江流域发生特大洪涝灾害，其实这一年的降雨量并没有超过 1954 年，但灾害的损失远大于 1954年。其原因之一就是由于水土流失使得河道和蓄洪的水库湖泊严重淤积，降低了防洪能力，使洪水宣泄不畅，加剧了洪涝灾害。据科学家估计，目前灾害中受灾面积和人数增长最快的就是水灾。这显然与水土流失有直接的关系。尽管全世界每年都为防洪工程投入巨额的资金，其实是治标不治本。如果我们的江河上游都是郁郁葱葱的一片青山，那么洪涝灾害将会大大地减少。

1.2.3.9　城市垃圾成灾

与日俱增的垃圾，包括工业垃圾和生活垃圾，已经成为世界各国都感到棘手的难题。尤其发达国家高消费的生活方式，更使得垃圾泛滥成灾，最典型的就是美国。美国有一个外号是"扔东西的社会"，什么东西都扔。美国是世界上最大的垃圾生产国，每年大约要扔掉旧汽车 1000 多万辆，废汽车轮胎 2 亿只。我国的城市垃圾量，也在以惊人的速度增长。目前，我国 1 年的生活垃圾量将近 2 亿吨，而这些生活垃圾几乎都没有经过无害化处理。世界上的垃圾无害化处理一般有三种方式：一种是焚烧，用来发电，目前发达国家多采用这一方法；另外一种方法是卫生填埋；还有一种就是堆肥。

垃圾未经处理而集中堆放，不仅占用了耕地，而且污染环境，破坏景观。每刮大风，垃圾中的病原体和微生物等随风而起，污染空气；每逢下雨，垃圾中的有害物质又会随雨水渗入地下，污染地下水。因此垃圾如果不处理，将会对我们生存环境造成严重的危害。除了占地之外，我国还屡次发生垃圾爆炸的事件。1994 年 8 月 1 日，湖南省岳阳市就有一座 2 万立方米的大垃圾堆突然发生爆炸，产生的冲击波将 15000t 的垃圾抛向高空，摧毁了垃圾场附近的一座泵房和两道防污水的大堤，具有很大的破坏性。1994 年 12 月 4日，重庆市也发生了一起严重的垃圾爆炸事件，而且造成了人员伤亡。当时垃圾爆炸产生的气浪把在场工作的 9 名工人全都掩埋，当场死亡 5 人。

近年来人们大量地使用一次性塑料制品，如塑料袋、快餐盒、农用塑料地膜等，这些一次性塑料制品被人随意丢弃，造成严重的白色污染。据估计，目前我国每年产生的塑料垃圾量已经超过 100 万吨，其中仅一次性塑料快餐盒就有 16 亿只。塑料垃圾不像纸张、果皮、菜叶等有机物垃圾这样易于被自然降解。它不能被微生物降解，因此会长时间地留存在自然界中。这种污染是长期的，非常严重。

1.2.3.10　大气环境污染

我国的城市大气污染非常严重。我国现有 600 多座城市，其中大气质量符合国家一级标准的不到 1%。烟尘弥漫、空气污浊在许多城市已是司空见惯。从 1997 年开始，我国有 20 多座大城市，开始在新闻媒介上发布空气环境质量周报，让大家知道一周内空气质量的情况。北京是从 1997 年 2 月 28 日开始发布空气质量周报的。按照我国的规定，大气质量分为五级，一级是最好，五级为重度污染。北京的空气状况大部分时间是在三级或四级，而且是以四级居多。

我国的城市大气污染之所以如此严重，有以下两个主要原因：

（1）由于我国以煤炭为主要能源，燃煤会排放大量的污染物，如氮氧化物、烟尘等等。我国的能源结构是以煤为主的，冬季采暖要烧煤，工业发电要烧煤，有些地方居民做饭要烧煤，而燃烧大量的煤会给大气造成非常严重的污染。

（2）汽车尾气对空气的污染。现在由于我国城市汽车拥有量越来越多，这一问题也越来越严重。目前我国的城市汽车保有量每年在以 13% 的速度递增。过去许多城市的空气污染是煤烟型污染，现在也逐渐转变为汽车尾气型污染。汽车尾气中含有许多对人体有毒的污染物，主要有：一氧化碳、氮氧化物、铅。人体长期吸入含铅的气体，就会引起慢性铅中毒，主要症状是头疼、头晕、失眠、记忆力减退。儿童对铅污染特别敏感，铅中毒会损伤儿童的神经系统和大脑，造成儿童的智力低下，影响儿童的智商，有时甚至会造成儿童呆傻。

由于大气环境污染，同时带来了一系列其他环境问题，例如酸雨污染、全球气候变暖、臭氧层空洞等。

1.2.4　环境科学概述

1.2.4.1　环境科学的概念

环境科学是在人们面临一系列环境问题，并且要解决环境问题的需求下，逐渐形成并发展起来的由多学科到跨学科的科学体系，也是一个介于自然科学、社会科学、技术科学和人文科学之间的科学体系。环境科学的兴起和发展是人类社会生产发展的必然结果，也是人类对自然现象的本质和变化规律认识深化的体现。

环境科学是以"人类－环境"系统为其特定的研究对象。它是研究"人类－环境"系统的发生、发展和调控的科学。"人类－环境"系统及人类与环境所构成的对立统一体，是一个以人类为中心的生态系统。

1.2.4.2　环境科学的特点

环境科学具有涉及面广、综合性强、密切联系实践的特点。它既是基础学科，又是应用学科。在研究过程中必须做到宏观与微观相结合，近期与远期相结合，而且要有一个整体的观点。归纳起来，有如下几个特点。

A 综合性

环境科学是一门综合性很强的新兴的边缘学科，它要解决的问题均具有综合性的特点，特别在进行具体课题研究时，必然体现出跨学科、多学科交叉和渗透的特点，必须应用其他学科的理论和方法，但又不同于其他学科。环境科学的形成过程、特定的研究对象，以及非常广泛的学科基础和研究领域，决定了它是一门综合性很强的重要的新兴学科。

B 整体性

英国经济学家 B·沃德（B. Ward）和美国微生物学家 R·杜博斯（R. Dubos），受联合国人类环境会议秘书长 M·斯特朗（M. Strong）委托所编写的《只有一个地球》一书，就是把环境问题作为一个整体研究的最好尝试。该书不仅从整个地球的前途出发，而且从社会、经济和政治的角度来探讨人类的环境问题。把人口问题、资源的滥用、工艺技术的影响、发展的不平衡以及世界范围的城市困境等作为整体来探讨环境问题。这是其他学科所不能代替的，大至宇宙环境，小到工厂、区域环境都得从整体的角度来考虑和研究，而不像有些科学只研究某一问题的某一方面，这是环境科学不同于其他科学的另一特点。

C 实践性

环境科学是由于人类为了解决在生产和生活实践中产生的环境污染问题而逐渐孕育发展起来的。也就是说，在人类同环境污染的长期斗争中形成的一个新的科学领域，所以具有很强的实践性和旺盛的生命力。

英国伦敦泰晤士河从污染到治理，主要是由于英国政府对环境科学的重视。就我国环境科学研究的领域和内容来看，都是与实际生产、生活中需要解决的问题紧密联系的。如我国大气环境质量中的光化学烟雾污染、酸雨、大气污染对居民健康影响等问题；我国河流污染的防治，湖泊富营养化问题，水土流失与水土保持问题；海洋的油污染和重金属污染等问题；城市生态问题；环境污染与恶性肿瘤关系问题；自然资源的合理利用和保护等问题，都是环境科学的研究范畴。

D 理论性

环境科学在宏观上研究人类同环境之间的相互促进、相互联系、相互作用、相互制约的对立统一关系，既要揭示自然规律，也要揭示社会经济发展和环境保护协调发展的基本规律；在微观上研究环境中的物质，尤其是人类活动排放的污染物的分子、原子等微小粒子在有机体内迁移、转化和蓄积的过程及其运动规律，探索它们对生命的影响及其作用机理等。环境科学不仅随着国民经济的发展而不断发展，而且由于各种学科的结合、渗透，在理论上也日趋完善。

1.2.4.3 环境科学的基本任务

环境科学的基本任务如下：

（1）探索全球范围内环境演化的规律。在人类改造自然的过程中，为使环境向有利于人类的方向发展，避免向不利于人类的方向发展，就必须了解环境变化的过程，包括环境的基本特性、环境结构的形式和演化机理等，为人类提供更好的生存服务。

（2）揭示人类活动同自然生态之间的关系。环境为人类提供生存条件，人类通过生产和消费活动，不断影响环境的质量。人类生产和消费系统中物质和能量的迁移、转化过程是异常复杂的。但必须使物质和能量的输入同输出之间保持相对平衡。这个平衡包括两项内容：一是排入环境的废弃物不能超过环境自净能力，以免造成环境污染，损害环境质量；二是从环境中获取可更新资源不能超过它的再生增殖能力，以保障可持续利用；从环境中获取不可再生资源要做到合理开发和利用。因此在社会经济发展规划中必须列入环境保护的内容，有关社会经济发展的决策必须考虑生态学的要求，以求得人类和环境的协调发展，这样才能和环境友好相处。

（3）探索环境变化对人类生存的影响。环境变化是由物理的、化学的、生物的和社会的因素以及它们的相互作用所决定的，因此环境科学在此方面有不可推卸的责任，必须研究环境退化同物质循环之间的关系。这些研究可为保护人类生存环境、制定各项环境标准、控制污染物的排放量提供依据，以防环境的恶化从而引起人类的灾难，如近年的水污染及其中污染物进入人体后发生的各种作用，包括致畸作用和致癌作用。再如大气污染、城市的空气指数的恶化对人们健康的影响等等。

（4）研究区域环境污染综合防治的技术措施和管理措施，如某个地方区域环境污染了，我们应如何应对和保护。我国的工业污染很多，如何防治和治理都和环境科学有关。实践证明需要综合运用多种工程技术措施和管理手段，调节并控制人类和环境之间的相互关系，利用系统分析和系统工程的方法寻找解决环境问题的最优方案。

（5）完善自我的体系，收集数据为环境与人类的和谐相处奠定基础。同时培养新一代的环境科学工作者为人类服务。

1.2.4.4 环境科学面临的机遇和挑战

面对如今科技日新月异的变化，环境问题越来越受到人类的关注。工业的发展必定会影响环境，许多地区因为一味地追求经济的发展而以环境为代价，从而造成了环境的大面积污染。那么环境科学就应该起到它的作用，治理环境保护环境。在这个大环境下环境科学应该得到关注和重视。

自产业革命以来，人类在社会文明和经济发展方面取得了巨大的成就。与此同时，人类对自然的改造也达到空前的广度、深度和强度。研究表明，地球一半以上的陆地表面都受到人为活动的改造，一半以上的地球淡水资源都已被人类开发利用，人类活动严重影响着地球系统。由此产生的问题就是环境污染，环境污染的广度和深度对人类的生存带来了巨大的影响，如何治理好污染是人类的一项重要任务。环境科学面临的挑战很多，比如当前我国的科学氛围，不少人只看经济效应，许多论文的质量不高，从而阻碍了环境科学的发展。

对环境科学政府要大力支持，对污染环境的企业要严惩，并做好宣传，在群众中培养、提高环境保护意识，让环境科学为人类做出最大的贡献。

1.3 环境污染与人体健康

1.3.1 环境污染概述

当各种物理、化学和生物因素进入大气、水、土壤环境，如果其数量、浓度和持续时间超过了环境的自净力，以致破坏了生态平衡，影响人体健康，造成经济损失时，称为环境污染。环境污染的产生是一个从量变到质变的过程，目前环境污染产生的原因主要是资源的浪费和不合理的使用，使有用的资源变为废物进入环境而造成危害。

环境污染会给生态系统造成直接的破坏和影响，如沙漠化、森林破坏也会给生态系统和人类社会造成间接的危害，有时这种间接的环境效应的危害比当时造成的直接危害更大，也更难消除。例如，温室效应、酸雨和臭氧层破坏就是由大气污染衍生出的环境效应。这种由环境污染衍生的环境效应具有滞后性，往往在污染发生的当时不易被察觉或预料到，然而一旦发生就表示环境污染已经发展到相当严重的地步。当然，环境污染的最直接、最容易被人类所感受的后果是使人类环境的质量下降，影响人类的生活质量、身体健康和生产活动。例如，城市的空气污染造成空气污浊，人们的发病率上升等；水污染使水环境质量恶化，饮用水源的质量普遍下降，威胁人的身体健康，引起胎儿早产或畸形等。环境污染是指人类直接或间接地向环境排放超过其自净能力的物质或能量，从而使环境的质量降低，对人类的生存与发展、生态系统和财产造成不利影响的现象。

1.3.2　环境污染对人体健康的影响

环境是人类生存的空间，不仅包括自然环境，日常生活、学习、工作环境，还包括现代生活用品的科学配置与使用。环境污染不仅影响到我国社会经济的可持续发展，也突出地影响到人民群众的安全健康和生活质量，如今已受到人们越来越多的关注。人类健康的基础是人类的生存环境，只有生物多样性丰富、稳定和持续发展的生态系统，才能保证人类健康的稳定和持续发展，而环境污染是人类健康的大敌，生命与环境最密切的关系是生命利用环境中的元素建造自身。

1.3.2.1　环境污染物影响人体健康的特点

对人体健康有影响的环境污染物主要来自工业生产过程中形成的废水、废气、废渣，包括城市垃圾等。环境污染物影响人体健康的特点：一是影响范围大，因为所有的污染物都会随生物地球化学循环而流动，并且对所有的接触者都有影响；二是作用时间长，因为许多有毒物质在环境中及人体内的降解较慢。

1.3.2.2　环境污染对人体健康的影响因素

环境污染物对机体健康能否造成危害以及危害的程度，受到许多条件的影响，其中最主要的影响因素为污染物的理化性质、剂量、作用时间、环境条件、健康状况和易感性特征等。

A　污染物的理化性质

环境污染物对人体健康的危害程度与污染物的理化性质有着直接的关系。如果污染物的毒性较大，即便污染物的浓度很低或污染量很小，仍能对人体造成危害。例如，氰化物属剧毒物质，即便人体摄入的量很低，也会产生明显的危害作用，但也有些污染物转化成为新的有毒物质而增加毒性，例如，汞经过生物转化形成甲基汞，毒性增加；有些毒物如汞、砷、铅、铬、有机氯等，虽然其浓度并不很高，但这些物质在人体内可以蓄积，最终危害人体健康。

B　剂量或强度

环境污染物能否对人体产生危害以及危害的程度，主要取决于污染进入人体的"剂量"。

（1）有害元素和非必需元素。这些元素因环境污染而进入人体的剂量超过一定程度时可引起异常反应，甚至进一步发展成疾病，对于这类元素主要是研究制订其最高容许量的问题，如环境中的最高容许浓度。

（2）必需元素。这种元素的剂量－反应关系较为复杂，一方面环境中这种必需元素的含量过少，不能满足人体的生理需要时，会使人体的某些功能发生障碍而形成一系列病理变化；另一方面，如果环境中这种元素的含量过多，也会引起程度不同的中毒性病变。因此，对于这类元素不仅要研究和制订环境中最高容许浓度，而且还要研究和制订最低供应量的问题。

C　作用时间

毒物在体内的蓄积量受摄入量、生物半减期和作用时间三个因素的影响。很多环境污染物在机体内有蓄积性，随着作用时间的延长，毒物的蓄积量将加大，达到一定浓度时，就引起异常反应并发展成为疾病，这一剂量可以作为人体最高容许限量，称为中毒阈值。

D　健康效应谱与敏感人群

在环境有害因素作用下产生的人群健康效应，由人体负荷增加到患病、死亡这样一个金字塔的人群健康效应谱所组成，如图 1-2 所示。

从人群健康效应谱上可以看到，人群对环境有害因素作用的反应是存在差异的（见图 1-3）。尽管多数人在环境有害因素作用下呈现出轻度的生理负荷增加和代偿功能状态，但仍有少数人处于病理性变化，即疾病状态甚至出现死亡。通常把这类易受环境损伤的人群称为敏感人群（易感人群）。

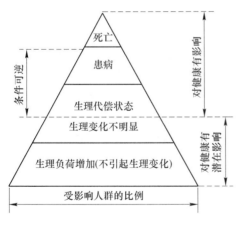

图 1-2　人群对环境异常变化的
反应金字塔形分布

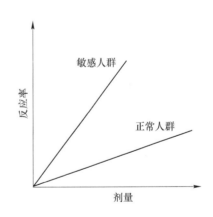

图 1-3　不同人群对环境因素
变化的剂量－反应关系

机体对环境有害因素的反应与人的健康状况、生理功能状态、遗传因素等有关，有些还与性别、年龄有关。在多起急性环境污染事件中，老、幼、病人出现病理性改变，症状加重，甚至死亡的人数比普通人群多，如 1952 年伦敦烟雾事件期间，年龄在 45 岁以上的居民死亡人数为平时的 3 倍，1 岁以下婴儿死亡数比平时也增加了 1 倍，在 4000 名死亡者中，80% 以上患有心脏或呼吸系统病患。

E　环境因素的联合作用

化学污染物对人体的联合作用，按其量效关系的变化有以下几种类型：

（1）相加作用。相加作用是指混合化学物质产生联合作用时的毒性为单项化学物质毒性的总和。如 CO 和氟利昂都能导致缺氧，丙烯和乙腈都能导致窒息，因此它们的联合作用特征表现为相加作用。

（2）独立作用。由于不同的作用方式、途径，每个同时存在的有害因素各产生不同的影响。但是混合物的毒性仍比单种毒物的毒性大，因为一种毒物常可降低机体对另一毒物的抵抗力。

（3）协同作用。当两种化学物同时进入机体产生联合作用时，其中某一化学物质可使另一化学物质的毒性增强，且其毒性作用超过两者之和。

（4）拮抗作用。一种化学物能使另一种化学物的毒性作用减弱，即混合物的毒性作用低于两种化学物中任一种的单独毒性作用。

1.3.3　环境污染对人体健康的危害

环境污染对人体健康的不利影响，是一个十分复杂的问题。有的污染物在短期内通过空气、水、食物链等多种介质侵入人体，或几种污染物联合大量侵入人体，造成急性危害。也有些污染物，小剂量持续不断地侵入人体，经过相当长时间才显露出对人体的慢性危害或远期危害，甚至影响到子孙后代的健康。这是环境医学工作者面临的一项重大研究课题。从近几十年来的情况看，环境污染对人体造成的危害主要是急性、慢性和远期危害。

1.3.3.1　急性危害

急性危害是指在短期内污染物浓度很高，或几种污染物联合进入人体可使暴露人群在较短时间内出现不良反应、急性中毒甚至死亡的危害。通常发生在特殊情况下，例如，光化学烟雾就是汽车尾气中的氮氧化物和碳氢化合物在阳光紫外线照射下，形成光化学氧化剂 O_3、NO_2、NO 和过氧乙酰硝酸酯（PAN）等，与工厂排出的 SO_2 遇水分产生硫酸雾相结合而形成的光化学烟雾。当大气中光化学氧化剂浓度达到 0.1×10^{-6} 以上时，就能使竞技水平下降，达到 $(0.2 \sim 0.3) \times 10^{-6}$ 时，就会造成急性危害。主要是刺激呼吸道黏膜和眼结膜，而引起眼结膜炎、流泪、眼睛疼、嗓子疼、胸疼，严重时会造成操场上运动着的学生突然晕倒，出现意识障碍。经常受害者能加速衰老，缩短寿命。如 1971 年 7 月 13 日 17 时许，某市冶炼厂的镍冶炼车间，由于输送氯气的胶皮管破裂，造成氯气污染大气的急性中毒事件，使工厂周围 284 名居民受害，同时也使附近工厂受到影响，不能正常生产。桂林市永福县某乡在水稻抽穗扬花时，用西力生农药（含 2% 氯化乙基汞）防治稻瘟病，每亩喷撒 0.28kg，过了 10 天收割的稻米村民吃后，184 人中有 62 人中毒。经化验，大米含汞量达 $0.62 \sim 0.7$mg/kg，发病的潜伏期以 16～22 天者为多。

1.3.3.2　慢性危害

慢性危害是指污染物在人体内转化、积累，经过相当长时间（半年至几十年）才出现病症的危害。慢性危害的发展一般具有渐进性，出现的有害效应不易被察觉，一旦出现了较为明显的症状，往往已成为不可逆的损伤，造成严重的健康后果。

A　大气污染对呼吸道慢性炎症发病率的影响

国内外大气污染调查资料还表明，大气污染物对呼吸系统的影响，不仅使上呼吸道慢性炎症的发病率升高，同时还由于呼吸系统持续不断地受到飘尘、SO_2、NO_2 等污染物刺激腐蚀，使呼吸道和肺部的各种防御功能相继遭到破坏，抵抗力逐渐下降，从而提高了对感染的敏感性。这样一来，呼吸系统在大气污染物和空气中微生物联合侵袭下，危害就逐渐向深部的细支气管和肺泡发展，继而诱发慢性阻塞性肺部疾患及其续发感染症。这一发展过程，又会不断增加心肺的负担，使肺泡换气功能下降，肺动脉氧气压力下降，血管阻力增加，肺动脉压力上升，最后因右心室肥大，右心功能不全而导致肺心病。

B　铅污染对人体健康的危害

环境中铅的污染来源主要有两方面：一是工矿企业，由于铅、锌与铜等有色金属多属共生矿，在其开采与冶炼过程中，铅制品制造和使用过程中，铅随着废气、废水、废渣排入环境而造成大气、土壤、蔬菜等污染；二是汽车排气，汽车用含四乙铅的汽油作燃料。

铅能引起末梢神经炎，出现运动和感觉异常。常见有伸肌麻痹，可能是铅抑制了肌肉里的肌磷酸激酶，使肌肉里的磷酸肌酸减少，使肌肉失去收缩动力而产生的。被吸收的铅，在成年人体内有 91%～95% 形成不稳定的磷酸三铅 $[Pb_3(PO_4)_2]$ 沉积在骨骼中，在儿童多积存于长骨干的骺端，从 X 线照片上可见长骨骺端钙化带密度增强，宽度加大，骨骺线变窄。幼儿大脑受铅的损害，比成年人敏感得多。儿童经常吸入或摄入低浓度的铅，能影响儿童智力发育和产生行为异常。经研究，对血铅超过 60mg/100mL 的无症状的平均 9 岁的儿童，经追踪观察，数年后，就发现有学习低能和注意力涣散等智力障碍，并伴有举止古怪等行为异常的表现。目前，各国都在开展铅对儿童健康危害的剂量－反应关系的研究，为制订大气、饮水、食品中含铅量的标准提供依据，以保护儿童和成人不受铅危害。

C　水体和土壤污染对人体造成的慢性危害

水体污染与土壤污染对人体造成慢性危害的物质主要是重金属。如汞、铬、铅、镉、砷等含生物毒性显著的重金属元素及其化合物，进入环境后不能被生物降解，且具有生物累积性，直接威胁人类健康。例如水俣病，这种病 1956 年发生在日本熊本县水俣湾地区，故称"水俣病"，这是一种中枢神经受损害的中毒症。重症临床表现为口唇周围和肢端呈现出神经麻木（感觉消失）、中心性视野狭窄、听觉和语言受障碍、运动失调。但慢性潜在性患者，并不完全具备上述症状。经日本熊本大学医学院等有关单位研究证明，这种病是建立在水俣湾地区的水俣工厂排出的污染物甲基汞造成的。甲基汞在水中被鱼类吸入体内，使鱼体含汞量达到 $(20～30)×10^{-6}$（1959 年），甚至更高。大量食用这种含甲基汞的鱼的居民即可患此病。病情的轻重取决于摄入的甲基汞剂量，短期内进入体内的甲基汞量大，发病就急，出现的症状典型。长期小量地进入人体，发病就慢，症状也不典型。总之，食用含甲基汞的鱼的人，都遭到程度不同的危害。此外，环境污染引起的慢性危害，还有镉中毒、砷中毒等。环境污染对人体的急性和慢性危害的划分，只是相对而言，主要取决于剂量－反应关系。如水俣病，在短期内吃入大量甲基汞，也会引起急性危害。

1.3.3.3　远期危害

远期危害是指环境污染物质进入人体后，经过一段较长（有的长达数十年）的潜伏期才表现出来，甚至有些会影响子孙后代的健康和生命的危害。远期危害是目前最受关注的，主要包括致癌作用、致畸作用和致突变作用。

（1）致癌作用是指能引起或引发癌症的作用。据若干资料推测，人类癌症由病毒等生物因素引起的不超过 5%；由放射线等物理因素引起的也在 5% 以下；由化学物质引起的约占 90%，而这些物质主要来自环境污染。例如，近几十年来，随着城市工业的迅猛发展，大量排放废气污染空气，工业发达国家肺癌死亡率急剧上升，在我国某些地区的肝癌发病率与有机氯农药污染有关。据报道，人类常见的八大癌症有四种在消化道（食道癌、胃癌、肝癌、肠癌），两种在呼吸道（肺癌、鼻咽癌），因此癌症的预防重点是空气与食物的污染。

（2）致畸作用是指环境污染物质通过人或动物母体影响动物胚胎发育与器官分化，使子代出现先天性畸形的作用。随着工业迅速发展，大量化学物质排入环境，许多研究者在环境污染事件中都观察到由于孕期摄入毒物而引发的胎儿畸形发生率明显增加。有些人认为，致过敏也是污染物造成的远期危害之一。

（3）致突变作用是指污染物或其他环境因素引起生物体细胞遗传信息发生突然改变的作用。这种变化的遗传信息或遗传物质在细胞分裂繁殖过程中能够传递给子代细胞，使其具有新的遗传特性。

1.4 国内外环境保护发展历程

1.4.1 国外发达国家环境保护发展历程

工业革命以来，发达国家在解决环境污染问题上，经历了先污染、后治理，先破坏、后恢复的过程，其间付出了惨痛的代价。发达国家对环境保护工作的认识是随着经济增长、污染加剧而逐步发展的，其间大致可分为下面 4 个阶段。

1.4.1.1 经济发展优先

20 世纪 60 年代以前，发达国家的主要目标是发展，对环境保护工作并不重视。20 世纪 60 年代开始，由于实行高速增长战略，能源消耗量大增，公害问题开始引起人们的重视。这一时期发生了震惊世界的马斯河谷烟雾事件、洛杉矶光化学烟雾事件等八大公害事件，在付出惨痛的代价后，人们终于开始觉醒。1962 年出版的《寂静的春天》一书，用大量事实描述了有机氯农药对人类和生物界所造成的影响，推动了世人环境意识的觉醒。

在 20 世纪 50 ~ 60 年代，发达国家的政府开始制定各种法律法规来规范生产企业的排污行为，要求企业在追求经济利益的同时，也要进行环境污染治理。20 世纪 60 年代，工业废气排放导致了严重的光化学烟雾现象。1969 年，东京在实施《烟尘限制法》、《公害对策基本法》等国家环境立法的基础上，颁布了《东京都公害控制条例》，严格执行有关控制规定，使二氧化硫等污染物排放从浓度控制转向排放总量控制。

1.4.1.2 环境与经济并重时期

20 世纪 70 年代，发达国家为了解决环境问题，环境保护设备企业逐步发展，人们的观念出现了从公害防止到环境保护的观念转变，从而进入环境保护时代。人们的环境意识真正觉醒了，许多国家都把环境保护写进了宪法，定为基本国策。随着环境科学研究的不断深入，污染治理技术也不断成熟。环境污染的治理也从"末端治理"向"全过程控制"和"综合治理"的方向发展。

美国的法制建设比较完善，公民法制意识强，且美国社会特别重视记录，特别是违法记录，有不良记录的人或企业往往在今后的工作和生活中会受到各种限制。因此，很少有人去违法，其执法成本相对较低。所以，在美国环保法律法规的制定和完善是一项重要的工作。法律法规明确规定的，就是要求企业、公民努力做到的，也是执法部门认真执行的。很少有协调变通的事情，且对违法行为的处罚相当严厉，如罚款，对违反规定的排污行为可处每天 10000 美元的罚款。美国几个著名的环保法如《清洁空气法》、《清洁水法》等法案是美国环保工作取得成果的主要法律依据，这些法案的实施，使美国大气和水污染得到有效控制，并改善了大气、水环境质量。

1.4.1.3 实施可持续发展战略阶段

20 世纪 80 年代以来，人们开始重新审视传统思维和价值观念，认识到人类再也不能为所欲为地成为大自然的主人，人类必须与大自然和谐相处，成为大自然的朋友。1987 年由挪威首相布伦特兰夫人在《我们共同的未来》中提出了可持续发展的思想。1992 年 6 月，在巴西里约热内卢召开了人类第二次环境大会，通过了《里约热内卢环境与发展宣言》和《21 世纪议程》两个纲领性文件。

在这样的大背景下，"污染预防"成为新的指导思想，环境标志认证、ISO14001 环境管理体系认证推动的"绿色潮流"席卷全球，深刻地影响着世界各国的社会和经济活动。20 世纪 90 年代，发达国家的环境管理发生了理念上的变革。企业则开始自觉守法，由"被动治污"转向"主动治污"。各大公司变得十分重视开发环境模拟和协调技术，从产品设计和生产的最初环节就把环境保护手段纳入其中。保护环境已经成为公民的自觉行动，架构政府 – 企业 – 公众的共同治理模式成为发展目标。

1.4.1.4 环境全球化

气候变化的趋势会危及整个人类的生存，积极应对气候变化，减少温室气体排放，成为人们追求的目标。温室气体的排放主要是发达国家造成的，为此发达国家与发展中国家在减排问题上应当承担共同但有区别的责任。为此发达国家与发展中国家发生了严重分歧，环境问题直接涉及政治和国家发展。但是树立绿色的理念，推行低碳经济已经成为世界各国的共同追求。

随着经济全球化、环境全球化的大潮，发达国家公众的环保观念再次飞跃，推进循环经济，建设循环型社会已经成为全社会的共同目标，企业主动型治污理念的强化，公众参与保护环境的热情高涨，全球在朝着经济、社会全面绿化的领域快速发展。

1.4.2 我国环境保护发展历程

我国在 20 世纪 50 年代以前，人们虽然对环境污染也采取过治理措施，并以法律、行政等手段限制污染物的排放，但尚未明确提出环境保护的概念。20 世纪 50 年代以后，污染日趋严重，在一些发达国家出现了反污染运动，人们对环境保护的概念有了一些初步的理解。但在当时只是认为，污染问题是"三废"污染和某些噪声的污染，环境保护的目的是消除公害，使人体健康不受损害。我国的环境保护起步于 1973 年，共经历了三个阶段，作出了具有自己特色的突出成就。

（1）第一阶段（1973～1978 年）。在 1972 年斯德哥尔摩的人类环境会议后，使我国比较深刻地了解到环境问题对经济社会发展的重大影响，意识到我国也存在着严重的环境问题，于 1973 年 8 月在北京召开了第一次全国环境保护会议，标志着我国环境保护事业的开始。会议提出了"全面规划、合理布局、综合利用、化害为利，依靠群众、大家动手、保护环境、造福人民"的 32 字环境保护方针，要求防止环境污染的设施，必须实施与主体工程同时设计、同时施工、同时投产的"三同时"原则。这一时期的环境保护工作主要有：1）全国重点区域的污染源调查、环境质量评价及污染防治途径的研究；2）以水、气污染治理和"三废"综合利用为重点的环保工作；3）制定环境保护规划和计划；4）逐步形成一些环境管理制度，制定了"三废"排放标准。

（2）第二阶段（1979～1992 年）。1983 年 12 月，在北京召开的第二次全国环境保护会议确立了控制人口和环境保护是我国现代化建设中的一项基本国策；提出"经济建设、城乡建设和环境建设同步规划、同步实施、同步发展"的"三同步"和实现"经济效益、社会效益与环境效益的统一"的"三统一"战略方针；确定了符合国情的"预防为主、防治结合、综合治理"、"谁污染谁治理"、"强化环境管理"的三大环境政策。在这一时期，逐步形成和健全了我国环境保护的环保政策和法规体系，于 1989 年 12 月 26 日颁布《中华人民共和国环境保护法》，同期还制定了关于保护海洋、水、大气、森林、草原、渔业、矿产资源、野生动物等各方面的一系列法规。

（3）第三阶段（1992 年以后）。1992 年在"里约会议"后，世界已进入可持续发展时代，环境原则已成为经济活动中的重要原则。主要有商品（各类产品）必须达到国际规定的环境指标的国际贸易中的环境原则；要求经济增长方式由粗放型向集约型转变，推行控制工业污染的清洁生产，实现生态可持续的工业发展的环境原则；实行整个经济决策的过程中都要考虑生态要求的经济决策中的环境原则。1996 年 7 月在北京召开了第四次全国环境保护会议，提出"九五"期间全国 12 种主要污染物（烟尘、粉尘、SO_2、COD、石油类、汞、镉、六价铬、铅、砷、氰化物及工业固体废物）排放控制计划和我国跨世纪绿色工程规划两项重大举措。

1.4.3 现阶段环境保护工作

1.4.3.1 我国环境问题的现状

当前环境的污染和破坏已发展到威胁人类生存和发展的世界性的重大社会问题，人类所面临的新的全球性和广域性环境问题主要有三类：一是全球性广域性的环境污染；二是大面积的生态破坏；三是突发性的严重污染事件。根据国际经验，工业化快速发展时期也是环境污染最严重的时期，我国也不例外。专家预测环境污染将成为我国近 20 年内发展的最大影响，具体表现在以下几个方面。

A 严重的大气污染

在我国能源结构中，一次能源中煤占 70% 以上，燃煤产生的烟尘、二氧化硫、一氧化碳、一氧化氮等大气污染物都将增加。我国已成为继欧洲、北美之后的第三大酸雨沉降重点地区之一。全球空气污染最严重的 10 大城市中，我国占 7 个。全国 600 多座城市中，空气质量符合国家一级标准的为数很少。此外，汽车尾气污染突出。汽车排放的氮氧化物、一氧化碳等已经成为我国大城市的重要流动污染源。

B　生态环境恶化

生态环境恶化突出表现为荒漠化、沙化面积扩大和水土流失严重。荒漠化土地面积已达 262 万平方千米，每年还以 2460km^2 的速度扩展。沙化土地分布在 11 个省区，形成长达万里的风沙危害线，近 1/3 的国土受到风沙威胁，每年因此造成的经济损失达 540 亿元。全国水土流失面积在 20 世纪 90 年代已达 180 万平方千米，占土地面积的 19%。目前每年新增流失面积 1 万多平方千米，流失土壤 50 多亿吨。我国已成为世界上水土流失最严重的国家之一。

C　水域污染

由于任意排放工业废水和污染物使得江河湖库水域普遍受到不同程度的污染，造成水质恶化。七大水系中，1/3 以上的河段的水质不能达到使用功能要求，各大淡水湖泊和城市湖泊均为中度污染。

D　垃圾围城

由于我国对固体废弃物的处理处置率均较低，多数垃圾只是露天放置，不仅占用大量土地，还污染了耕地及地表水和地下水。

从上述的数据中我们可以很明显地看到，我国严重的环境问题已经严重阻碍了国民经济的健康发展，这势必对以后经济的发展极为不利。

1.4.3.2　我国环境问题的原因分析

环境问题在我国如此的严重，究其原因应该说是多方面的，既有自然地理因素，亦有经济、人类社会、环境法制建设等因素，而且我们国家的具体国情又使其具有特殊性，其主要原因有以下几方面。

A　经济快速增长的原因

目前，我国经济正处于从传统的计划经济向市场经济转轨的时期，同时也是我国经济高速增长的时期，从发达国家经济发展的历史来看，这个阶段正是环境问题最严重的时期，因而我国在这一时期承受的生态环境压力会更为沉重。

第一，经济发展引起的环境问题恶化。我国的经济体制改革是对社会生产力的极大解放，这种解放刺激了国民经济的高速增长，但与此同时，对资源开发利用规模和各行业污染物排放量也会随之高速增加。然而，由于国民经济尚处在粗放型向集约型转变的转型时期，人们只关注于经济增长的数字，却往往忽略了其背后所付出的沉重代价。对资源的掠夺式开发造成环境的极大破坏，我国近年来的生态环境问题呈几何级数增长。

第二，经济利益与环境保护的冲突。市场经济发展所追求的是高额利润，是相对少数人的利益，而环境保护则是多数人的利益，二者是对立状态，法律对这种显性冲突的社会关系，比较容易做出规范。而我国经济是以公有制为主体，经济利益的主体和环境利益的主体具有统一性。但近年来，我国农村环境恶化尤为明显，一些乡镇企业的农民为"脱贫致富"，宁肯容忍环境污染对国家、所在集体和本人的损害。对此，国家不得不采取强制措施关闭"十五小"企业。但在一定意义上，政府既是冲突调解者，又常成为冲突的一方（地方利益），违法阵营庞大，法律执行的难度极大。

B　人类自身的原因

"生态学作为一门科学，从它诞生的那一天起，一直就与'人类社会'结下了不解之缘，如果说前期的生态学更多地显示了自然属性的话，那么现代的生态学，则更强烈地显示了它的社会属性这一面。"环境问题最明显的是人类社会的原因，我国的环境问题，从现行的角度看，这方面的因素影响更为巨大。

第一，我国人口众多，环境的资源压力大，环境问题与人口有着密切的互为因果的联系。在一定社会发展阶段，一定地理环境和生产力水平的条件下，人口增长应有一个适当比例，人口问题与环境问题是当代中国发展面临的重大挑战，庞大的人口数量及快速的增长，引发了一系列的社会经济问题，对环境造成了巨大的冲击。可以这样说，我国的人口问题是短时期内很难扭转的最大社会问题之一。人口问题导致了我国资源的绝对短缺，因而往往出现了对资源的无节制开发的现象，这种现象伴随着惊人的浪费，给经济的可持续发展战略的实施造成了极大的压力。

第二，公众环保意识普遍较差。所谓环保意识，是指人们在认知环境状况和了解环保规则的基础上，根据自己的基本价值观念而发生的参与环境保护的自觉性，它最终体现在有利于环境保护的行为上。目前我们国家的大多数人对于环境问题的客观状况缺乏一个清醒的认识。据调查，国民对于环境状况的判断大多是态度中庸，无敏感性，对许多根本性的环境问题缺少了解，甚至是根本不了解，而且还有相当一部分的社会公众不愿意主动地去获取环境知识。2000 年"世界环境日"前后，原国家环境保护总局和教育部联合进行的对全国公众环境意识的调查报告得出的结果是，公众的环境意识和知识水平还都处于较低的水平，环境道德较弱，公众环境意识中具有很强的依赖政府型的特征，政府对于强化公众环境意识具有决定性的作用。从这些大量的调查中，我们可以看到，我国公民的环保意识很差。

第三，环境问题与贫困等其他社会问题交叉在一起，又有形成恶性循环的趋势。环境问题在当今世界各国有着不同的表现形式，但是从总体上来看，我们可以归纳出这样一点，富国的环境问题主要是与污染物相关的环境污染，而穷国环境问题主要是与自然资源相关的环境破坏，前者比较容易得到防治和恢复，而后者的防治和恢复则要困难得多。我国的环境问题也有类似情况，在平原、沿海及大城市等经济发达的地区，环境问题主要是以环境污染为主，如今经过不断地治理正在不断有所缓解；而西部相对贫困地区，环境破坏引起的生态环境恶化十分严重，且日益呈现出环境问题与贫困同步深化，形成恶性循环的趋势。

C　环境法制不健全，执法机构薄弱，有法不依、违法不究现象相当突出

（1）环境立法不完善。现行环境法律的一些条款过于原则和宽松，已不适应市场经济体制需要，有些领域至今无法可依。

（2）有法不依、违法不究的现象普遍存在。一些决策者和决策部门违法决策，将污染项目摆在水源地和自然保护区内；有的地方领导以权代法、以言压法，干扰环保部门依法行政；还有的地方以发展经济、简政放权为名，擅自取消法律规定的环境审批手续，致使建设项目环境管理失控。

（3）环保机构薄弱。大多数地方环保机构未列入政府序列，有的地方甚至无环保机构。一些环保任务很重的基层环保执法人员严重缺乏，难以履行法律赋予的职责，致使污染严重的项目多，难以控制，环境保护工作处于失控状态。

1.4.3.3 解决我国经济发展中环境问题的建议

A 加强环境法制建设

目前，我国现阶段的环境政策的成效不断地被新产生的环境压力抵消，仅仅维持了环境状况不致急剧恶化。

（1）建立适当的环境法律体系。同发达国家的环境保护法律体系相比，我国现有的环境保护法律体系还是不完整的，法律规定也过于原则，缺乏可操作性。因此，从今后立法方向来看，我们应当做好以下几点工作：1）在环境立法中确立各项基本法律原则，包括可持续发展原则，预防污染原则，污染者负担原则，经济效率原则，水、大气、固体废物等污染的综合控制原则，有效控制跨界污染原则，公众参与原则和环境与经济综合决策原则等。2）建立健全各项环境保护基本法律制度，包括总量控制、许可证、排污费、环境影响评价、环境审计等，力求使之成为更加完备、更加透明、更加公正的法律制度，并把污染综合控制和全过程控制作为这些制度的一个基本目标。

（2）强化环境保护法律的实施。国家法律，包括各项环境保护法律的有效实施，是保障市场经济健康、公正发展的基本条件。但从目前来看，我国的市场经济立法和环境保护立法滞后于实际社会生活的需要，但同立法的进程相比，有关法律的实施，影响了市场经济的正常运转，不少地方违法破坏环境的行为还通行无阻。其结果除加剧了环境污染和破坏外，还造成了这样一种局面：守法者经济上吃亏，违法者经济上占便宜，不支出和负担防治污染费用，同等条件下成本相对较低，形成不公平竞争的现象。应当强调，强化法律实施，共同遵守国家法律，是保证市场正常运转、公平竞争的基本条件，是市场经济条件下经济主体地位平等、等同对待、自我负责等原则的具体体现。

B 加强政府环境领域的公共服务

为公众和企业提供包括污水处理、废物和垃圾的收集与处理，保证水体、空气、生活环境的清洁优美，保证生态环境的安全等，是任何现代国家公共服务的基本职能，同时采取经济措施鼓励私人和企业也提供这种服务。能否高效、高质量地提供这种服务，常常是衡量一个政府效能和业绩的重要标志。随着市场经济的发展和政府职能的转变，各级地方政府应努力提供各项公共服务，当然，受经济发展水平和地方财政能力的限制，各地方和各城市在提供这些公共服务方面，能力还是相当有限的。但这是迟早都要做的，是各级政府不可推卸的责任。

C 注意同国际环境保护趋势相衔接

在国际环境领域，世界各国既有共同利益，也有许多矛盾和冲突，特别是在有关环境保护的责任和义务，有关国际环境规则和标准等方面，发达国家和发展中国家还存在着很多矛盾和利益冲突。在这方面，我们既要坚决反对发达国家借保护环境设置贸易壁垒，也要适应国际环境保护发展的大趋势，注意保持同国际上、同主要发达国家环境保护的标准和做法相衔接，以适应国际和各国环境保护的发展对国际市场所构成的越来越多的限制。我国的企业应当认识到，这是将来企业能够在国际市场上生存和发展的一个基本条件。

复习思考题

1-1　简述环境的概念、分类及其组成。

1-2 根据你所居住的城市状况，分析一下城市化对环境有哪些影响，并谈谈你对城市化问题的看法。

1-3 简述历史上环境问题发展的四个阶段，并谈一下它对你的启示。

1-4 目前全球性的环境问题有哪些？你最有感触的是哪些？

1-5 用实例分析环境污染对人体健康的危害。

1-6 调查你所居住的地区有无环境病的发生，若有，是什么原因引起的？

2 生态学基础

2.1 生 态 学

2.1.1 生态学的定义

"生态学"（ecology）一词最早出现在 19 世纪下半叶（eco 表示住所、栖息地；logy 表示学问），德国生物学家赫克尔（Ernst Haeckel）1869 年在《有机体普通形态学》一书中首先对生态学作了基本定义："研究生物有机体和无机环境相互关系的科学。"但当时并未引起人们的重视，直到 20 世纪初才逐渐公认生态学是一门独立的学科。后来，有的学者把生态学定义为："研究生物或生物群体与其环境的关系。"我国著名生态学家马世骏把生态学定义为："研究生物与其生活环境之间相互关系及其作用机理的科学。"这里所说的生物有：动物、植物、微生物（包括人类在内）；而环境是指各种生物特定的生存环境，包括非生物环境和生物环境。非生物环境如空气、阳光、水和各种无机元素等；生物环境指主体生物以外的其他一切生物。

由此可见，生态学不是孤立地研究生物，也不是孤立地研究环境，而是研究生物与其生存环境之间的相互关系。这种相互关系具体体现在生物与其环境之间的作用与反作用、对立与统一、相互依赖与相互制约、物质循环与能量循环等几个方面，现代生态学研究范围已扩大到包括经济、社会、人文等领域。

2.1.2 生态学的发展

纵观生态学的发展，可分为两个阶段。

2.1.2.1 生物学分支学科阶段（1866～1960 年）

20 世纪 60 年代以前，生态学基本上局限于研究生物与环境之间的相互关系，属于生物学的一个分支学科，初期生态学主要是以各大生物类群与环境相互关系为研究对象，因而出现了植物生态学、动物生态学、微生物生态学等。进而以生物有机体的组织层次与环境的相互关系为研究对象出现了个体生态学、种群生态学和生态系统。

个体生态学主要研究各种生态因子对生物个体的影响。各种生态因子包括光照、温度、大气、水、湿度、土壤、地形、环境中的各种生物以及人类的活动等。各种生态因子对生物个体的影响，主要表现在引起生物个体新陈代谢的质和量的变化，物种的繁殖能力和种群密度的改变，以及对种群地理分布的限制等。

种群生态学从 20 世纪 30 年代开始，就成为生态学中的一个主要领域。种群是在一定空间和时间内同一种生物的集合（如一个池塘里的全部鲤鱼、一块草地上的所有黄羊；某一城市中的人口等都可以看作一个种群），但是，它是通过种群内在关系调节组成的一个新的有机统一体，它具有个体所没有的特征，如种群增长型、密度、出生率、死亡率、年龄结构、性别比、空间分布等。种群生态学主要是研究种群与其环境相互作用下，种群在空间分布和数量变动的规律。如种群密度、出生率、死亡率、存活率和种群增长规律及其调节等。

群落生态学是以生物群落为研究对象。生物群落是在某一时间内某一区域中不同种生物的总和。一般来说，一个群落中，有多个物种，生物个体也是大量的。群落的多样性和稳定性已成为群落生态学的重点研究课题。

到 20 世纪 60 年代开始了以生态系统为中心的生态学，这是生态学发展史上的飞跃。生态系统是指在自然界一定空间内，生物与环境构成的统一整体。即把生物与生物、生物与环境以及环境各因子之间的相互联系、相互制约的关系，作为一个系统来研究。

2.1.2.2 综合性学科阶段（1960 年至今）

20 世纪 50 年代后半期以来，由于工业的迅猛发展、人口膨胀，导致粮食短缺、环境污染、资源紧张等一系列世界性问题出现，迫使人们不得不以极大的关注去寻求协调人与自然的关系，探求全球持续发展的途径，这一社会需求推动了生态学的发展，使其超越了自然科学的范畴迅速发展为当代最活跃的前沿科学之一。

近代系统科学、控制论、电子计算机、遥感和超微量物质分析的广泛应用，为生态学对复杂大系统结构的分析和模拟创造了条件，为深入探索复杂系统的功能和机理提供了更为科学和先进的手段，这些相邻学科的"感召效应"促进了生态学的高速发展。

总之，生态学不仅限于研究生物圈内生物与环境的辩证关系及相互作用的规律，也不仅限于人类活动（主要是经济活动）与生物圈（自然生态系统）的关系，而是扩展到了研究人类与社会圈或技术圈的关系。如文化生态学、教育生态学、社会生态学、城市生态学、工业生态学等。当前，我国对环境污染与破坏的控制，仍然以城市环境综合整治与工业污染防治为重点，运用城市生态学和工业生态学理论制定城市和工业污染防治规划，制定城市生态规划和制定工业生态规划方案，发展生态农业。由此可见，生态学正以前所未有的速度，在原有学科理论与方法的基础上，与环境科学及其他相关学科相互渗透，向纵深发展并不断拓宽自己的领域。生态学已逐渐发展成为一门指导人类以系统、整体观念来对待和管理地球和生物圈的科学。

2.2 生 态 系 统

2.2.1 生态系统的概念和组成

2.2.1.1 生态系统的概念

地球上的生物不可能单独存在，如同一个人离不开人类社会一样，而总是多种生物通过各种方式，彼此联系而共同生活在一起，组成一个"生物的社会"称生物群落（植物群落、动物群落、微生物群落）。生物群落与环境之间的联系是密不可分的，它们彼此联系、相互依存，相互制约，共同发展，形成一个有机联系的整体称生态系统。这种观点早在 19 世纪末 20 世纪初已形成，1935 年英国生态学家坦斯利首次提出生态系统这一科学概念。

我国生态学专家马世骏教授提出：生态系统是指一定的地域或空间内，生存的所有生物和环境相互作用，具有一定的能量流动、物质循环和信息联系的统一体。简言之，"生态系统是指生命系统与环境系统在特定空间的组合"。在这个统一整体中，生物与环境之间相互影响，相互制约，不断演变，并在一定时期内处于相对稳定的动态平衡状态。生态系统具有一定的组成、结构和功能，是自然界的基本结构单元。

生态系统的范围可大可小（由研究的需要而定）。大至整个生物圈、整个海洋、整个大陆；小至一片草地、一个池塘、一片农田、一滴有生命存在的水。小的生态系统可以组成大的生态系统，简单的生态系统可构成复杂的生态系统，丰富多彩的生态系统合成一个最大的生态系统称生物圈。

生态系统除自然的以外，还有人工生态系统，如水库、农田、城市、工厂。现在人类已逐渐认识到自己和周围环境是一个整体，把自己的事和环境联系成一个系统来考虑。产生了人类生态系统、社会生态系统以便更好地保持人类和环境之间的平衡。

2.2.1.2 生态系统的组成

地球表面任何一个生态系统（不论是陆地还是水域，或大或小），都是由生物和非生物环境两大部分组成。或者分为非生物环境、生产者、消费者和分解者四种基本成分。

A 生物部分

生态系统中有许许多多的生物。按照它们在生态系统中所处的地位和作用不同，可以分为生产者、消费者、分解者三大类群。

a 生产者（自养者）

生产者是生态系统的基础，指能制造有机物质的自养生物，主要是绿色植物，也包括少数能自营生活的微生物，如光能合成细菌和化能合成细菌也能把无机物合成为有机物。

绿色植物体内含有叶绿素，通过光合作用把吸收来的 CO_2、H_2O 和土壤中的无机盐类转化为有机物质（糖、蛋白质、脂肪），把太阳能以化学能的形式固定在有机物质中。这些有机物质是生态系统中其他生物维持生命活动的食物来源，故把绿色植物称为生产者。如果没有这个绿色加工厂源源不断地"生产"有机物质，整个生态系统的其他生物就无法生存。因此，破坏森林、草原植被就等于破坏整个生态系统。除绿色植物外，光能合成细菌和化能合成细菌，也能把无机物合成为有机物质。但化能合成细菌在合成有机物时，不是利用太阳能，而是靠氧化无机物取得能量。如硝化细菌，能把氨氧化为亚硝酸和硝酸，利用氧化过程中释放出来的能量，把二氧化碳和水合成为有机物。虽然光能合成细菌或化能合成细菌合成的有机物不多，但它们对某些营养物质的循环却有重要意义。

b 消费者（异养生物）

消费者是指直接或间接利用绿色植物所制造的有机物质为食的异养生物。主要指动物，也包括某些腐生或寄生的菌类。根据食性不同或取食的先后，又可以将它们分为：

（1）草食动物（一级消费者）。以植物的叶、果实、种子为食的动物，如动物中的牛、羊、兔、骆驼，昆虫类中的菜青虫、蝉等等；在生态系统中，绿色植物所制造出的有机质首先由它们来"享受"，所以又称初级消费者。

（2）肉食动物（二级和三级消费者等）。以草食动物或其他弱小动物为食，如狐狸、青蛙、狼、虎、豹鹰、鲨鱼等，古谚："螳螂捕蝉，黄雀在后"，消费者的级别没有严格界限，有许多为杂食动物。

（3）寄生动物。寄生在其他动、植物体内，靠吸取宿主营养为生。如虱子、蛔虫、蒐丝子、线虫等，有益昆虫赤眼蜂，寄生在危害农作物螟虫的卵块中，吸取螟虫卵块的养分；金小蜂产卵在棉铃虫体内，腐化后的幼虫吸取棉铃虫体内的养分生活。

（4）腐食动物。以腐烂的动植物残体为食，如老鹰、屎壳郎等。

（5）杂食动物。它们的食物是多种多样的，既吃植物，也吃动物。如麻雀、熊、鲸鱼、人等。

消费者在生态系统中的作用：一是实现物质和能量的传递，如草—兔子—狼；二是实现物质的再生产，如草食动物把植物蛋白生产为动物蛋白；三是对整个生态系统起自动调节的能力，尤其是对生产者过度生长、繁殖起控制作用。

c　分解者

分解者主要指具有分解能力的细菌和真菌等微生物，也包括某些以有机碎屑为食的小型动物（如蜈蚣、蚯蚓、土壤线虫等），属于异养生物。分解者的作用在于将生产者和消费者的残体分解为简单的无机物质。转变者也是细菌，它是将分解后的无机物转变为可供植物吸收利用的养分。所以，还原者对于生态系统的物质循环，具有非常重要的作用。

分解者是生态系统的"消洁工"。如果没有分解者，死亡的有机体就会堆积起来，使营养物质不能在生物和非生物之间循环，最终使生态系统成为无水之源。生态系统分解者的数量十分惊人，1万平方米农田中细菌的数量可达18kg。所以分解者起到物质循环、能量流动、净化环境的重要作用。在研究生态系统时，我们千万不要忘记这些"无名英雄"。

植物是基础、是一切生物食物的来源，没有生产者，一切消费者就会饿死；而没有分解者，物质循环也会中止，其后果也不堪设想；动物是名副其实的消费者，它们不会进行初级生产，只会消耗现成的有机物，没有它们，似乎生态系统仍然能够存在，但从长远看，没有动物，植物同样难以持久生存。如许多植物要靠昆虫传粉或其他动物传播种子，如果没有动物啃食，草原也会由于生长过盛而导致衰亡。大自然就是如此微妙，物种与物种之间、生物与环境之间互相作用、互相依存，在漫长的进化过程中，逐渐形成了一个统一的整体。这个整体就是由环境、生产者、消费者和分解者共同组成的、不断进行物质循环、能量循环及信息传递的生态系统。

B　非生物部分

无生命物质也称为非生物成分，是生态系统中生物赖以生存的物质和能量的源泉及活动场所，可分为：原料部分，主要是阳光、O_2、CO_2、H_2O、无机盐及非生命的有机物；媒质部分，指水、土壤、空气等；基质，指岩石、砂、泥。

非生物成分在生态系统中的作用，一方面是为各种生物提供必要的生存环境，另一方面是为各种生物提供必要的营养元素，是生态系统正常运转的物质和能量基础。大部分自然生态系统都具有上述四个组成成分。一个独立发生功能的生态系统至少应包括非生物环境、生产者和还原者三个组成成分。生态系统四个基本成分间的相互关系和作用如图2-1所示。

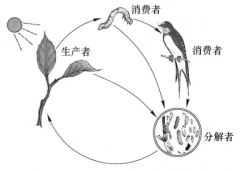

图2-1　生产者、消费者和分解者

2.2.1.3 生态系统的结构

生态系统中各个组成部分之间绝不是毫无关系的堆积，它们是有一定结构的。生态系统的结构包括两个方面的含义：一是组成成分及其营养关系；二是各种生物的空间配置（分布）状态。具体地说，生态系统的结构包括形态结构（物种结构和空间结构）和营养结构。

A 生态系统的形态结构

生态系统的生物种类、种群数量、种的空间配置（水平分布、垂直分布）和时间变化等，构成了生态系统的形态结构。

（1）物种结构是指在生态系统中各类物种在数量上的分布特征。生态系统中组成成分之间存在一定的数量关系，如排列组合关系、数量比例关系等。例如，森林生态系统乔木、灌木和草本植物都有不同的数量和比例关系，单一树种的单纯林、多树种的混交林和无乔木的灌木林的结构与功能肯定不同。

（2）空间结构是指生物群落的空间格局状况。水平结构指在水平分布上，林缘和林内的植物、动物的分布也明显不同。垂直结构指不同生物占据不同的空间，它们在空间分布上有明显的分层现象，例如：在森林生态系统中，乔木占据上层空间，灌木占据下层空间；鸟类在林冠上层，兽类在林地上；在森林中栖息的各种动物，也都有其各自相对的空间分布位置。

形态结构的另一种表现是时间变化。同一生态系统，在不同的时期或不同季节，存在着有规律的时间变化。如随着时间的变化，森林在幼年、中年及老年期的结构是有变化的。又如，一年四季中森林的结构也有波动，春季发芽，夏季鲜花遍野，秋季硕果累累，冬季白雪覆盖，昆虫和鸟类迁移，气象万千。不仅在不同季节有着不同的季相变化，就是昼夜之间，其形态也会表现出明显的差异。

B 生态系统的营养结构

生态系统各组成部分之间建立起来的营养关系，构成了生态系统的营养结构。营养结构是生态系统能量流动、物质循环的基础。

生产者可向消费者和分解者分别提供营养，消费者也可向分解者提供营养，分解者又可把营养物质输送给环境，由环境再供给生产者。这既是物质在生态系统中的循环过程，也是生态系统营养结构的表现形式。不同生态系统的成分不同，其营养结构的具体表现形式也会不同。

2.2.2 生态系统的功能

生态系统的功能主要有生物生产、能量流动、物质循环和信息传递四种。生态系统的功能就是通过食物链（网）来实现的。

2.2.2.1 食物链（网）和营养级

A 食物链（网）

食物链是指各种生物以食物为联系建立起来的链条，或生态系统中的生物通过吃与被吃关系构成的一条锁链。古谚："螳螂捕蝉，黄雀在后"、"大鱼吃小鱼，小鱼吃虾米，虾米吃泥巴"，都包含了食物链的意思。食物链一般可分为下述三种类型。

a 捕食性食物链

捕食性食物链以生产者为基础，其构成形式为：植物—小动物—大动物。后者可以捕食前者（弱肉强食）。如在陆地上，麦—麦蚜—肉食性瓢虫—食虫小鸟—猛禽；在草原上，青草—野兔—狐狸—狼；在湖泊中，藻类—甲壳类—小鱼—大鱼。

b 腐生性食物链

腐生性食物链以腐烂的动植物尸体为基础。腐烂的动植物残体被土壤或水中微生物或小型动物分解，在这种食物链中，分解者起主要作用，故也称分解链。如枯枝落叶—蚯蚓—线虫类—节肢动物；动植物残体—霉菌—跳虫—肉食性壁蚤—腐败菌。

两链紧密联系，共同维持着生态系统的平衡，自然生态系统中以分解链占优势，如果二者之一中断，都会给生态系统带来影响。除此之外，还有寄生、碎食性食物链。

c 寄生性食物链

寄生性食物链以大的、活的动植物为基础，再寄生以寄生生物，前者为后者的寄主。这是食物链中一种特殊的类型。如哺乳类或鸟类—跳蚤—鼠疫细菌。

食物链在各个生态系统中都不是固定不变的。动物个体的不同发育阶段，其食性也会改变，某些动物在不同季节，食性也会不同。此外，自然界食物条件的改变等都会改变食物链，因此，食物链是具有暂时性的。食物链上某一环节的变化，往往会引起整个食物链的变化，甚至影响生态系统的结构。此外，生态系统中各种生物的食物关系往往是很复杂的，各种食物链互相交织，形成一个复杂的网状结构——食物网。生态系统的功能（能量流动，物质的循环和转化）就是通过食物链或食物网进行的。

B 营养级

营养级是指生物在食物链之中所占的位置。在生态系统的食物网中，凡是以相同的方式获取相同性质食物的植物类群和动物类群可分别称作一个营养级。在食物网中从生产者植物起到顶部肉食动物止。即在食物链上凡属同一级环节上的所有生物种就是一个营养级。

生产者都处于食物链的起点，共同构成第一营养级。所有以生产者（主要是绿色植物）为食的动物都处于第二营养级，即食草动物营养级。第三营养级包括所有以植食动物为食的食肉动物。依此类推，还会有第四营养级和第五营养级。

由于能量通过各营养级流动时会大幅度减少，下一营养级所能接收的能量只有上一营养级同化量的10%~20%，所以食物链不可能太长，生态系统中的营养级也不会太长，一般只有四级、五级，很少有超过六级的。

一般来说，营养级的位置越高，归属于这个营养级的生物种类、数量和能量就越少，当某个营养级的生物种类、数量和能量少到一定速度，就不可能再维持另一个营养级的存在了。

从生产者算起，经过相同级数获得食物的生物称为同营养级生物，但是在群落或生态系统内其食物链的关系是复杂的。除生产者和限定食性的部分食植性动物外，其他生物大多数或多或少地属于两个以上的营养级，同时它们的营养级也常随年龄和条件而变化。例如：宽鳍鱲同时以昆虫和藻类为食；香鱼随着其生长，从次级消费者变为初级消费者：在苗种阶段为动物食性，随着个体发育而转为植物食性兼杂食性。仔鱼摄食枝角类和桡足类及其他小型甲壳类，一直持续到溯河洄游，在游进河川行程中，摄食器官发生演变，摄食逐步改为低等藻类。

2.2.2.2 生态系统的功能

生态系统的功能主要有能量流动、物质循环和信息传递三种。

A 生态系统的能量流动

生态系统的能量流动是指能量通过食物网在系统内的传递和耗散过程。能量流动是生态系统的主要功能之一。没有能量流动就没有生命，就没有生态系统。能量是生态系统的动力，是一切生命活动的基础。

生态系统中的全部生命活动所需要的能量均来自太阳。绿色植物通过光合作用吸收和固定太阳能，将太阳能变为化学能，这一方面满足自身生命活动的需要，另一方面供给异养生物生命活动所需要的能量。太阳能进入生态系统，并作为化学能，沿着生态系统中生产者、消费者、分解者流动，在生态系统中的流动和转化是遵循热力学定律进行的，即服从于热力学第一定律（能量守恒）、第二定律（单向流）和十分之一法则（能量损耗规律）。

由此可见，生态系统中能量流动有两个特点，一是能量流动沿生产者和各级消费者顺序逐步被减少；二是能量流动是单一方向，不可逆的。

由图 2-2 可见，能量在流动过程中，一部分用于维持新陈代谢活动和呼吸作用而被消耗（损耗），一部分构成各级生物有机体和组织而被固定，一部分在各营养级残体、排泄物分解时被还原释放。由此可知，在生态系统中能量传递效率是较低的，能流愈流愈细。一般来说，能量沿绿色植物向草食动物再向肉食动物逐级流动，通常后者获得的能量大约只为前者所含能量的 10%，即 1/10，故称为"十分之一法则"。这种能量的逐级递减是生态系统中能量流动的一个显著特点。

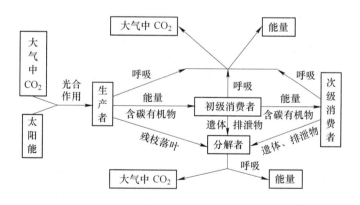

图 2-2　生态系统中的能量流动与物质循环

B 生态系统的物质循环

生态系统中，生物为了生存不仅需要能量，也需要物质，没有物质满足有机体的生长发育需要，生命就会停止。与能量流动不同，物质在生态系统中的流动则构成一个循环的通道，称为物质循环。有了物质循环运动，资源才能更新，生命才能维持，系统才能发展。例如：生物呼吸要消耗大量氧气，而空气中的氧气含量并无大的改变；动物每天要排泄大量粪便，动植物死亡的残体也要留在地面，然而经过漫长的岁月后，这些粪便、残体并未堆积如山。这正是由于生态系统存在着永续不断的物质循环，人类才有良好的生存环境。

物质循环是带有全球性的，生物群落和无机环境中的物质可以反复利用、周而复始进行循环，不会消失。生物有机体需要的化学元素有 40 多种，其中的氧（O）、氢（H）、碳（C）、氮（N）为基本元素，占生物体全部原生质的 97%，它们与钙（Ca）、镁（Mg）、磷（P）、钾（K）、硫（S）、钠（Na）等被称为大量元素，生物需要量较大；因此这些物质的循环是生态系统基本的物质循环。铜（Cu）、锌（Zn）、硼（B）、锰（Mn）、钼（Mo）、钴（Co）、铁（Fe）等被称为微量元素，这些元素在生命过程中需要量虽小，但也不可缺少，一旦缺少，动植物就不能生长，反之微量元素过多也会造成危害。它们在生态系统中也构成各自的循环。而与环境保护问题关系较密切的主要有水、碳、氮、硫循环。

a　水循环

水由 H 和 O 组成，是生命的主要来源，一切生物体组成的成分中大部分是水，体内进行的一切生物化学变化也离不开水。另一方面，水又是生态系统中能量流动和物质循环的介质，对调节气候、净化环境也起着十分重要的作用。

水循环是在太阳能驱动下，水从一种形式转变为另一种形式，并在气流（风）和海流的推动下在生物圈内的循环。形成水循环的内因是通常环境条件下，水的三态易于转化；外因是太阳辐射和重力作用，如图 2-3 所示。

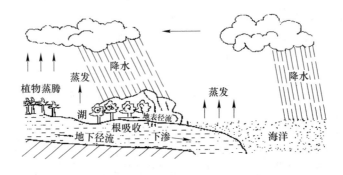

图 2-3　水循环示意图

森林在水循环中具有巨大作用，是最好的调节者。森林中树木庞大的根系为"自动抽水机"，一刻不停地从地下吸收水分，然后通过叶子蒸腾到空中。森林通过广大的叶片蒸腾的水分比同一纬度相同面积的海洋所蒸发的水分还要多 50%，因此森林上空的空气湿度高，温度低，又由于林冠能截流降雨，使降水强度大大减弱，可减少水土流失。

人类活动不断地改变着自然环境，越来越强烈地影响着水循环过程。人类构建水库，开凿运河、渠道、河网，以及大量开发利用地下水等，改变了水的原来径流路线，引起水分布和水运动状况的变化。农业的发展，森林的破坏，引起蒸发、径流、下渗等过程的变化。人类生产和消费活动排除的污染物通过不同途径进入水循环，使水体受到污染，大气降水酸化，严重影响水的循环，也通过水的流动交换而迁移，造成更大范围的污染。

b 碳循环

碳存在于生物有机体和无机环境中，也是构成生物体的主要元素之一，约占生物物质的25%，没有碳就没有生命；在无机环境中主要以CO_2和碳酸盐形式存在，绿色植物在碳循环中起着重要作用。如图2-4所示。

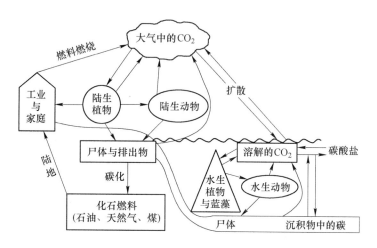

图 2-4　碳循环示意图

碳循环的三条循环途径：

一是生物有机体与大气之间的碳循环。绿色植物从空气中获得二氧化碳，经光合作用转化为葡萄糖，在综合成为植物体内的碳水化合物，经过食物链传递，最终经过动植物呼吸及分解者作用以CO_2形式重新返回大气，大气中二氧化碳这样循环一次约需20年。一部分（约千分之一）动植物残体在被分解之前即被埋在地层中，经过悠长的年代，在热能和压力作用下转变成矿物燃料——煤、石油和天然气等。当它们在风化过程中或作为燃料燃烧时，其中的碳氧化为二氧化碳排入大气。人类消耗大量矿物燃料对碳循环发生重要影响。

二是大气和海洋之间的二氧化碳交换。二氧化碳可由大气进入海水，也可由海水进入大气。这种交换发生在气和水的界面处，由于风和波浪的作用而加强。这两个方向流动的二氧化碳大致相等。大气中二氧化碳量增多或减少，海洋吸收的二氧化碳量也随之增多或减少。

三是碳质岩石的形成和分解。大气中的二氧化碳溶解于雨水和地下水中称为碳酸。碳酸能把石灰岩变为可溶性的酸式碳酸盐，并被河流输送到海洋中，逐渐转变为碳酸盐沉积海底，形成新岩石，或被水生生物吸收以贝壳和骨骼形式移到陆地。在化学和物理作用下，这些岩石被破坏，所含碳又以二氧化碳的释放入大气中。火山爆发、森林大火等自然现象也会使地层中的碳变成二氧化碳回到大气中。

人类燃烧矿物燃料以获得能量时，向大气中输入了大量的二氧化碳；而森林面积的不断缩小，大气中被植物利用的二氧化碳量越来越少，结果造成大气中二氧化碳浓度有了显著增加，引起"温室效应"。

c 氮循环

氮也是生物体的必需元素，构成各种氨基酸和蛋白质，而且它还是大气的主要成分之一，占大气总体积的 79%，因此在许多环境问题中有重要作用。氮气是一种惰性气体，其分子内的键能相当高，绝大多数植物或动物不能直接利用。

大气中氮气进入生物体的途径主要有三种：

（1）生物固氮。主要靠一些具有固氮酶的特殊微生物类群来完成。如苜蓿、大豆等豆科植物的根瘤菌，固 N 细菌，藻类（蓝、绿藻）等，可把空气中 N 固定成硝酸盐（或铵盐）。

（2）工业固氮。氢和氮在 600℃ 高温条件下，再加上催化剂即可合成氨，氨可直接利用，也可进一步用来生产其他化肥如尿素、硝酸铵等氮肥，供植物利用。由于农业对化肥的需要日益增加，使固氮工业不断发展，至今生物圈内全部固氮量中，大约有 1/3 是工业固氮的产物。

（3）高能固氮。闪电、宇宙射线、火山爆发等作用等造成的高温和光化学作用将大气中的氮气转化为氨或硝酸盐，其中第一种能使大气中氮气直接进入生物有机体，其他则以氮肥形式或随雨水间接进入生物有机体。

这些生成的氨以及大气中降落的氨类化合物在微生物的硝化作用下，最终变为硝酸盐。硝酸盐很容易被植物根系吸收，进入植物体内的氮化合物与碳氢化合物结合成氨基酸 →蛋白质→动物吃→动物蛋白质，经过动物的新陈代谢作用，一部分蛋白质为氨、尿酸、尿素等排入土壤，或动物尸体经微生物分解→氨盐或硝酸盐→土壤→一部分为植物利用，另一部分反硝化细菌作用生成氮气，如图 2-5 所示。

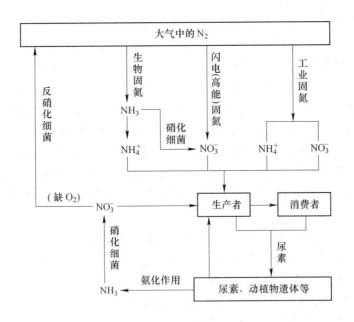

图 2-5　氮循环示意图

自然界的氮循环似乎是很严密的、始终保持平衡的，其实不然。由于人类活动的影响，矿物燃料燃烧时，空气中和燃料中的氮在高温下与氧反应生成氮氧化物，造成光化学烟雾污染和酸雨；工业固氮量很大，使氮循环被破坏，被固定的氮超过返回大气的氮，这些停留在地表的氮进入江、河或沿海水域，造成地表水体出现富营养化（赤潮）；农田大量使用氮肥，氮被固定后，不能以相应量返回大气，形成 N_2O 进入大气圈，N_2O 是一种惰性气体，在大气中可存留数年之久，它进入平流层后，可与臭氧发生反应，破坏臭氧层，给人体健康带来危害。

d　硫循环

硫也是构成氨基酸和蛋白质的基本成分，它以硫键的形式把蛋白质分子连接起来，对蛋白质的构型起重要作用。硫循环兼有沉积型循环和气体型循环双重特性。SO_2 和 H_2S 是硫循环的重要组成部分，属气体型；硫酸盐被长期束缚在有机或无机沉积物中，释放非常缓慢，属于沉积型。

大气中的 SO_2 主要来自含硫矿物的冶炼、化石燃料的燃烧以及动植物及其残体的燃烧；H_2S 主要来自火山活动、沼泽、稻田、潮滩中有机物的缺氧分解，进入大气的 H_2S 也可以很快转化为 $SO_2 \rightarrow SO_3 \rightarrow H_2SO_4$。大气中的 SO_2 和 H_2S 经雨水的淋洗，形成硫酸或硫酸盐，进入土壤，土壤中的硫酸盐一部分供植物直接吸收利用，进入生物体，沿食物链传递。动植物残体经微生物分解，又形成硫酸盐。另一部分则沉积海底，形成岩石，岩石风化进入土壤或大气。

人类对硫循环的干扰，主要是化石燃料的燃烧。空气中的 S 很少，但由于人类燃烧含硫矿物燃料和柴草，冶炼含硫矿石，释放出大量的 SO_2。据统计，人类每年向大气输入的 SO_2 达 $1.47 \times 10^8 t$，其中 70% 来源于煤的燃烧，硫进入大气，不仅对生物和人体健康带来直接危害（SO_2 浓度达 0.3×10^{-6} 时许多植物的叶组织会死亡，SO_2 也是人类健康的大敌），而且还会形成酸雨，使地表水和土壤酸化，对生物和人类的生存造成更大的威胁。

e　磷循环

磷是生物体的重要营养成分，主要以磷酸盐（PO_4^{3-} 和 HPO_4^{2-}）的形式存在。磷是携带遗传信息 DNA 的组成元素，是动物骨骼、牙齿和贝壳的重要组成部分。磷一般有岩石态和溶盐两种存在形态。磷循环都是起始于岩石的风化，终于水中的沉积。

磷全部来自于岩石的风化—破碎—进入土壤—植物—动物—残体分解—被释放出来，回到土壤或海洋中，构成一个循环封闭系统。但陆地生态系统的磷有一部分随水流进入了湖泊和海洋，浮游植物—浮游动物—食腐者，死亡的动植物体沉入水底，其体内的磷大部分以钙盐形式长期沉积下来，离开了循环，所以磷循环是不完全的循环。由海洋到陆地的循环的一个途径是通过某些食鱼鸟（鹈鹕）等，摄取海洋生物中的磷，它们的排泄物在特殊的地点形成鸟粪磷矿，是高质量的商品磷肥，但与大规模的由陆地向海洋迁移相比，这种反向循环在数量上是很微小的。

商品经济发展后，不断地把农作物和农牧产品运入城市，城市垃圾和人畜排泄物往往不能返回农田，而是排入河道，输往海洋。这样农田中磷含量便逐渐减少。为补偿磷的损失，必须向农田施加磷肥。在大量使用含磷洗涤剂后，城市生活污水含有较多的磷，某些工业废水也含有丰富的磷，这些废水排入河流、湖泊或海湾，使水中含磷量增高，这是湖泊发生富营养化和海湾出现赤潮的主要原因。

总之，生态系统的物质循环规律告诉我们，要想维护生态系统的相对稳定，保持动态平衡，最基本的一条就是"你从生态系统中拿走的物质，还应在适当时机归还给它，生态系统既不是一个只入不出的剥削者，也绝不是一个慷慨的施主。"人们必须和生态系统保持等量交换的原则。如果某些元素长期入不敷出，势必引起生态系统的退化，甚至瓦解，输入有害物质太多，则污染环境。

C 生态系统中的信息联系

当今时代是信息时代，信息是现实世界物质客体间相互联系的形式，在沟通生物群落内各种生物种群之间关系、生物种群和环境之间关系方面，生态系统的信息联系起着重要作用。生态系统中的信息联系形式主要有营养信息、化学信息、物理信息和行为信息。

a 营养信息

营养信息是生态系统中以食物链和食物网为代表的一种信息联系。通过营养交换把信息从一个种群传到另一个种群。以草本植物—鼠类—鹌鹑—猫头鹰组成的食物链为例，可表示为：当鹌鹑数量较多时，猫头鹰大量捕食鹌鹑，鼠类很少受害；当鹌鹑数量较少时，猫头鹰转而大量捕食鼠类。这样通过猫头鹰捕捉鼠类的轻与重，向鼠类传递了鹌鹑多少的信息。再如在草原上羊与草这两个生物种群之间，当羊多时，草就相对少了；草少了反过来又使羊减少。因此，从草的多少可以得到羊的饲料是否丰富的信息，以及羊群数量的信息。

b 化学信息

在生态系统中，有些生物在特定的条件下，或某个生长发育阶段，分泌出某些特殊的化学物质（如性激素、生长素等化学物质），这些分泌物对生物不是提供营养，而是在生物个体或种群之间起着某种信息的传递作用。如蚂蚁爬行留下的化学痕迹，是为了让其他蚂蚁跟随；许多哺乳动物（虎、狗、猫等）通过尿液来标识自己的行踪和活动领域；许多动物的雌性个体释放体外性激素招引种内雄性个体等。化学信息对集群生物整体性的维持具有重要作用。

c 物理信息

物理信息指通过声音、颜色、光等物理现象传递的信息。如鸟鸣、虫叫、兽吼都可以传达安全、惊慌、恐吓、警告、求偶、寻食等各种信息，花、蘑菇等的颜色可以传递毒性等信息。

d 行为信息

行为信息指动物可以通过自己的各种行为向同伴们发出识别、威吓、求偶和挑战等信息。如燕子在求偶时，雄燕会围绕雌燕在空中做出特殊的飞行形式；丹顶鹤求偶时，会双双起舞等；蜜蜂用蜂舞来表示蜜源的远近和方向。尽管现代的科学水平对这些自然界的"对话"之谜尚未完全解开。但这些信息对种群和生态系统调节的重要意义，是完全可以肯定的。

生态系统正是通过能流、物流和信息流的传递，使生物和非生物成分相互依赖、相互制约、环环相扣、相生相克形成网络状复杂的有机统一体，从而使生态系统具一定适应性和相对稳定性。如果生态系统能流、物流和信息流传递中任一个环节出了问题，生态系统的稳定性就要受到影响。

2.3 生态平衡

2.3.1 生态平衡的概念及特点

2.3.1.1 生态平衡的概念

在一定时间内，生态系统中生物与环境之间，生物各种群之间，通过能流、物流、信息流的传递，达到了互相适应、协调和统一的状态，处于动态的平衡之中，这种动态平衡称为生态平衡。也就是说生态平衡应包括四方面：（1）阶段性。指生态系统发展到成熟阶段，这时生态系统中所有的生活空间都被各种生物所占据，环境资源被最合理、最有效的利用，生物彼此间协调生存；且在较长时间内保持平衡。（2）稳定性。系统内的物种数量和种群相对平稳，有完整的营养结构和典型的食物链关系。（3）平衡性。能量和物质的输入和输出平衡。（4）动态性。生态系统的结构与功能经常处于动态的变化中，动态变化表现为生态系统中的生物个体总是在不断地出生和死亡，物质和能量不断地从无机环境进入生物群落，又不断地从生物群落返回到无机环境中；生态系统有抗干扰自恢复能力和抗污染自净化能力。

2.3.1.2 生态平衡的特点

生态平衡的特点可归结为以下两点。

A 生态平衡是一种动态平衡

表现在能量流动和物质循环总在不间断地进行着，生物个体也在不断地更新，它的各项指标，如生产量、生物的种类和数量，都不是固定在某一水平上，而是在某个范围内不断变化着。动态性同时还表现生态系统具有自我调节和维持平衡状态的能力。当生态系统的某一部分发生改变而引起不平衡时，系统依靠自我调节能力，使其进入新的平衡状态。例如：在森林生态系统中，植食性昆虫多了，林木会受到危害，但这是暂时的，由于昆虫的增多，鸟类因食物丰富而增多。这样一来，昆虫的数量就会受到鸟类的抑制，林木的生长就会恢复正常。

生态系统的能量流动和物质循环以多种渠道进行着，如果某一渠道受阻，其他渠道就会发挥补偿作用。对污染物的入侵，生态系统表现出一定的自净能力，也是系统调节的结果。生态系统的结构越复杂，能量流和物质循环的途径越多，其调节能力或者抵抗外力影响的能力就越强。例如，若草原生态系统中只有青草—野兔—狼构成简单食物链，那么一旦某种原因野兔数量减少，狼就会因食物减少而减少。若野兔消失，则草疯长，系统崩溃；若还有山羊、鹿等其他草食动物，兔子少了，狼可以捕杀其他草食动物，使野兔得以恢复，系统可以继续维持平衡。结构越简单，生态系统维持平衡的能力就越弱。农田和果园生态系统是脆弱生态系统的例子。生态系统的调节能力再强，也有一定限度，超过了这个限度也就是生态学上所称的阈值，调节就不起作用，生态平衡就会遭到破坏。

B 生态平衡是相对的、暂时的，不是绝对的

一旦外界因素的干扰超过这种"自我调节"能力时，调节即不起作用，生态平衡就会遭到破坏。例如，砍伐森林一定要和抚育更新相结合，才能维持森林生态环境的平衡；反之，就会破坏生态平衡，不仅森林质量下降，林中的动物难以生存，土壤中的微生物种类也会改变，还会影响森林生态系统的功能，造成地表裸露，水土流失，洪水成灾等。在自然界有些生态系统虽然已处于生态平衡状态，但它的净生产量很低，不能满足人类需要，这对人类来说并不总是有利的。因此，为了人类生存和发展，就要改造这种不符合人类要求的生态系统，建立半人工生态系统或人工生态系统。例如，与某些低产自然原始林生态系统相比，人工林生态系统是很不稳定的，它们的平衡需要人类来维持，但却能比某种低质低产的原始林提供更多的林产品。应该指出的是，生态平衡不只是某一个系统的稳定与平衡，而是意味着多种生态系统的配合、协调和平衡，甚至是指全球各种生态系统的稳定、协调和平衡。

2.3.2　生态平衡的破坏

当今社会，随着生产力和科学技术的飞速发展，人口急剧增加，人类的需求不断增长，人类活动引起自然界更加深刻的变化，造成巨大冲击，使自然生态平衡遭到严重破坏。自然生态失调已成为全球性问题，直接威胁到人类的生存和发展。生态平衡遭破坏的因素有自然因素和人为因素两种。

2.3.2.1　自然因素

自然因素主要指自然界发生的异常变化，如火山爆发、山崩海啸、水旱灾害、台风、流行病等，常常在短期内使生态系统破坏或毁灭。例如，秘鲁海面每隔六七年就会发生一次海洋变异现象，结果使一种来自寒流系的鲥鱼大量死亡。大量鱼群死亡，使吃鱼的海鸟失去了食物，造成海鸟的大批死亡。海鸟大批死亡，鸟粪锐减。当地农民又以鸟粪为主要农田肥料，由于肥料减少，农业生产受到极大损失。

2.3.2.2　人为因素

人为因素主要是指人类有意识地改造"自然"的行动和无意识造成对生态系统的破坏。

A　物种改变造成生态平衡的破坏

人类在改造自然的过程中，有意或无意地使生态系统中某一物种消失或盲目向某一地区引进某一生物，结果造成整个生态系统的破坏。例如：澳大利亚的兔子危机；蝗虫的大量繁殖会使农田生态系统受到破坏；植被的破坏（黄土高原在历史上曾是草丰林茂，沃野千里的绿洲，由于历代屯垦、毁草弃牧、毁林从耕，植被遭到严重破坏，造成了大量的水土流失和生态失调，成为今天一个十分贫瘠的地带）。总之，人类大量取用生物圈中的各种资源，包括生物的和非生物的，都将严重破坏生态平衡。

B　环境因子改变导致生态平衡的破坏

工农业生产的迅速发展，有意或无意地使大量污染物进入环境，从而改变了生态系统的环境因素，影响整个生态系统，甚至破坏生态平衡。例如，化学和金属冶炼工业的发展，向大气中排放大量 SO_2、CO_2、氮氧化物（NO_x）及烟尘等有害物质，产生酸雨，危害森林生态系统，欧洲有50%的森林受到它的危害。又如由于制冷业发展，制冷剂进入大气，造成臭氧层破坏。由于向大气中排放污染物气体 CO_2、甲烷（CH_4）等，造成温室效应。含有氮磷等营养物质的污水进入水体后，由于营养成分的增加，水中藻类会迅速繁殖。大量藻类的出现，又会使水中的溶解氧大量消耗，水中鱼类等动物就会因缺氧而死亡。所有这些环境因素的改变都会造成生态系统的平衡改变，甚至破坏生态平衡。总之，人类向生物圈中超量输入的产品和废物，严重污染和毒害了生物圈的物理环境和生物组分，包括人类自己，化肥、杀虫剂、除草剂、工业三废和城市三废是其代表。

C　信息系统改变引起生态平衡破坏

生态系统信息通道堵塞，信息传递受阻，就会引起生态系统改变，破坏生态平衡。例如，某些昆虫的雌性个体能分泌性激素以引诱雄虫交配。如果人类排放到环境中的污染物与这些性激素发生化学反应，使性激素失去引诱雄虫的作用，昆虫的繁殖就会受到影响，种群数量就会减少，甚至消失。

生态平衡失调的初期往往不易被人们察觉，如果一旦发展到出现生态危机或生态失调，就很难在短期内恢复平衡。因此人类活动除了要讲究经济效益和社会效益外，还必须要特别注意生态效益和生态后果，以便在改造自然的同时能基本保持生物圈的稳定和平衡，保持生态系统这一人类生存和发展基础的稳定。

生态平衡的破坏往往是出自人类的贪欲与无知，过分地向自然索取或对生态系统的复杂机理知之甚少而贸然采取行动。近年来，有些生态学家提出了许多正确见解，并把它提高到规律和定律的高度。例如，我国生态学家马世骏提出的生态五定律，即：相互制约和相互依存的互生规律；相互补偿和相互协调的共生规律；物质循环转化的再生规律；相互适应和选择的协同进化规律；物质输入与输出的平衡规律。

2.3.3　改善生态平衡的主要对策

由于生态系统和生态平衡的破坏主要发生在生产活动中，所以改善生态平衡也只能在生产实践中通过正确利用生物资源的再生与互相制约特点，妥善处理局部与全局的关系来实现，主要有以下几个方面的对策：

（1）森林方面的对策。保护好现存各种森林资源，营造好用材林、经济林、薪炭林、防风林、固沙林、水土保持林，合理采伐各种树木。通过上述工作，保护好森林这个绿色水库和最重要的动植物资源库。

（2）草原方面的对策。停止开垦草原；认真区划草原功能，通过建立饲料基地、建设人工草场、在宜牧草场合理放牧等措施防治草场退化；提倡生物防治鼠、虫、病害，减少甚至避免草原污染。

（3）水域方面的对策。逐步退耕换林、退居换水，慎重而科学地建设水库等水利设施，加强疏浚清淤，合理开发水产与水域养殖，严格控制污染物排放。

（4）农田方面的对策。科学管理农田水肥，防止自然性病害；推行用地养地的耕作制度，改善物质循环，避免掠夺地力；提倡生物防治鼠、虫、病害，保证食品安全。

2.4　生态学在环境保护中的应用

当今生态学和生态平衡规律已经成为指导人类生产实践的普遍原则。要解决世界五大环境问题（即人口、粮食、能源、自然资源和环境保护），必须以生态学理论为指导，并按生态学规律办事。对环境问题的认识和处理，也必须运用生态学的理论和观点来分析，环境质量的保持与改善以及生态平衡的恢复和再建，都要依靠人们对于生态系统的结构和功能的了解及生态学原理在环保工作中的应用。

2.4.1　全面考察人类活动对环境的影响

处于一定时空范围内的生态系统，都有其特定的能流和物流规律，只有顺从并利用这些自然规律来改造自然，人们才能持续地取得丰富而又合乎要求的资源来发展生产并保持洁净、优美和宁静的生活环境。可惜的是，过去人类改造自然的活动往往只求获得某项成功，而不管是否违反生态学规律，以致造成了一系列不利于发展生产又影响社会生活的恶果。人们总结过去的经验教训，深知必须利用生态系统的整体观念，充分考察各项活动对环境可能产生的影响，并决定对该活动应采取的对策，以防患于未然。

生态学的一个中心思想是整体和全局的概念，不仅考虑现在，还要考虑将来；不仅考虑本地区，还要考虑有关的其他地区。也就是说，要在时间和空间上全面考虑，统筹兼顾。按照生态学的原则，我们对生态系统采取任何一项措施时，该措施的性质和强度不应超过生态系统的忍耐极限或调节复原的弹性范围，否则就会招致生态平衡的破坏，引起不利的环境后果。

这里应该指出，保持生态平衡绝不能被误解为不允许触动它，或不许改造自然界，而永远保持其原始状态。由于人口越来越多，为了满足生活上的要求，也越需要发展生产，因而对自然界不触动是根本不可能的。必须强调的是：每一个生态系统对外力都有一个忍耐限度，人类对环境所施加的压力不能超过这个限度，否则就会引起生态平衡的破坏，结果不仅自然环境和自然资源遭到摧残，生产也同样不可能搞上去。

2.4.2　充分利用生态系统的调节能力

2.4.2.1　生态系统的调节能力

前面在论述生态系统的基本性质及特征时，曾经讲到生态系统具有不同水平的、比较复杂的调节能力。这就是指当生态系统的生产者、消费者和分解者在不断进行能量流动和物质循环过程中，受到自然因素或人类活动的影响时，系统具有保持其自身相对稳定的能力。也就是说，当系统内一部分出现了问题或发生机能异常时，能够通过其余部分的调节而得到解决或恢复正常。结构复杂的生态系统能比较容易地保持稳定，结构简单的生态系统，其内部的这种调节能力就较差。

在环境污染的防治中，这种调节能力又称为生态系统的自净能力。被污染的生态系统依靠其本身的自净能力，可以恢复原状。我们应该尽量有目的地、广泛地利用这种自净能力来防治环境的污染。

2.4.2.2　生态系统自净能力的应用实例

关于生态系统自净能力在环境保护中的应用，在国内外都已开展了大量的工作，并取得了很好的成绩。例如，水体自净、植树造林、土地处理系统等，都已收到明显的经济效益和环境效益。这里着重介绍土地处理系统的应用情况（见图2-6）。

A　土地处理系统

一般土壤及其中微生物和植物根系对污染物的综合净化能力，可以利用来处理城市污水和一些工业废水。同时，普通污水或废水中的水分和肥分也可以利用来促进农作物、牧草或林木的生长并使其增加产量。凡能达到上述目的的工程设施，即称为土地处理系统。它由污水或废水的预处理设施、储水湖、灌溉系统、地下排水系统等组成（见图2-6）。在该系统中，污水或一些废水经过一级处理或生物氧化塘、或二级处理后，进入沉淀塘和储存湖，再根据具体的需要和土地系统的特性（结构与功能），采用地表漫流、灌溉或渗滤等等方式排入土地系统，进行最终的处理。此法可代替污水或一些废水的二级或三级处

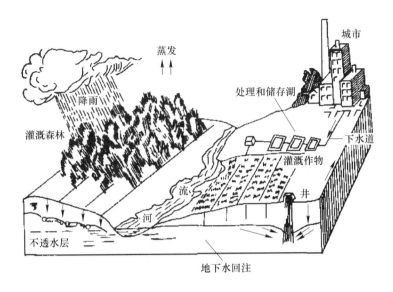

图 2-6　土地处理系统

理，而克服正规的污水二级处理或深度处理（即三级处理）工程基本建设和维修运行费用很高的缺点。因此，很容易推广应用。特别是在处理中、小城市的污水时，更能显出其优越性。

B　土地处理系统的净化机制

进入土地处理系统的污染物质，是依靠土地系统的调节能力进行净化的。不同的污染物质，在土地系统中的净化机理或过程各有差异，但概括起来，主要是通过下述作用去除污染物的：

（1）植物根系的吸收、转化、降解与合成等作用；

（2）土地中真菌、细菌等微生物的降解、转化及生物固定化等作用；

（3）土壤中有机和无机胶体的物理化学吸附、络合和沉淀等作用；

（4）土壤的离子交换作用；

（5）土壤的机械截留过滤作用；

（6）土壤的气体扩散或蒸发作用。

例如，当氧气充足时，土壤中需氧微生物活跃：在其氧化降解过程中，能捕食病原菌和病毒。一般在地表 1cm 厚的土壤层中，可去除病原菌和病毒达 92% ~ 97%，而当污水经过 1m 至几米厚的土壤过滤后，则可除去全部的病菌与病毒。污水中的 BOD 大部分可在 10 ~ 15cm 厚的表层土中去除；而磷在 0.3 ~ 0.6m 厚的上层土壤中几乎可以被全部除去。

C　土地处理系统的净化效果

设计和运行良好的土地处理系统，就不同的处理方式的去除效率取决于施用负荷、土壤、作物、气候、设计目的和运行条件等许多因素。但是，只要进入土地系统的污染物质的数量及种类，不超出该土地系统所能忍受的限度，则该系统的自我调节能力，就可完全将污染物质除去，使系统恢复原状而达到保护环境的目的。

2.4.3　解决近代城市中的环境问题

城市人口集中，工业发达，是文化和交通的中心，在国家的各个方面都占有重要的地位。例如，我国 2002 年共有 660 个城市，其人口占全国的 36.9%，工业产值占全国的 85%（2001 年），由此可见城市的重要性。但是，城市又存在众多的问题，目前每个城市的居民都普遍感到住房、交通、能源、资源、污染、人口等方面的尖锐矛盾。虽然在某些发达国家中，经过几十年的努力，水污染和大气污染情况有所改善，可是其他矛盾并未得到完全解决。这不仅是对城市居民的潜在威胁，而且还给国家的经济发展和环境保护，带来不容忽视的影响。因此近几年来，有些发达国家（如美国、日本等）都在寻找保护环境和减少污染的根本途径。其中一些生态学家或环境学家提出了编制生态规划和进行城市生态系统研究的设想。

2.4.3.1　编制生态规划

生态规划又称环境规划。它是指在编制国家或地区的发展规划时，不是单纯考虑经济因素，而是把它与地球物理因素、生态因素和社会因素等紧密结合在一起进行考虑，使国家和地区的发展能顺应环境条件，不致使当地的生态平衡遭受重大破坏。

地球物理因素（或称地球物理系统），包括大地构造运动、气象情况、水资源、空气的扩散作用等等；生态因素（或生态系统）是指绿地现状，包括植被覆盖率、生物种类、食物情况等等；社会经济因素（或社会经济系统），包括工农业活动、消费水平和方式、公民福利以及城市发展或城市活动等等。它们都是人类环境的重要因素。

日本目前正在开展利用生态学原则制定国家规划，使经济发展与人类环境相适应的研究工作。日本是一个岛国，其国土只占世界土地面积的 0.07%，但其能源消耗却占世界总耗量的 5%，能源消耗密度相当于世界平均值的 10 倍。对这样的能源消耗，日本对如何使绿化指标和能源消耗指标相协调的问题做了研究。此外，日本人口和工业密度大的地区也是污染最严重的地区，因此在编制国家规划时，还考虑到如何使工业向能源和资源消耗少，从而污染也少的部门转化。这些都是编制生态规划时应该重视的问题。

2.4.3.2　进行城市生态系统研究

许多环境科学家认为，充分利用生态学原则和系统论的方法，根据各种自然因素和人为的社会因素所构成的社会生态系统复合体来研究城市，也就是把城市作为一个特殊的、人工的生态系统进行研究，才能解决城市的环境问题。

2.4.4　综合利用资源和能源

以往的工农业生产大多是单一的过程，既没有考虑与自然界物质循环系统的相互关系，又往往在资源和能源的耗用方面，片面强调单纯的产品最优化问题。因此，在生产过程中几乎都有大量环境容纳不了、甚至带有毒性的废弃物排出，以致造成环境的严重污染与破坏。例如，传统的发电厂工艺过程，一般都力求电力生产的最优化而忽视余热以及排气中二氧化硫、烟尘中稀有元素和贵重金属等的充分利用和回收。这也是今天火力发电厂之所以产生大气污染的重要缘故。至于农业废弃物，在我国和其他一些第三世界国家，基本上都用作农村的燃料。从表面看来这似乎没有什么浪费，而实际上通过燃烧只能利用庄稼废弃物所固定的太阳能量的 10%，其余的 90% 都散失掉。同时由于燃烧会使这些废弃物中有机和无机的营养不能得到充分利用，因而破坏了原来生态系统的物质循环，长此下去就有可能使土壤贫瘠，招致作物减产。

解决这个问题较理想的办法是，运用生态系统的物质循环原理，建立闭路循环工艺，实现资源和能源的综合利用，以杜绝浪费与无谓的损耗。所谓闭路循环工艺，就是要求把两个以上的流程组合成一个闭路体系，使一个过程中产生的废料或副产品成为另一过程的原料，从而使废弃物减少到生态系统的自净能力限度以内。

2.4.5 在环境保护其他方面的应用

2.4.5.1 阐明污染物质在环境中的迁移转化规律

污染物质进入环境后，不是静止不变的，不但水流能把污染物质从受污染的地区携带到未受污染的地区，而且植物（或水生生物）也能从土壤（或水）中吸收残留物，然后转移到整个植物体内。动物食取这些植物时，也接受了这些污染物质，这就是说，随着生态系统的物质循环和食物链的复杂生态过程，污染物质不断迁移、转化、积累和富集。

例如，DDT 是一种脂溶性农药，它在水中和脂肪中的溶解度分别为 0.002mg/L 和 100g/L，两者相差 5000 万倍。因此，DDT 极易通过植物茎叶或果实表面的蜡质层而进入植物体内，特别容易被脂肪含量高的豆科和花生类植物所吸收，也极容易在动物和人体内积累和富集。大家知道北极的爱斯基摩人从未用过 DDT，但在他们体内却检出了 DDT。这说明 DDT 已经迁移到了北极。有的人体中每公斤脂肪含有 DDT 300mg；每公斤牛奶的 DDT 含量为 0.0035mg，这些 DDT 就是在生态系统的物质循环中，沿着不同的途径进入牛奶和人体并在人体中富集的。

通过污染物质在生态系统中迁移和转化规律的研究、我们可以弄清污染物质对环境危害的范围、途径和程度（或者后果）。

2.4.5.2 环境质量的生物监测和生物评价

环境质量的监测手段，在目前主要是化学监测和仪器监测。其优点是速度快，对单因子监测的准确率高。但也存在两个弱点：一是有些仪器还不能连续进行测定，往往一年只能取几个、几十个样品，用这些数据来代表全年的环境质量状况，有时是不合理的。因为污染物质进入环境的种类和数量在全年中变化很大，这些样品有时很难反映环境污染的真实情况；二是化学监测和仪器监测只能测定某一污染物质的污染状况，而实际环境中往往都是多种污染物质造成的综合污染，不同污染物质在同一环境中相互作用，有可能会出现拮抗和相加或相乘的协同现象。因此，用单因子污染的效果反映多因子综合污染的状况，也往往会产生一定的差错。

至于生物监测，它在某种程度上恰恰弥补了上述这些不足。所谓生物监测，就是利用生物对环境中污染物质的反应，也就是用生物在污染环境下所发生的信息，来判断环境污染状况的一种手段。由于生物长时间生活在环境中，经受着环境各种物质的影响和侵害，因此它们不仅可以反映出环境中各种物质的综合影响，而且也能反映出环境污染的历史状况。这种反映比化学和仪器监测更能接近实际。

目前，国内外已广泛利用生物对环境尤其是对大气和水体进行监测和评价。

A　利用植物对大气污染进行监测和评价

许多植物对于工业排放的有毒物质十分敏感，当大气受到有毒物质污染时，它们就产生了"症状"而输出某种信息。据此，就可以判断污染物质的种类并进行定性分析，还可以根据受害的轻重和受害的面积大小，判断污染的程度而进行定量分析。此外，还可以根据叶片中污染物质的含量、叶片解剖构造的变化、生理机能的改变、叶片和新梢生长量、年轮等等，鉴定大气的污染程度。研究证明，菠菜、胡萝卜等可监测二氧化硫；杏、桃、葡萄等可监测氟化氢；番茄可监测臭氧；棉花可监测乙烯。

B　利用水生生物监测和评价水体污染

采用的方法很多，主要有下述两种：

（1）污水生物体系法。这是比较普遍采用的方法。由于各种生物对污染的忍耐力不同，在污染程度不一的水体中，就会出现不同的生物种群而构成不同的生物体系。因此，根据各个水域中生物体系的组成，可以判断水体的污染程度。

（2）指示种法。即利用某种生物在水中数量的多少和生理反应等生物学特性，来判断该水域受到污染的程度。此处用于指示水体污染的生物，称为指示种或指示生物。例如，美国对伊利湖污染的调查，就是利用湖中指示生物颤蚓的数量作为指标，进行湖水质量评价的。此外，还可根据水生生物的生理指标和毒理指标，某些水生动物的形态和习性的改变、生物体内有毒物质的含量等等，对水体的污染进行监测和评价。

2.4.5.3　为环境标准的制定提供依据

为了切实有效地加强环境保护工作，对已经污染的环境进行治理，并且对尚未污染的环境加强保护，就必须制定国家和地区的环境标准。

环境标准的制定，又必须以环境容量为主要依据。环境容量指的是环境对污染物的最大允许量（或负荷量），也就是保证人体健康和维护生态系统平衡的环境质量所允许的污染物浓度。为了确定允许的污染物浓度，要求综合研究污染物浓度与人体健康和生态系统关系的资料，并进行定量的相关分析。

复习思考题

2-1　什么是生态系统？生态系统的基本组成部分有哪些？

2-2　什么是食物链、食物网和营养级？

2-3　生态系统具有哪些功能？

2-4　在生态系统中为什么将绿色植物称为生产者？

2-5　生态系统中生物群落之间的能量流动是通过什么完成的？

2-6　试举例说明生态系统中的物质循环。

2-7　生态系统中的信息联系有哪些形式？

2-8　生态系统是通过什么作用来维持生态平衡的？

2-9　何为生态平衡？破坏生态平衡的因素有哪些？试列举你熟知的破坏生态平衡的例子。谁是大自然中水的调节者？

3 自然资源的利用与保护

3.1 概　　述

3.1.1 基本概念

3.1.1.1 资源 (resources)

"资源"的概念源于经济学科，是作为生产实践自然条件的物质基础提出来的，具有实体性。《辞海》把资源解释为"资财的来源，一般指天然的财源"。"资源"是由资与源两字联合组成，"资"是指财物、费用，是指具有现实的或潜在价值的东西；"源"就是来源、源泉，是一切事物之本。由此可见，资源是指可以获得物质财富的源泉。狭义的资源是指自然资源，如土地资源、矿产资源、气候资源、水资源、生物资源等一切能为人类作为生产和生活资料利用的自然物。

近年来，资源一词已广泛出现在各个研究领域，其内涵和外延已有明显变化，不同学科领域各取其是，资源已包括人力及其劳动成果的有形和无形积累，如资金设备、技术和知识等等。广义而言，人类在生产、生活和精神上所需求的物质、能量、信息、劳力、资金和技术等"初始投入"均可称之为资源（见图3-1）。

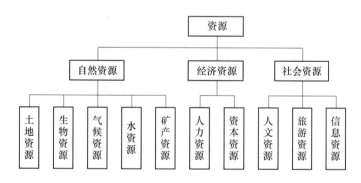

图 3-1　广义资源的划分系统

3.1.1.2 自然资源 (natural resources)

A　定义

《辞海》中把自然资源定义为：一般指天然存在的自然物，不包括人类加工制造的原料。如土地资源、水资源、生物资源和海洋资源等，是生产的原料来源和布局场所。这个定义强调了自然资源的天然性。

联合国环境规划署指出：自然资源是指一定时间条件下，能够产生经济价值以提高人类当前和未来福利的自然环境因素的总称。可见这个定义是非常概括和抽象的。

　　大英百科全书中自然资源的定义是：人类可以利用的自然生成物，以及生成这些成分的环境功能。前者包括土地、水、大气、岩石、矿物、生物及其积聚的森林、草场、矿床、陆地和海洋等；后者为太阳能、地球物理的循环机能（气象、海洋现象、水文、地理现象）、生态学的循环机能（植物的光合作用、生物的食物链、微生物的腐败分解作用等）、地球化学的循环机能（地热现象、化石燃料、非燃料矿物生成作用等）。这个定义明确指出环境功能也是自然资源。

　　我国的一些学者认为：自然资源是指存在于自然界中能被人类利用或在一定技术、经济和社会条件下能被利用作为生产、生活原材料的物质、能量的来源。

　　B　特征

　　尽管以上对自然资源理解的深度与广度不同，文字描述各异，但概括起来自然资源有以下特征：

　　（1）自然资源是自然过程所产生的天然生成物，它与资本资源、人力资源的本质区别在于其天然性。但现代的自然资源中又已或多或少地包含了人类世世代代劳动的结晶。

　　（2）任何自然物之所以成为自然资源，必须有两个基本前提，即人类的需要和开发利用的能力。否则，就不能作为人类社会生活的"初始投入"。

　　（3）自然资源的范畴随着人类社会和科学技术的发展而不断变化。人类对自然资源的认识，以及自然资源开发利用的范围、规模、种类和数量，都是不断变化的。同时还应指出，现在人们对自然资源已不再是一味的索取，而且注重保护、治理、抚育、更新等。

　　（4）自然资源与自然环境是两个不同的概念，但具体对象和范围又往往是同一客体。自然环境是指人类周围所有的客观自然存在物，自然资源则是从人类需要的角度来认识和理解这些要素存在的价值。因此，有人把自然资源和自然环境比喻为一个硬币的两面，或者说自然资源是自然环境透过社会经济这个棱镜的反映。通过对自然资源认识与开发史考察，可以说"环境就是资源"。

　　综上所述，自然资源是一定社会经济技术条件下，能够产生生态价值或经济效益，以提高人类当前或可预见未来生存质量的自然物质和自然能量的总和。换言之，自然资源是人类能够从自然界获取以满足其需要与欲望的任何天然生成物及作用于其上的人类活动的结果，或可认为自然资源是人类社会生活中来自自然界的初始投入。从系统角度看，自然资源是由一系列基本单元和不同层片构成的一个极其复杂的多维结构网络体，它以一定的质和量分布在一定地域，且按一定规律在四维时空发展变化。

3.1.2　自然资源的分类

　　根据自然资源的地理特征（即形成条件、组合情况、分布规律，以及与其他要素的关系），分为矿产资源（地壳）、气候资源（大气圈）、水利资源（水圈）、土地资源（地表）、生物资源（生物圈）五大类，各类可进一步细分，如在矿产资源下，可划分出能源资源、金属矿产资源、非金属矿产资源、水气资源等。

　　根据自然资源在经济部门中的地位可以将其分成农业资源、工业资源、交通资源、服务业资源。

　　按照自然资源是否可耗竭的特征分成耗竭性资源与非耗竭性资源两大类（见图3-2）。

　　（1）耗竭性资源。耗竭性资源按其是否可更新或再生，又分为可更新资源和不可更

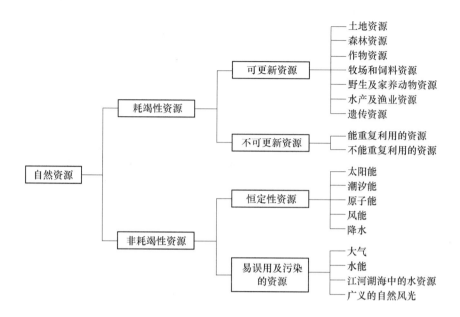

图 3-2　自然资源的分类系统

新资源两类。

　　1）不可更新资源指地壳中有固定储量的可得资源，由于它们不能在人类历史尺度上由自然过程再生（如铜），或由于它们再生的速度远远小于被开采利用的速度（如石油和煤），因此，一般认为它们是可耗竭的。

　　2）可更新（再生）资源是指在正常情况下可通过自然过程再生的资源，这类资源在开发利用限定到一定程度或阈值内，其数量和质量能够再生和恢复，如各种生物及生物与非生物因素组成的生态系统。如果此类资源被利用的速度超过再生速度，它们也可能耗竭或转化为不可更新资源。矿产资源属于不可再生资源，其中一些金属（如黄金、铂，甚至铜、铁、锡、锌等）是可以重复利用的，而石油、煤炭、天然气等能源矿产则是不能重复利用的。

　　（2）非耗竭性资源。非耗竭性资源是指在目前的生产条件和技术水平下，不会在利用过程中导致明显消耗的资源，如太阳辐射能、风和海潮，海水等，这些资源在本质上是连续不断地供应的，它们的更新过程不受人类影响。

3.1.3　自然资源的基本特点

　　各种自然资源都有其自身的特点及其特殊的规律性。但作为自然资源的整体，还具有一些共同的特性和规律，这些基本特征主要是：相互联系，相互影响，相互制约。

　　自然环境的各个组成要素是相互联系，相互影响，相互制约的。自然资源是自然环境的重要组成部分，各种自然资源之间也往往是相互联系，相互制约的。在一定的地质地形和水热条件下，便会形成一定的资源生态环境，特别是各种可再生资源之间，这种相互关系更为显著。例如，在热带湿润气候条件下，形成了热带雨林和季雨林环境以及相应的土壤、水和生物资源；在中温带半干旱气候条件下形成温带草原环境以及相应的土壤、水和生物资源。自然界中一种因素发生变化，便会引起整个环境发生变化，以致破坏某种自然资源存在的条件。如森林的过度砍伐会改变当地气候和水文条件，破坏森林的生态环境，使森林资源丧失；草地过度放牧会造成土地沙化，使草场资源退化等等。

分布不均，地域性差异明显，但具有一定规律性和不平衡性。由于自然条件的复杂性，生物区系发生迁移的历史因素和人类经营利用的强度与方式不同，生物资源的种类、数量、质量，以及保护管理等方面都会表现出明显的地域差异。

矿产资源的形成受地质作用的制约，它们的分布是有规律可循的。无论是具有地带性规律的可再生资源，还是具有非地带性规律的非再生资源，它们的地区分布都是不平衡的。我国北方多煤，南方多有色金属；北方平地多，热量低，水分少；南方平地少，热量高，水分多。西北干旱，多风沙，光照强；西南湿润，光照少，垂直地域差异显著。

资源利用范围和利用率取决于正确的技术政策和先进的科学水平。通常讲，自然资源的数量有限，但只要依靠正确的技术政策和先进的科学水平，其生产潜力和资源利用率都可不断扩大和提高，使自然资源发挥更多更大的作用。

自然资源既是人类生产和生活的物质基础，又是自然环境的组成部分。国民经济的发展和人们生产生活条件的改善都离不开自然资源。但是，人口的增长，生产力的发展，社会供需的剧增，再加上人们利用自然资源有着极大的盲目性，已造成目前世界上自然环境和自然资源的不断破坏与生态平衡的失调，从而严重影响了人类的生存和社会的发展。

3.2　自然资源的利用与环境保护

3.2.1　土地资源的利用与保护

3.2.1.1　土地资源

土地资源是指在一定的技术经济条件下，能直接为人类生产和生活所利用，并能产生效益的土地。需要指出的是，在现有的技术经济条件下，并不是全部土地都可以成为土地资源。但随着科技进步、人类改造土地技术水平的提高、经济实力的不断增强，以及生活方式的日趋多样化，不能为人类利用的土地将会越来越少。

农业自然资源主要包括：由地貌、土壤、植被等因素构成的土地资源，由地表水、地下水等构成的水资源；由各种动植物构成的生物资源；由光、温度、湿度等因素构成的气候资源等。在农业自然资源中土地资源是核心，因为农、林、牧、渔生产本身就是动植物生产，离开了土地资源，农业生产就无法进行。这就充分说明土地资源是农业生产和人类赖以生存的物质基础，是极为宝贵的自然资源。

3.2.1.2　我国土地资源利用现状与存在的问题

全世界有人定居的各大洲总土地面积为 $13381.6 \times 10^4 \mathrm{km}^2$。我国幅员辽阔，土地总面积为 $960 \times 10^4 \mathrm{km}^2$，占世界土地总面积的 7.2%，但人均占有量仅为 $0.76 \mathrm{hm}^2$，只及人均水平的 1/3。我国土地资源的特点主要有以下几点。

A　类型多样

我国北起寒温带，南至热带，南北长约 5500km，跨越 49 个纬度。其中，中温带至热带的面积约占总土地面积的 72%，寒温带和高原气候占 28%，热量条件良好。东起太平洋沿岸，西达欧亚大陆中部，东西长达 5200km，跨越 62 个经度。其中，湿润、半湿润区土地面积占 52.6%，干旱、半干旱区占 47.4%。由于水热条件和复杂的地形、地质条件组合的差异，形成了多种多样的土地类型，生物资源很丰富。

B 山地面积大

我国是个多山国家，丘陵山地面积占国土面积的 66%，平地仅占 34%，按海拔高程统计，低于 500m 的土地面积约占国土面积的 27%，500～1000m 的约占 16%，1000～1500m 的约占 18%，1500～3000m 的约占 14%，超过 3000m 的约占 25%。广大丘陵、山区自然条件复杂，自然资源丰富。据粗略统计，全国耕地面积占 40%，有林地占 90%，天然草场的一半分布在丘陵山区。

C 农用土地资源比重小

按现在技术经济条件，可以被农林牧渔各业和城乡建设利用的土地资源仅 627×10^4km^2，占土地总面积的 65%。其他的 1/3 的土地是难以被农业利用的沙漠、戈壁、冰川、石山、高寒荒原等，在可被农业利用的土地中，耕地和林地所占比重相对较小，其中耕地约 1.35×10^8hm^2，林地约 1.67×10^4hm^2，天然草地约 2.8×10^8hm^2，淡水水面约 0.18×10^8hm^2，建设用地约 0.27×10^8hm^2。

D 后备耕地资源不足

据统计，我国尚有疏林地、灌木林地与宜林宜牧的荒山荒地约 1.23×10^8hm^2，其中，适宜开垦种植农作物、人工牧草和经济林果者约 0.353×10^8hm^2，仅占国土面积的 3.7%，而质量较好的一等地仅有 3.1×10^5hm^2，质量中等的二等地有 8.0×10^6hm^2，质量差的三等地有 0.243×10^8hm^2。可见，数量少、质量差是我国后备土地资源主要特点。同时，这些后备土地资源又大多数分布在边远地区，开垦难度大。

3.2.1.3 我国土地资源开发利用中存在的主要问题

A 对土地缺乏严格管理，土地浪费严重

尽管有了土地管理法，但由于执法力量不足，特别是一些地方从局部眼前利益出发开发利用土地，致使滥占滥用土地现象严重。许多基建项目用地不报请批准或先用后报，宽打宽用，少征多用，早征晚用，多征少用，甚至征而不用，可以用劣地、空地、荒地的占用良田现象普遍。1998 年，中央电视台曾曝光三起严重违法滥占土地事件，并揭露了一些地区为了赶在国务院冻结建设用地无序扩张的规定之前抢征、虚征甚至弄虚作假，许多良田被占用。

B 水土流失严重

人类活动破坏植被，就会引起水力对土壤的侵蚀，随即引起水土流失，这是当前土地资源遭到破坏的主要问题。我国解放初期水土流失面积为 116×10^4km^2，20 世纪 90 年代初已增至 150×10^4km^2，约占全国总面积的 1/6，土壤流失量每年达 50 亿吨，居世界第一位。水土流失的黄土高原最为突出，年侵蚀模数 5000～15000t/km^2，长江流域由于上游森林砍伐，水土流失也很严重，目前其泥沙量已接近黄河。1998 年长江流域特大洪水同时也是一次特大范围、集中性的水土流失，对土地造成的破坏难以估量。我国水土流失造成土壤肥力的损失量每年相当于 4000 万吨化肥，价值 340 亿元。水土流失区使江河湖库淤积，内河通航里程缩短，洪水和泥石流等灾害增加。

C   土地沙化在扩展

盲目开垦、过度放牧、砍伐森林，加上自然风力对土地的侵蚀，使土地沙化不断扩展。据分析，目前沙化面积的 95% 是由各种人为活动引起的，我国三北地区目前沙化土地面积为 $17.6 \times 10^4 km^2$，其中历史上形成的有 $12 \times 10^4 km^2$，近年形成的有 $5 \times 10^4 \sim 6 \times 10^4 km^2$。现有 $15.8 \times 10^4 km^2$ 的土地面临沙化的危险。我国从 20 世纪 50 年代至 70 年代以来，沙化土地每年扩展约 $1500 km^2$，受沙化危害的有 11 个省区的 212 个县，人口约 3500万，耕地 $4.0 \times 10^6 hm^2$，草场 $5.0 \times 10^6 hm^2$。

D   土地次生盐渍化面积较大

次生盐渍化是不合理灌溉形成的。我国次生盐渍化主要分布在北方，面积约 $8.0 \times 10^6 hm^2$。在干旱区、半干旱区次生盐渍化的危害尤为严重，在新疆、甘肃受次生盐渍化威胁的耕地占耕地面积的 30% ~ 40%，内蒙古河套平原耕地中，盐渍化耕地占 50% 左右。

E   次生潜育化水稻土面积在扩大

潜育化水稻土的特点是在稻田土层的 50 ~ 60cm 深处形成一个清灰色还原层，通称青泥层，不利于水稻生长，由于管理不善或排灌不当产生的潜育化称次生潜育化。水稻土次生潜育化纯属人为造成的稻田质量退化，它是稻田提高单产的主要障碍因素之一。次生潜育化水稻土主要分布在小丘间沟谷、河流沿岸、水库周围及渠系附近。我国次生潜育化稻田的数量相当可观，南方约有 $4.2 \times 10^6 hm^2$，湖南省洞庭湖周围潜育化水稻土约占 20%，江西全省稻田面积的 20% 为潜育化水稻土。

F   耕地肥力下降

由于水土流失和对土地重用轻养、施用有机肥过低，使土地养分减少，地力普遍下降。据全国第二次土壤普查 1403 个县的资料统计显示，土壤无障碍因素的耕地只占耕地总面积的 15.3%，土壤有机质低于 0.6% 的耕地占 10.6%，耕地总面积的 59% 缺磷、23% 缺钾、14% 钾磷俱缺；耕层浅的占 26%，土壤板结的占 12%，东北地区的黑土开垦初期有机质含量为 7% ~ 10%，开垦不到 100 年降至 3% ~ 4%，严重的甚至降到了 2%。

G   土地污染与破坏未得到有效控制

不合理的化肥和农药施用也会造成土壤污染，由于利用率低，大部分化肥、农药散失在土壤、水体和大气中，直接和间接地污染土壤，进而使动、植物和各种农产品中有毒物质大量积累，危害人、畜健康，影响农产品进出口。近年来我国频繁发生水果、粮食、肉食出口因有害物质超标退货现象，造成了严重的损失。开采矿产不及时复垦，尾矿不合理堆积，也会破坏大量的土地，地下矿藏如煤炭，地下水等开采，会引起地面下沉或塌陷，此类现象屡见不鲜。

H   城镇发展建设用地失控

近年来，一些城市发展规模失控，占用耕地面积过多问题较为突出。有关专家利用遥感卫星资料测算结果表明，1986 ~ 1995 年全国 31 个特大城市的主城区占地规模扩大了50.2%，城市用地增长率与人口增长率之比为 1.12∶1 是合理的，而我国目前已高达2.29∶1。个别城市 1980 ~ 1995 年人均占地从 $76.9 m^2$ 增至 $158.1 m^2$，增加了一倍多，更为严重的是城市扩建占用的土地绝大多数都是城郊菜地或良田沃土。开发区建设占地失控也很突出，主要表现在两个方面，一是非法建的开发区占很大比重，二是开发区用地严重失控。据统计，仅开发区的起步区就占用了 73 万多公顷的土地，而且大多数都是耕地。村镇建设超标严重，首先是乡镇企业用地缺少指导，只顾眼前利益，盲目占用良田沃土；其次是农村居民宅基地用地严重超标，全国农村居民人均宅基地占用面积已达 190m²，已超过规定的最高标准 150m² 的 27%，而且宅基地几乎都选在交通方便的平原，占用的多为高产良田。

3.2.1.4 土地资源的利用与保护的对策

（1）加强对土地承载能力的研究，大力发展宣传土地生态教育，使各地区在土地可承载的范围内指定人口政策，实行计划生育，实行计划生育可以缓解土地资源与人口增长的矛盾。因此严格控制我国人口增长是解决土地资源的基本国策。同时要全面提高全民的国土意识以及综合文化素质，让每个人都有合理利用土地资源、保护土地资源的意识。

（2）大力加强土地管理，保护好每一寸土地，严格控制非农业用地。要时刻按照《土地法》执法，严禁土地资源滥用，充分做好土地承载能力的研究，为土地的可持续发展做长远规划。同时还要建立健全土地使用管理制度，全面推进国土资源管理部门执法力，加速国土资源管理部门职能转换，为土地合理利用提供更好更完善的程序保障。

（3）加强农业投入，改造中低产田，加强农、林、牧业生产基地的建设。提高土地的承载能力主要途径就是中低产田改造。每种中低产田的改造都需要水利工程的投入，加强优质商品粮基地建设，方便国家的宏观调控，也可以有效地应付各种意外困难。

（4）加强土地资源的宏观建设。通过现有的技术条件拟定合理的土地资源开发规划，通过项目建设来改善宏观生态环境，从而对土地沙化有效防治，通过南水北调工程，提高水资源的利用率，也提高了干旱地区土地生产力。

（5）注重土壤污染防治工作。要着重控制污染源，加强土壤污染治理力度，正确合理地使用灌溉，做好对于土壤环境的检测和评价，要及时观察预报土壤破坏程度。

3.2.2 水资源的利用与保护

3.2.2.1 水资源

水资源是指可以很容易供人们经常利用的水量，或者说是在某一地区范围内逐年可以得到更新和恢复的淡水资源，不包括海水、两极的冰川以及深层地下水等。

水是人类发展不可缺少的自然资源，是人类和一切生物赖以生存的物质基础。当今世界，水资源不足和污染构成的水源危机成为任何一个国家在政策、经济和技术上所面临的复杂问题和社会经济发展的主要制约因素。1992 年 1 月，联合国在冰岛举行了水和环境国际会议，呼吁寻找新的途径，对淡水资源做出评价、发展和管理。1993 年，世界银行提出了有关水资源的新课题。粮农组织最近成立了一个关于水和持续农业发展的国际项目（LAP-WASAD），这些信息表明，水资源问题已引起全世界的关注。

人类对水资源的开发利用分两大类：一类是从水资源取走所需的水量，满足人民生活和工农业生产的需要后，数量有所消耗，质量有所变化，在另外地点回归水源；另一类是取用水能（水力发电）、发展水运、水产和水上游乐，维持生态平衡等，这种利用不需要从水源引走水量，但是需要河流、湖泊、河口保持一定的水位、流量和水质。本书所讨论的水资源利用情况主要是第一类用水形式。

地球上水的总储量约有 13.9 亿立方千米，其中约 97% 为海洋咸水，不能直接为人类利用。淡水的总量仅为 0.36 亿立方千米，而且还不足地球总水量 3% 的淡水中，有 77.2% 是以冰川和冰帽形式存在于极地和高山上，也难以为人类直接利用；22.4% 为地下水和土壤水，其中 2/3 的地下水深埋在地下深处；江河、湖泊等地面水的总量大约只有 23 万立方千米，占淡水总量的 0.36%。因此，只有约 20% 的淡水是人类易于利用的，而能直接取用的河、湖淡水仅占淡水总量的 0.3%。可见，可供人类直接利用的淡水资源是十分有限的。

3.2.2.2　水资源的重要作用

A　调节气候

水是大气的重要成分。虽然大气中仅含全球水量的百万分之一，然而，大气和水之间的循环相互作用，确定了地球水循环运动，形成支持生物的气候。大气中的水帮助调节全球能量平衡，水循环运动起着不同地区的能量传输作用。

B　水磨塑造地球表面的形态

流动的水开创和推动土地地貌的形成，重排地表景观以及三角洲形成等。水是形成土壤的关键因素，也在岩石的物理风化中起着重要作用。

C　水具有物质运输的功能

水可以输送多种多样材料和营养物质。水输送物质的形式有两种：溶解的矿物质和整体物质。大气中的各种颗粒物质可以沉降到水体，然后由水输送。从这一方面可以看到，水可以把环境污染物输送、扩散到更远、更广泛的区域。

D　水是一切生物必不可少的物质

生命的形成离不开水，水是生物的主体，生物体内含水量占体重的 60% ~ 80%，甚至 90% 以上。水是生命原生质的组成部分，并参与细胞的新陈代谢，还是生物体内外生物化学发生的介质。因此，一切生命都离不开水。水与生物以各种方式相互作用。在一个区域范围内，水是决定植被群落和生产力的关键因素之一，还可以决定动物群落的类型、动物行为等。

E　水是人类赖以生存和生产的最基本的物质基础

水与人类的关系非常密切，不论是生活还是生产活动都离不开水这一宝贵的自然资源。水既是人体的重要组成，又是人体新陈代谢的介质，人体的水含量占体重的 2/3，维持人类正常的生理代谢，每天每人至少需要 2 ~ 3L 水。工业生产、农田灌溉、城市生活都需要消耗大量的水。但是，随着人口和经济活动的加剧，全球的水循环已大大偏离了它的自然状态，水的流动已发生了显著的变化。人口迅速增长，加快了对水资源的消耗，工农业生产发展严重污染了水体，森林破坏改变了蒸发和径流方向等，这些人类活动造成了水资源的严重破坏，使世界面临着水危机。

3.2.2.3　世界水资源的供给与利用

通常人们将全球陆地入海径流总量作为理论上的水资源总量，即全球水资源总量为 $47000km^3$，而这一水资源数量在全球分布又是不均匀的，各国水资源丰缺程度相差很大。人类在早期对水资源的开发利用，主要是在农业、航运、水产养殖等方面，而用于工业和城市生活的水量很少，直到 20 世纪初，工业和城市生活用水仍只占总用水量的 12% 左右。随着世界人口的高速增长以及工农业生产的发展，水资源的消耗量越来越大。世界用水量逐年增长，1900~1975年间，每年以3%~5%的速度递增，即每20年左右增长一倍。到21世纪，世界总用水量将达到6000亿立方米，占世界总径流量的15%。

在人类消耗的淡水资源中生活用水量只占总用水量的很小部分，目前全世界的生活用水量只占河川径流量的1/7，但随着人类生活水平的不断提高，生活用水量在不断增长。

在工业用水中，主要是能源部门的冷却用水量大。在热电厂，每生产1000kW·h电，需用水200~500m³，而原子能电站需水量多一倍。世界能源年产量为4×10^{12}kW·h电，耗水量约为1.2×10^{10}m³。按照目前的趋势，电力生产每10年翻一番，耗水量较大的核电站的比例将提高到30%~50%。因此，电力工业需水量将增加一个数量级。在保持现代工业发展进度情况下，冷却水用量占全球需水量的30%，工业发达国家则可能到60%。其次冶金工业和化学工业耗水量也很大。

农业用水的耗水量主要是灌溉用水。并且农业用水的损失比工业用水要高得多，因此，农业用水对水资源的消耗是最大的。自1950年以来，世界灌溉农田增加了近3倍，达到2.7亿公顷。淡水资源总量并不能充分为人们所利用，例如，美国人均年占淡水资源10230m³，但约有2/3通过湖泊、河流、湿地等的蒸发及植物表面蒸腾进入到大气或流回海洋。因此，对水资源的消耗应当合理有序，否则，就会引起一系列的不良后果。如广州市佛山出现许多地面塌陷的现象，专家指出其原因是采矿的同时大量提取地下水造成的。此外，大量废水的排放引起纳污水体的污染，使水资源更加紧张，出现严重的水资源危机。

3.2.2.4 水危机产生的原因

从总的水储量和循环量来看，地球上的水资源是丰富的，如能妥善保护与利用，可以供应200亿人的使用。但由于消耗量不断地增长和可利用水域的污染等原因，造成可利用水资源的短缺和危机，主要有以下几个方面的原因。

A 自然条件影响

地球上淡水资源在时间和空间上的极不均匀分布，并受到气候变化的影响，致使许多国家或地区的可用水量甚缺。例如，我国长江、珠江、浙、闽、台及西南诸河流域的水量占总水量的81.0%，而这些地区的耕地仅占全国的35.9%；华北和西北地处干旱或半干旱气候区，其降雨和径流都很少，季节性缺水很严重。北非和南撒哈拉地区、阿拉伯半岛、伊朗南部、巴基斯坦和西印度是年降雨长期平均变化最大的区域，其变化幅度超过40%。美国西南部、墨西哥西北部、非洲西南部、巴西最东端以及智利部分地区也是如此。因此，世界许多地区会出现区域性的供水危机。

B 城市与工业区集中发展

200多年来，世界人口趋向于集中在占全球较小部分的城镇和城市中，在20世纪中期以来这种城市化进程已明显加快。我国在改革开放后的30多年中，城市的数量增加了好几倍，城市的规模也越来越大。目前世界上城市居民约占世界人口的41.6%，而城市占地面积只占地球上总面积的0.3%。在城市和城市周围又大量建设了工业区，因此集中用水量很大，超过当地水资源的供水能力。例如，日本年降雨量1818mm，但由于73%的工业集中在太平洋沿岸，而且东京、大阪、名古屋三大城市周围50km以内，不到国土的1%土地以上居住了全国总人口32%，因此这些城市用水十分紧张。

C　水体污染

水体有两个含义：一般是指河流、湖泊、沼泽、水库、地下水、海洋的总称。在环境学领域中，则把水体当作包括水中的悬浮物、溶解物质、底泥和水生生物等的完整生态系统或自然综合体。由于污染物的入侵，使许多水体受到污染，致使其可利用性下降或丧失。因此，水体污染是破坏水资源、造成可利用水资源缺乏的重要原因之一。主要的水体污染物包括各种有机物、酸污染、悬浮物、有毒重金属和农药以及氮磷等营养物质。

D　用水浪费

城市生活和工农业用水都存在大量的浪费。由于管理不善，工程配套差和工艺技术落后，城市管网和卫生设施的漏水很普遍，是城市生活用水中浪费最大的一项。据统计，美国城市管网漏水量平均达每人每天60L，占全部用水量的10%～15%。北京漏水量占总用水量的10%～40%，甚至可达70%。工业上从水源取用的水量远远超过其实际耗水量。如美国1970年统计表明，占全国工业用水量78%的热电站用水，其实际耗水量仅为其取用水量的1%。农村大水漫灌，利用率很低，而且渠道渗漏很大，不仅浪费水资源，而且引起土壤的次生盐渍化和潜育化，降低土壤质量。

E　盲目开发地下水

由于地表径流的减少，水资源的开发由地表转入地下，但由于对地下水的盲目过量开采，引起了一系列的后果。我国北方地下水年开采量超过了370亿立方米，河北省沧州市1973年地下水位降落漏斗为16km²，中心水位埋深33m，到1980年已达到2700km²，中心水位达68m，这种现象在北方较普遍。由于过量开发地下水，导致上海市、天津市都发生了严重的地面下沉；一些沿海城市出现了海水入侵，使地下水含盐量过高，失去饮用价值；我国西南部分碳酸盐地区的岩溶塌陷。

3.2.2.5　我国水资源的特点

我国水资源的时空分布特点，可通过降水、蒸发、径流等平衡要素的分布反映如下。

A　水资源总量较丰富，人均和地均拥有量少

我国多年平均年水资源总量为28124亿立方米，其中河川径流约占94%，低于巴西、前苏联、加拿大、美国和印度尼西亚，约占全球径流总量的5.8%，居世界第6位。平均径流深为284mm，为世界平均值的90%，居世界第7位。可见，我国的水资源量还是比较丰富的。然而，我国人口众多，按13亿人口计算，平均每人每年占有的河川径流量2260m³，不足世界平均值的1/4，分别是美国人均占有量的1/6，前苏联的1/8，巴西的1/19和加拿大的1/58。我国地域辽阔，平均每公顷耕地的河川径流占有量约28320m³，为世界平均值的80%。所以，我国水资源量与需求不适应的矛盾十分突出，以占世界7%的耕地和6%的淡水资源养活着世界上22%的人口。

B　水资源时空分布不均

我国水资源的时空分布很不均匀，与耕地、人口的地区分布也不相适应。我国南方地区耕地面积只占全国35.9%，人口数占全国的54.7%，但水资源总量占全国总量的81%；而北方四区水资源总量只占全国总量的14.4%，耕地面积却占全国的58.3%。由于季风气候的强烈影响，我国降水和径流的年内分配很不均匀，年际变化大，少水年和多水年持续出现，旱涝灾害频繁，平均约每三年发生一次较严重的水旱灾害。

C 水土流失严重，许多河流含沙量大

由于自然条件的限制和长期人类活动的结果，我国森林覆盖率只有12%，居世界第120位。水土流失严重，全国水土流失面积约150万平方千米，约占国土面积1/6。结果造成许多河流的含沙量大，如黄河年平均含沙量为37.7kg/m³，年输沙总量16亿吨，居世界大河之首。

D 我国水资源开发利用各地很不平衡

在南方多水地区，水的利用率较低，如长江只有16%，珠江15%，浙闽地区河流不到4%，西南地区河流不到1%。但在北方少水地区，地表水开发利用程度比较高，如海河流域利用率达到67%，辽河流域达到68%，淮河达到73%，黄河为39%，内陆河的开发利用达32%。地下水的开发利用也是北方高于南方，目前海河平原浅层地下水利用率达83%，黄河流域为49%。

3.2.2.6 水资源的利用和保护

随着人口的增长，城市化、工业化以及灌溉对水的需求日益增加，21世纪将出现许多用水紧缺问题。在可供淡水资源有限的情况下，应积极采取措施保护宝贵的水资源。一般采取以下几种措施。

A 提高水的利用效率，开辟第二水源

这是目前解决水资源紧张的重要途径，主要方法如下所述。

a 降低工业用水量，提高水的重复利用率

降低工业用水量的主要途径是改革生产用水工艺，争取少用水，提高循环用水率。如炼钢厂用氧气转炉代替老式平炉，不但提高了钢的质量，而且用水量降低了86%～90%。现在世界上许多工业发达的国家都把提高工业重复用水率作为解决城市用水困难的主要手段。有的国家还铺设了专门供工业循环用水的管道，效果很好。我国近几年来，对水的重复利用也逐步开展起来。在一些水源特别紧张的城市，水的重复利用率已达到较高水平，如大连市为79.5%，青岛为77.3%，太原为83.8%，但整体水平还比较低，平均工业用水重复利用率仅为20%～30%。如果把全国工业用水的平均重复利用率从目前的20%提高到40%。每天可节水1300万吨，相应地节省供水工程投资26亿元，节水量和经济效益都是相当可观的。

提高工业用水重复利用率，不仅是合理利用水资源的重要措施，而且减少了工业废水量，减轻了废水处理量和对水体的污染。

b 实行科学灌溉，减少农业用水浪费

全世界用水的70%为农业灌溉用水，但其利用率很低，浪费严重。据估计，全世界有37%的灌溉水用于作物生长，其余63%都被浪费掉了。因此，改革灌溉方法是提高用水效率的最大潜力所在。渠道渗漏是世界各国在发展灌溉事业时遇到的共同问题。据国际灌溉排水委员会的统计，灌溉水渗漏损失量一般为15%～30%，高的甚至达到50%～60%。我国渗漏损失一般为40%～50%，高的甚至达到70%～80%。因此，防渗渠道和暗管输水等工程技术的应用可以得到明显的节水效果。

灌溉方式的改进是农业节水的重要途径。20世纪60年代，在以色列发展起来的滴灌系统，可将水直接送到紧靠植物根部的地方，以使蒸发和渗漏水量减到最小。当前，国外灌溉节水技术的发展趋向是采用完整的灌溉排水管道系统，它具有能源消耗少、输水快、配水均匀、水量损失小、不影响机耕等优点。此外，一些国家还研究了新的灌溉技术，如涌流灌溉、水平畦田灌溉、采用自动升降竖管等。内布拉斯加农业和自然资源研究所设计了一种灌溉计算机程序，利用各小型气象站收集来的数据计算各地区生长的不同作物的蒸发蒸腾率，指导农民调整灌溉日期。自动灌溉技术，利用计算机控制流量、监测渗漏、调节不同风速和土壤湿度条件下的用水量，并使肥料用量最佳化。我国最新的研究表明，覆盖滴灌对水的利用效率更高，是适合干旱半干旱地区的新型灌溉技术。

　　c　回收利用城市污水、开辟第二水源

回收和重新使用废水，使其变为可用的资源是另一种提高水使用效率的方法。在东京，城市水回收中心通过三级水处理厂慢沙过滤回收废水，氯化消毒后用于冲洗高层建筑的厕所。北京也曾修建过类似的"中水道"系统。

　　B　调节水源流量，增加可靠供水

水资源紧张的第一个原因是自然条件的影响，如气候、地理位置、淡水分布不均匀等问题。人们试图通过调节水源流量、开发新水源的方式加以解决。

　　a　建造水库

建造水库调节流量，可以将丰水期多余水量储存在库内，补充枯水期的流量不足。不仅可以提高水源供水能力，还可以为防洪、发电、发展水产等多种用途服务。目前，各国在江河上建造的库容超过 1 亿立方米的水库共有 1350 个，总蓄水量达到 4100km³。然而，在很多工业发达国家，随着建库地址的选择日益困难，增加新蓄水设施的成本迅速提高，水库发展的速度明显减慢了。发展中国家的水库建设仍处于全盛时期。在建库时，还必须研究对流域和水库周围生态系统的影响，否则会引起不良后果。

　　b　跨流域调水

跨流域调水是一项耗资昂贵的增加供水工程，是从丰水流域向缺水流域调节。由于其耗资大、对环境破坏严重，许多国家已不再进行大规模的流域间调水。巴基斯坦的西水东调工程和澳大利亚的雪山河调水工程，以及我国近年来相继完成的引黄济青、南水北调、引滦入津和引滦入唐等工程都是从丰水流域向缺水流域供水的大工程。

　　c　地下蓄水

目前，已有 20 多个国家在积极筹划人工补充地下水。在美国，加利福尼亚的地方水利机构每年将 25 亿立方米左右的水储存地下。到 1980 年，该州已有 3450 万立方米的水储存在两个水利工程项目的示范区内；其单位成本平均至少比新建地表水水库低 35%～40%。美国国会于 1984 年秋通过立法，批准西部 17 个州兴建蓄水层回灌示范工程。在荷兰，实现人工补给地下水后，解决了枯水季节的供水问题，每年增加含水层储量 200 万～300 万立方米。

　　d　海水淡化

海水淡化可解决海滨城市的淡水紧缺问题。目前，世界海水淡化的总能力为 2.7km³/a，不到全球用水量的 1‰。沙特阿拉伯、伊朗等国家海水淡化设备能力占世界的 60%，在沙特阿拉伯还建造了世界上最大的淡化海水管道引水工程。

　　e　拖移冰山

此工程在近期内还不可能实现，仍处于计划阶段。据估计，南极的一小块浮冰就可获得 10 亿立方米的淡水，可供 400 万人一年的用量。

f　恢复河、湖水质

采用综合防治水污染的方法恢复河湖水质。即采用系统分析的方法，研究水体自净、污水处理规模、污水处理效率与水质目标及其费用之间的相互关系，应用水质模拟预测及评价技术，寻求优化治理方案，制订水污染控制规划。采用这种方法治理的河流，如美国的特拉华河、英国的泰晤士河、加拿大的圣约翰河等水质都得到恢复，增加了淡水供应。

g　合理利用地下水

地下水是极其重要的水资源之一，其储量仅次于极地冰川，比河水、湖水和大气水分的总和还多。但由于其补给速度慢，过量开采将引起许多问题。在开发利用地下水资源时，应采取以下保护措施。

（1）加强地下水源勘察工作，掌握水文地质资料，全面规划，合理布局，统一考虑地表水和地下水的综合利用，避免过量开采和滥用水源。

（2）采取人工补给的方法，但必须注意防止地下水的污染。

（3）建立监测网，随时了解地下水的动态和水质变化情况，以便及时采取防治措施。

C　加强水资源管理

为加强水资源管理，制定合理利用水资源和防止污染的法规，改革用水经济政策。如提高水价、堵塞渗漏、加强保护等。提高民众的节水意识，减少用水浪费严重和效率低的状况。

D　增加下水道建设，发展城市污水处理厂

欧美等国从长期的水系治理中认识到，普及城市下水道，大规模兴建城市污水处理厂，普遍采用二级以上的污水处理技术，是水系保护的重要措施。

3.2.3　矿产资源的利用与保护

3.2.3.1　矿产资源

矿产资源指经过地质成矿作用而形成的，天然赋存于地壳内部或地表埋藏于地下或出露于地表，呈固态、液态或气态的，并具有开发利用价值的矿物或有用元素的集合体。矿产资源属于非可再生资源，其储量是有限的。目前世界已知的矿产有 160 多种，其中 80 多种应用较广泛。按其特点和用途，通常分为四类：能源矿产 11 种；金属矿产 59 种；非金属矿产 92 种；水气矿产 6 种，共有 168 种矿种。

3.2.3.2　矿产资源特点

矿产资源是一种十分重要的非可再生自然资源，是人类社会赖以生存和发展的不可或缺的物质基础。它既是人们生活资料的重要来源，又是极其重要的社会生产资料。据统计，当今我国 95% 以上的能源和 80% 以上的工业原料都取自于矿产资源。

新中国成立 60 多年来，矿产勘查工作取得了辉煌的成就，为国家探明了大批矿产资源，基本上保证了国民经济建设的需要。我国已经成为世界上矿产资源总量丰富、矿种比较齐全的少数几个资源大国之一。与此同时，我国矿产开发利用也成绩斐然，目前已成为世界矿业大国之一，全国年矿石总产量为 50 亿吨，其中，国有生产矿山开发利用的矿种数为 150 个，年产矿石量约为 20 亿吨（不含石油、天然气）；非国有小型矿山开发利用的（亚）矿种数为 179 个，年产矿石量约 30 亿吨。原油产量为 1.67 亿吨。我国原油、煤炭、水泥、粗钢、磷矿、硫铁矿 10 种有色金属产量已跃居世界前列。我国固体矿产开发的总规模已居世界第二位。经过多年的发展，总体上我国的矿产资源既有优势，也有劣势。其基本特点主要表现在以下几个方面。

A   资源总量大，但人均占有量低，是一个资源相对贫乏的国家

2012 年铜储量 3000 万吨；铝土矿储量 8.3 亿吨；铅储量 1400 万吨、锌储量 4300 万吨。需求量大的铜和铝土矿的保有储量占世界总量的比例却很低，分别只有 4.4% 和 3.0%，属于我国短缺或急缺矿产，因此对外的依存度也就相对较大。我国有色矿产资源总量尽管很大，但由于人口众多、人均占有资源量却很低，是一个资源相对贫乏的国家。

B   贫矿较多，富矿稀少，开发利用难度大

我国有色矿产数量很多，但从总体上来看，贫矿多、富矿少。如铜矿，平均地质品位只有 0.87%，远远低于智利、赞比亚等世界主要产铜国家。铝土矿虽有高铝、高硅、低铁的特点，但几乎属于难选冶的一水硬铝土矿，可经济开采的铝硅比大于 7% 的矿石仅占总量的三分之一，这些特点决定了必然增大矿山建设的投资和生产经营成本。

C   共生、伴生矿床多，单一矿床少

我国 80% 左右的有色矿床中都有共伴生元素，其中尤以铝、铜、铅、锌矿产多。例如，在铜矿资源中，单一型铜矿只占 27.1%，而综合型的共伴生铜矿占了 72.8%。在铅矿资源中，以铅为主的矿床和单一铅矿床的资源储量只占其总资源储量的 32.2%，其中单一铅矿床只占 4.46%；在锌矿产资源中，以锌为主和单一锌矿床所占比例相对较大，占总资源储量的 60.45%。但矿石类型复杂，而且不少矿石嵌布粒度细，结构构造复杂。我国有色矿产资源中，虽然共伴生元素多，若能搞好综合回收，可以提高矿山的综合经济效益，同时由于矿石组分复杂，势必造成选冶难度大、建设投资和生产经营成本高的现状。

D   分布范围广，地域分布不均衡

我国有色矿产资源分布范围很广，各省、市、自治区均有产出，但区域间不均衡。铜矿主要集中在长江中下游、赣东北和西部地区，铅锌资源开发正逐步从东北、中部向中、西部以及内蒙古转移。除湖南、广东、广西仍保持一部分资源外，铅锌资源开发、矿山主要在向云南、甘肃、四川、青海以及内蒙古转移。

3.2.3.3   矿产资源的利用与保护

随着人类社会不断向前发展，世界矿产资源消耗急剧增加，其中消耗最大的是能源矿物和金属矿物。由于矿产资源是不可更新的自然资源，其大量消耗必然会使人类面临资源逐渐减少以致枯竭的威胁，同时也带来一系列的环境污染问题，因此必须加倍珍惜、合理配置及高效益地开发利用矿产资源。

矿产资源是经济社会发展的重要物质基础。开发利用矿产资源是现代化建设的必然要求。我国对加快建设资源节约型社会、加强重要矿产资源地质勘查、实行合理开采和综合利用、建立健全资源开发有偿使用制度和补偿机制，提出了明确要求。国务院先后出台了一系列文件，从地质勘查、矿产开发、资源节约、循环经济、环境保护、土地管理、安全生产、境外资源开发利用以及煤炭工业发展等方面，对矿产资源开发利用工作作了全面部

署。促进经济社会全面协调可持续发展，必须加强矿产资源合理利用和保护管理。

矿产资源的保护措施如下：

（1）合理开发利用矿产资源，优化资源配置，实现矿产资源的最优耗竭。

（2）限制或禁止不合理的乱采滥挖，防止矿产资源的损失，浪费或破坏。

（3）对矿产资源的开发利用进行全过程控制，将环境代价减小到最低限度。

（4）保护矿区生态环境，防止矿山寿命终结时沦为荒芜不毛之地。

3.2.4 生物资源的利用与保护

生物资源是自然资源的有机组成部分，是指生物圈中对人类具有一定经济价值的动物、植物、微生物有机体以及由它们所组成的生物群落。据估计，地球上曾经有过5亿种生物。在整个生物进化过程中，生物赖以生存的地理环境曾发生过多次重大变化，生物在自然选择和本身的遗传与变异共同控制下，也不断地发生变异与发展，旧种逐渐灭亡，新种相继产生，不断演化和发展而形成今日地球繁荣的生物界——丰富的生物资源。大约有数百万种生物，其中占绝大多数的是无脊椎动物和植物。物种的数量以热带地区最多，向两极逐渐减少。过去的灭绝大都是自然发生的，但近400年来，人类活动的影响日趋加剧，导致了大量人为的物种灭绝。全球平均每4天有1种动物绝迹。今天，每4个小时就有1个物种在地球上消失。这种大量物种相继消失的过程，不亚于过去数百万年发生的灭绝的规模。因此，如何根据生物资源的特性，合理利用和保护生物资源，就成为当前国际科学界密切关注的问题之一。

3.2.4.1 森林资源的利用与保护

A 森林资源的概念

狭义的森林资源主要指的是树木资源，尤其是乔木资源。广义的森林资源指林木、林地及其所在空间内的一切森林植物、动物、微生物，以及这些生命体赖以生存并对其有重要影响的自然环境条件的总称。

森林资源是地球上最重要的资源之一，是生物多样化的基础，它不仅能够为生产和生活提供多种宝贵的木材和原材料，能够为人类经济生活提供多种物品，更重要的是森林能够调节气候、保持水土、防止、减轻旱涝、风沙、冰雹等自然灾害；还有净化空气、消除噪声等功能；同时森林还是天然的动植物园，哺育着各种飞禽走兽和生长着多种珍贵林木和药材。森林可以更新，属于再生的自然资源，也是一种无形的环境资源和潜在的"绿色能源"。反映森林资源数量的主要指标是森林面积和森林蓄积量。

B 森林资源的特性

（1）森林资源的可再生性和再生的长期性。在一定条件下森林具有自我更新、自我复制的机制和循环再生的特征，保障了森林资源的长期存在，能够实现森林效益的永续利用。但是，森林资源所具有的可再生性和结构功能的稳定，只有在人类对森林资源的利用遵循森林生态系统自身规律，不对森林资源造成不可逆转的破坏的基础上才能实现。因为林木从造林到其成熟的时间间隔很长，天然林的更新需更久的时间，即便是人工速生林也要10年左右的时间，这就影响到森林资源的再生性和系统的稳定性。

（2）森林资源功能的不可替代性。森林作为一个生态系统，是地球表面生态系统的主体，在调节气候、涵养水源、保持水土、防风固沙、改善土壤等多方面的生态防护效能上有着重要的作用，并且地球表面生态圈的平衡也要依靠森林维持。森林资源产品转化存在巨大的差异性，森林储量并不意味着高产量，因为木材生产的储量与年生产量之间存在着一个数量差距。

C　森林资源的利用与保护

我国是一个缺林少绿、生态脆弱的国家，森林覆盖率远低于全球 31% 的平均水平，人均森林面积仅为世界人均水平的 1/4，人均森林蓄积只有世界人均水平的 1/7，森林资源总量相对不足、质量不高、分布不均的状况仍未得到根本改变，林业发展还面临着巨大的压力和挑战：一是实现 2020 年森林增长目标任务艰巨。现有宜林地质量好的仅占 10%，质量差的多达 54%，且 2/3 分布在西北、西南地区，立地条件差，造林难度越来越大，成本投入越来越高，见效也越来越慢，如期实现森林面积增长目标还要付出艰巨的努力；二是严守林业生态红线面临的压力巨大。5 年间，各类建设违法违规占用林地面积年均超约 13.3 万公顷，其中约一半是有林地。局部地区毁林开垦问题依然突出。随着城市化、工业化进程的加速，生态建设的空间将被进一步挤压，严守林业生态红线，维护国家生态安全底线的压力日益加大；三是加强森林经营的要求非常迫切；四是森林有效供给与日益增长的社会需求的矛盾依然突出。

a　合理利用森林资源

在现代保护界，合理利用原则已被公认为普遍接受的准则。任何资源都不是取之不尽用之不竭，森林资源也是如此。面对有限的森林资源，把森林资源保护与合理利用纳入法制轨道。我们要积极提倡在节约的前提下，合理科学地多利用木材，而不是一味的乱砍滥伐。同时，还应提高全民森林资源保护意识，共同保护有限的森林资源。与此同时，还需做到保护和合理利用森林资源并进，使之开发森林旅游业达到相互促进的作用。

b　采取相应的保护措施

保护森林资源，维持森林的基本生态过程，对改善我国生态环境和保障经济社会持续发展具有重大意义。其措施有加强城区森林防火特别分队的管理，强化对城区周边森林的巡护，确保森林资源安全；加强城区周边森林的管理，保护周边山地生态环境不受破坏。同时加大对疏林地、无林地的改造、补植力度，在无林地、疏林地上套种珍稀树种或观赏树种，营造森林景观，以绿化美化城区周边环境。另一方面采取营林措施，改善林分结构，提高森林的生态功能，以及强化林地的保护与管理，最为有效的还在于加大林业行政执法力度，严厉打击破坏城区周边森林资源行为。

c　开展全面合作

虽然，我国森林资源的保护工作采取了较为有效的措施与方法，并且还得到国际社会高度认可。但是，应该清楚地认识到，我国在森林资源管理方面并不够规范，缺乏法制保障，科研资金投入有待加强。因此，开展合作共同保护森林资源是必要的，更是刻不容缓的。加强国际合作能达到互利互惠，把各自的经验共勉之，使得森林资源得到更好的保护。同时，现阶段对公众的森林资源教育也很重要，也需要加大对森林保护知识和有关法律知识的宣传和教育，使公众能够掌握森林资源常识，了解进行森林资源保护的意义，以及自己在森林资源保护方面拥有的权利义务和应该采取的行为。并进行全面的生态教育，向公众和基层政府宣传森林资源保护与可持续利用的理念、知识和技术，使得森林资源得到更好的保护和利用。

3.2.4.2 生物多样性保护

A 生物多样性的概念

1992年6月，在巴西里约热内卢世界环境与发展大会上，各国签署的《生物多样性公约》第二条对生物多样性作如下解释：所有来源的形形色色生物体，这些来源除其他外包括陆地、海洋和其他水生生态系统及其所构成的生态综合体。它包括遗传多样性、物种多样性、生态系统多样性。遗传多样性是指某个物种内个体的变异性；物种多样性是指地球上生命有机体的多样性；生态系统多样性是指生物圈内生境、生态群落和生态过程的多样性，以及生态系统内生境差异、生态过程变化的多样性。

B 生物多样性存在的问题

（1）生物多样性保护的法律法规不健全。有法不依、执法不严的情况仍较普遍，甚至还存在知法犯法的现象。

（2）生物多样性保护知识宣传教育力度不够。群众对生物多样性保护的深远意义认识欠缺。一方面是群众的文明消费观未树立，吃野生动物的陋习未能扭转；另一方面为追求眼前的经济利益，乱捕滥猎、乱砍滥伐、非法经营野生动植物的现象屡禁不止，掠夺式开发生物资源，造成生物多样性锐减。

（3）自然保护区建设落后。由于一些地方对建立自然保护区的重要性缺乏认识，重视不够。此外，对自然保护区建设经费投入不足和保护区机构不健全，管理人员素质不高，严重制约了自然保护区事业的发展。

（4）自然保护的地区实行生态效益补偿机制未建立。由于合法合理的补偿经费不到位，群众为生计所迫不得不进行带有破坏性的开发，导致了野生动植物的严重破坏。同时，土地、林权不落实，给自然保护区建设管理带来很大隐患。一些保护区在批建时面积和范围界限不明确，而其中的林地多属集体所有，当地政府已将林权证发给林农个人，林农有经营自主权，因此林农在保护区内进行的一些不合理开发难以得到有效制止。

（5）生物多样性保护的科学研究工作严重滞后。由于科研经费投入不足，尚未建立有效的科研和监测体系，对野生动植物资源现状、种群结构和栖息地生境、种群退化原因、物种就地保护及异地保存、繁殖技术等方面的研究较薄弱，一些管理上亟待解决的问题长期得不到解决。此外，野生动植物救护和引种保存机构的数量规模和水平，还不能适应生物多样性保护工作的需要。

C 生物多样性的保护措施

对于人类来说，生物多样性具有直接使用价值、间接使用价值和潜在使用价值。例如，许多植物是人类可以利用的良药和食物，如三七、当归、红枣等；森林对于调节气候和气温都起着极大的作用；动物为人类提供了肉食、皮毛、医药。因此，保护生物多样性，就是保护人类自己，应当采取以下措施。

a 建设自然保护区完善保护制度

据《世界资源》1997年的统计，全世界已建立较大面积的保护区1万多个，其无论在保有物种、遗传、生态系统的多样性，还是在保护物种生境上都起了非常重要的作用。许多国家对自然保护区和国家公园进行了专门立法。如英国的《国家公园和乡土利用法》、韩国的《自然公园法》等。另外，一些国家制定了自然保护区或生物多样性保护方面的综合性法律，并将自然保护区纳入其中。例如，日本的《自然保全法》、新西兰的《自然保护法》等。这些法在保护生物多样性上取得很大成效。

b　外来入侵物种防治和建立外来物种管理法规体系

外来物种入侵不仅对当地生物构成威胁，同时对经济和人体健康带来不可估量的损失，因此一些国家对此进行了立法。如美国先后颁布或制修订了《野生动物保护法》、《外来有害生物预防和控制法》、《联邦有害杂草法》等。

c　生态示范区建设

以我国为例，截至 2003 年年底，原国家环保总局共批准 8 批全国生态示范区建设试点 484 个。颁布了《生态县、生态市、生态省建设指标（试行）》，加强了生态系列创建活动的指导和管理力度。通过考核验收并被命名为国家级生态示范区的总数达到 82 个。海南、吉林、黑龙江、福建、浙江、山东、安徽和江苏 8 个省开展了生态省建设。

d　国家合作与行动

在生物多样性问题上，世界各国的共识是生物多样性问题不是局部的、地区的问题，而是全球性的问题。联合国有关组织、世界科学界和各国政府部门认为国际合作是推进生物多样性保护的重要方面。为了更好地保护生物多样性，应积极地开展国际合作，并制定相关的实施计划与细则，在必要的情况下制定相关行政法规或法律。

e　增强宣传和保护生物多样性

保护生物多样性，需要人们共同的努力。就生物多样性的可持续发展这一社会问题来说，除发展外，更多的应加强民众教育，广泛、通俗、持之以恒地开展与环境相关的文化教育、法律宣传，培育本地化的亲生态人口。利用当地文化、习俗、传统、信仰、宗教和习惯中的环保意识和思想进行宣传教育。总之，一个物种的消亡往往是多个因素综合作用的结果。所以，生物多样性的保护工作是一件综合性的工程，需要各方面的参与。

3.2.5　海洋资源的利用与保护

3.2.5.1　海洋资源

海洋资源是自然资源分类之一，指的是形成和存在于海水或海洋中的有关资源，包括海水中生存的生物，溶解于海水中的化学元素，海水波浪、潮汐及海流所产生的能量、储存的热量，滨海、大陆架及深海海底所蕴藏的矿产资源，以及海水所形成的压力差、浓度差等。广义的海洋资源还包括海洋提供给人们生产、生活和娱乐的一切空间和设施。

3.2.5.2　我国海洋资源的现状

我国拥有 18000km 的大陆海岸线，200 多万平方千米的大陆架和 6500 多个岛屿，管辖的海域面积近 300 万平方千米，人均海洋国土面积 0.0027km^2。海洋资源是指赋存于海洋环境中可以被人类利用的物质和能量以及与海洋开发有关的海洋空间。海洋资源按其属性可分为海洋生物资源、海洋矿产资源、海水资源，海洋能与海洋空间资源。

海洋环境不同于陆地，它的环境和生态条件有其复杂性和特殊性。人类活动在近海和海洋表面，要抗御多变的海洋气象状况和海水的运动；深海活动要能适应黑暗、高压、低温、缺氧的环境；海水的腐蚀性强，海冰的破坏性大，对工程设备材料和结构有严格的要求。因此，海洋空间资源开发对科学技术和资金投入的依赖性大、技术难度高、风险大。

海洋空间利用已从传统的交通运输，扩大到生产、通信、电力输送、储藏、文化娱乐等诸多领域。交通运输方面包括海港码头、海上船舶、航海运河、海底隧道、海上桥梁、海上机场、海底管道等。生产空间有海上电站、工业人工岛、海上石油城、围海造地、海洋牧场等。通信和电力输送空间主要是海底电缆。储藏空间方面，有海底货场、海底仓库、海上油库、海洋废物处理场等。文化娱乐设施空间包括海洋公园、海滨浴场和海上运动区等。

3.2.5.3　海洋资源利用与保护

所谓海洋资源的可持续利用，是指在海洋经济快速发展的同时，做到科学合理地开发利用海洋资源，不断提高海洋资源的开发利用水平及能力，力求形成一个科学合理的海洋资源开发体系；通过加强海洋环境保护、改善海洋生态环境，来维护海洋资源生态系统的良性循环，实现海洋资源与海洋经济、海洋环境的协调发展，确保海洋资源生态环境的持续发展。海洋资源的可持续利用应达到以下目标。

（1）在保证海洋资源可持续利用的基础上，强化开发深度和广度，提高开发的科技含量，不断提高海洋开发和海洋服务领域的技术水平，加快先进适用技术的推广应用，提高海洋经济增加值；综合开发利用海洋资源，提高资源的利用效率；不断发现新资源，利用新技术，形成和发展海洋新产业，推动海洋经济持续、快速、健康发展。

（2）对海洋可再生资源而言，要改善对资源的利用效率，既要尽可能多地对其进行利用，又要保持生态系统有较强的恢复能力和维持其可持续再生产能力；对海洋不可再生资源要有计划地适度开发，不要影响后代人的利益。

（3）优化配置海洋资源，使其功能得到充分发挥。

（4）海陆一体化开发，统筹制定沿海陆地区域和海洋区域的国土开发规划，逐步形成临海经济带和海洋经济区，推动沿海地区的进一步繁荣发展。

（5）开发与保护协调。制定海洋开发和海洋生态环境保护协调发展规划，按照预防为主、防治结合，谁污染、谁治理的原则，加强海洋环境监测和执法管理；重点加强陆源污染物管理，实行污染物总量控制制度，防止破坏海洋环境。

（6）完善海洋综合管理体系，制定统一协调的海洋开发政策，建立健全有利于海洋资源可持续利用的法律法规，逐步完善各种海洋开发活动的协调管理。

复习思考题

3-1　什么是自然资源？自然资源如何分类？

3-2　简述世界自然资源现状及特点。

3-3　简述我国自然资源现状及特点。

3-4　你所居住的城市（或城镇）水资源的现状如何？每人每年平均用水量是多少？

3-5　什么是生物资源？查阅资料总结我国目前的生物资源有多少？当地濒危物种有些？

4 大气污染及其防治

4.1 概 述

4.1.1 大气的组成

地球表面环绕着一层很厚的气体，称为环境大气，简称大气（atmosphere）。大气是多种气体的混合物，其组成包括恒定的、可变的和不定的组分，大气的恒定组分系指大气中含有的氮、氧、氩及微量的氖、氦、氪、氙等稀有气体，其中氮、氧、氩三种组分占大气总量的 99.96%，在近地层大气中，这些气体组分的含量几乎可认为是不变的。

大气的可变组分主要是指大气中的二氧化碳、水蒸气等，这些气体的含量由于受地区、季节、气象以及人们生活和生产活动等因素的影响而有所变化。在正常状态下，水蒸气的含量为 0% ~4%，二氧化碳的含量近年来已达到 0.033%。

由恒定组分及正常状态下的可变组分所组成的大气，叫做洁净大气。

大气中的不定组分指尘埃、硫、硫化氢、硫氧化物、氮氧化物、盐类及恶臭气体等。一般来说，这些不定组分进入大气中，可造成局部和暂时性的大气污染。当大气中不定组分达到一定浓度时，就会对人、动植物造成危害，这是环境保护工作者应当研究的主要对象。

4.1.2 大气圈的组成及结构

自然地理学将受地心引力而随地球旋转的大气层称为大气圈，根据气温在垂直于下垫面（地球表面情况）方向上的分布，可将大气圈分为 5 层：对流层、平流层、中间层、暖层和散逸层（见图 4-1）。

（1）对流层。对流层是大气圈最低的一层。由于对流程度在热带比寒带强烈，故自下垫面算起的对流层的厚度随纬度增加而降低，赤道处 16 ~17km，中纬度地区 10 ~12km，两极附近只有 8 ~9km。对流层的特征是：对流层虽然较薄，但却集中了整个大气质量的 3/4 和几乎全部水蒸气，主要的大气现象都发生在这一层，它是天气变化最复杂、对人类活动影响最大的一层。对流层的温度分布特点是下部温度高，上部温度低，所以大气易形成较强烈的对流运动。此外，人类活动排放的污染物也大多聚集于对流层，即大气污染主要发生在这一层，特别是靠近地面 1 ~2km 的近地层，因此对流层与人类的关系最为密切。

（2）平流层。位于对流层之上、平流层下部的气温几乎不随高度而变化，为等温层。该等温层的上界距地面 20 ~40km。平流层的上部气温随高度上升而增高，在距地面 50 ~55km 的平流层层顶处，气温可升至 −3 ~0℃，比对流层顶处的气温高出 60 ~70℃。这是因为在平流层的上部存在厚度约为 20km 的臭氧层，该臭氧层能够强烈吸收 200 ~300nm

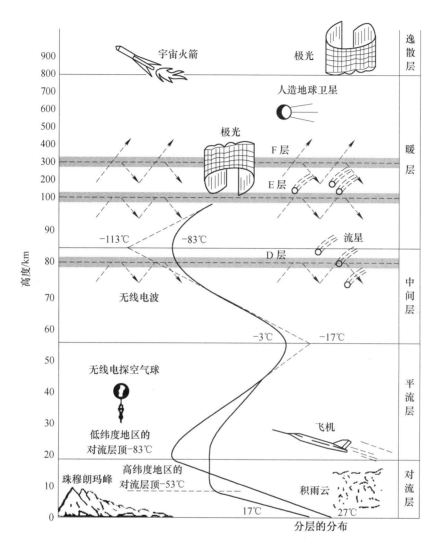

图 4-1 大气垂直方向的分层

的太阳紫外线，致使平流层上部的气层明显地增温。

在平流层中，很少发现大气上下的对流，虽然有时也能观察到高速风或在局部地区有湍流出现，但一般多是处于平流流动，很少出现云、雨、风暴天气，大气透明度好，气流也稳定。进入平流层的污染物，由于在大气层中扩散速度较慢，污染物在此层停留时间较长，有时可达数十年之久。进入平流层的氮氧化物、氯化氢以及氟利昂有机制冷剂等能与臭氧层中臭氧发生光化学反应，致使臭氧浓度降低，严重时臭氧层还可能出现"空洞"。如果臭氧层遭到破坏，则太阳辐射到地球表面上的紫外线将增强，从而导致地球上更多的人患皮肤癌，地球上的生态系统也会受到极大的威胁。

（3）中间层。位于平流层顶之上，层顶高度为 80 ~ 85km，这一层里有强烈的垂直对流运动，气温随高度增加而下降，层顶温度可降至 -113 ~ -83℃。

（4）暖层。位于中间层的上部，暖层的上界距地球表面有 800 多千米，该层的下部基本上是由分子氮所组成，而上部是由原子氧所组成。原子氧可以吸收太阳辐射出的紫外线，因而暖层中气体的温度是随高度增加而迅速上升的。由于太阳光和宇宙射线的作用，使得暖层中的气体分子大量被电离，所以，暖层又称为电离层。

（5）散逸层。暖层以上的大气层统称为散逸层，这是大气圈的最外层，气温很高，空气极为稀薄，空气粒子的运动速度很高，可以摆脱地球引力而散逸到太空中。

大气成分的垂直分布主要取决于分子扩散和湍流扩散的强弱。在 $80 \sim 85km$ 以下的大气层中，以湍流扩散为主，大气的主要成分氮和氧的组成比例几乎不变，称为均质层。在均质层以上的大气层中，以分子扩散为主，气体组成随高度变化而变化，称为非均质层，这层中较轻的气体成分有明显增加。

4.1.3　大气污染的概念

大气污染（air pollution）是指由于人类活动或自然过程，使得某些物质进入大气中，呈现出足够的浓度，并持续足够的时间，因此而危害了人体的舒适、健康和福利，甚至危害了生态环境。所谓人类活动不仅包括生产活动，而且也包括生活活动，如做饭、取暖、交通等。一般来说，由于自然环境所具有的物理、化学和自净作用，会使自然过程造成的大气污染经过一段时间后自动消除，所以，大气污染主要是人类活动造成的。

按照污染范围，大气污染大致可分为：局部地区污染，局限于小范围的大气污染，如烟囱排气；地区性污染，涉及一个地区的大气污染，如工业区及其附近地区受到污染或整个城市受到污染；广域污染，涉及比一个地区或大城市更广泛地区的大气污染；全球性污染，涉及全球范围的大气污染，目前主要表现在温室效应、酸雨和臭氧层破坏三个方面。

4.2　大气污染源及主要污染物发生机制

4.2.1　大气污染源

大气污染源可分为自然污染源和人为污染源两类。自然污染源是指自然原因向环境释放的污染物，如火山喷发、森林火灾、飓风、海啸、土壤和岩石风化以及生物腐烂等自然现象形成的污染源。人为污染源是指人类活动和生产活动形成的污染源。

人为污染源可分为工业污染源、生活污染源、交通运输污染源和农业污染源。工业污染源是大气污染的一个重要来源，工业排放到大气中的污染物种类繁多，有烟尘、硫氧化物、氮氧化物、有机化合物、卤化物、碳化合物等；生活污染源主要是由民用生活炉灶和采暖锅炉产生的，产生的污染物有灰尘、二氧化硫、一氧化碳等有害物质；交通运输污染源来自于汽车、火车、飞机、轮船等运输工具，特别是城市中的汽车，量大而集中，对城市的空气污染很严重，成为大城市空气的主要污染源之一。汽车排放的废气主要有一氧化碳、二氧化硫、氮氧化物和碳氢化合物等；农业污染源主要来源于农药及化肥的使用。田间施用农药时，一部分农药会以粉尘等颗粒物形式散逸到大气中，残留在作物上或黏附在作物表面的仍可挥发到大气中。进入到大气中的农药可以被悬浮的颗粒物吸收并随气流向各地输送，造成大气农药污染。

此外，为便于分析污染物在大气中的运动，按照污染源性状特点可分为固定式污染源和移动式污染源。固定式污染源是指污染物从固定地点排出，如各种工业生产及家庭炉灶排放源排出的污染物，其位置是固定不变的；流动源是指各种交通工具，如汽车、轮船、飞机等是在运动中排放废气，向周围大气环境散发出各种有害物质。按照排放污染物的空间分布方式，可分为点污染源，即集中在一点或一个可当作一点的小范围排放污染物；面污染源，即在一个大面积范围排放污染物。

4.2.2 大气主要污染物及其发生机制

4.2.2.1 大气污染物分类

大气污染物（air pollutant）是指由于人类活动或自然过程排入大气并对人和环境产生有害影响的那些物质。按照其存在状态可分为两大类：颗粒污染物和气态污染物。

A 颗粒污染物

颗粒物是指大气中的液体、固体状物质，按照来源和物理性质，颗粒污染物可分为粉尘（dust）、烟（fume）、飞灰（fly ash）、黑烟（smoke）和雾（fog），在泛指小固体颗粒时，统称粉尘。我国的分类标准中，根据粉尘颗粒的大小，将其分为总悬浮颗粒物 TSP（total suspended particles）和可吸入颗粒物 PM10（inhalable particles）。总悬浮颗粒物是飘浮在空气中的固态和液态颗粒物的总称，其粒径范围为 $0.1 \sim 100 \mu m$。有些颗粒物因粒径大或颜色黑可以为肉眼所见，比如烟尘；有些则小到使用电子显微镜才可观察到。通常把粒径大于 $10 \mu m$ 的固体颗粒物称为降尘（dust fall），又称"落尘"，它们在空气中沉降较快，不易吸入呼吸道；把颗粒在 $10 \mu m$ 以下的颗粒物称为 PM10，又称为可吸入颗粒物或飘尘（floating dust）。可吸入颗粒物（PM10）在环境空气中持续的时间很长，被人吸入后，会累积在呼吸系统中，引发许多疾病，对于老人、儿童和已患心肺病者等敏感人群，风险是较大的。另外，环境空气中的颗粒物还是降低能见度的主要原因，并会损坏建筑物表面。

B 气态污染物

气态污染物是指以分子状态存在的污染物，简称气态污染物。气态污染物包括以二氧化硫为主的含硫化合物、以氧化氮和二氧化氮为主的含氮化合物、碳氧化物、有机化合物和卤素化合物等。

此外，气态污染物又可分为一次污染物和二次污染物。一次污染物是指直接从污染源排到大气中的原始污染物；二次污染物是指由于一次污染物与大气中已有组分或几种一次污染物之间，经过一系列化学或光化学反应而生成的与一次污染物性质不同的新污染物。受到普遍重视的一次污染物主要有硫氧化物（SO_x）、氮氧化物（NO_x）、碳氧化物（CO、CO_2）及有机污染物（$C1 - C10$ 化合物）等；二次污染物主要有硫酸烟雾（sulfurous smog）和光化学烟雾（photochemical smog）。

4.2.2.2 大气中几种主要气态污染物

（1）硫氧化物 SO_x（sulfur oxide）是硫的氧化物的总称，包括二氧化硫、三氧化硫、三氧化二硫、一氧化硫等。其中，SO_2 是目前大气污染物中数量较大、影响范围也较广的一类气态污染物，几乎所有工业企业都可能产生，它主要来源于化石燃料过程以及硫化物矿石的焙烧、冶炼等热过程。硫氧化物和氮氧化物是形成酸雨或酸沉降的主要前提物。

（2）氮氧化物 NO_x（nitrogen oxide）是氮的氧化物的总称，包括氧化亚氮、一氧化氮、二氧化氮、三氧化二氮。其中，污染大气的主要是 NO 和 NO_2。NO 毒性不大，但进入大气后会缓慢氧化成 NO_2，NO_2 的毒性约为 NO 的 5 倍，当 NO_2 参与大气中的光化学反应形成光化学烟雾后，其毒性更强。人类活动产生的 NO_x 主要来自于各种炉窑、机动车和柴油机排气，其次是硝酸生产、硝化过程、炸药生产及金属表面处理等。其中，由燃料燃烧产生的 NO_x 约占 83%。

（3）碳氧化物 CO_x（carbon oxide）主要是一氧化碳和二氧化碳。大气中的碳氧化物主要来自于煤炭和石油的燃烧，在空气不充足的情况下燃烧，就会产生一氧化碳。CO 是一种窒息性气体，1t 锅炉工业用煤燃烧约产生 1.4kg 一氧化碳；居民取暖用 1t 煤燃烧约产生 20kg 以上的一氧化碳；一辆行驶中的汽车，每小时产生 1~1.5kg 的一氧化碳。二氧化碳虽然不是有毒物质，但大气中含量过高就会造成温室效应，有可能造成全球性灾难。

（4）碳氢化合物（hydrocarbon）属于有机化合物中最简单的一类，仅由碳氢两种元素组成，又称为烃。碳氢化合物中包含多种烃类化合物，进入人体后会使人体产生慢性中毒，有些化合物会直接刺激人的眼睛、鼻黏膜，使其功能减弱。更重要的是碳氢化合物和氮氧化物在阳光照射下会产生光化学反应，生成对人及生物有严重危害的光化学烟雾，其主要来源于汽车尾气、工业。

（5）硫酸烟雾（sulfurous smog）指大气中的 SO_2 等硫氧化物，在相对湿度比较高、气温比较低并有颗粒气溶胶存在的条件下发生一系列化学或光化学反应而生成的硫酸雾或硫酸盐气溶胶。硫酸烟雾引起的刺激作用和生理反应等危害要比 SO_2 气体大得多。

（6）光化学烟雾（photochemical smog）在阳光照射下，大气中的氮氧化物、碳氢化合物和氧化剂之间发生一系列光化学反应而生成的蓝色烟雾（有时带些紫色或黄褐色），其主要成分有臭氧、PAN、酮类和醛类等，其危害比一次污染物大得多。光化学烟雾发生时，大气能见度降低，眼睛和喉黏膜有刺激感，呼吸困难，橡胶制品开裂，植物叶片受损、变黄甚至枯萎。

4.2.2.3 典型大气污染

A 煤烟型污染

由煤炭燃烧排放出的烟尘、二氧化硫等一次污染物，以及再由这些污染物发生化学反应而生成二次污染物所构成的污染叫做煤烟型污染。此污染类型多发生在以燃煤为主要能源的国家与地区，历史上早期的大气污染多属于此种类型。

我国的大气污染以煤烟型污染为主，主要的污染物是烟尘和二氧化硫。此外，还有碳氧化物和一氧化碳等。这些污染物主要通过呼吸道进入人体内，不经过肝脏的解毒作用，直接由血液运输到全身。

B 石油型污染

石油型污染的污染物来自石油化工产品，如汽车尾气、油田及石油化工厂的排放物。这些污染物在阳光照射下发生光化学反应，并形成光化学烟雾。石油型污染的一次污染物是烯烃、二氧化氮以及烷、醇、羰基化合物等，二次污染物主要是臭氧、氢氧基、过氧氢基等自由基，以及醛、酮和 PAN（过氧乙酰硝酸酯）。

此类污染多发生在油田及石油化工企业和汽车较多的大城市，近代的大气污染，尤其在发达国家和地区一般属于此种类型。我国部分城市随着汽车数量的增多，也开始出现

"石油型污染"的趋势。

C 复合型污染

复合型污染是指以煤炭为主，还包括以石油为燃料的污染源排放出的污染物体系。此种污染类型是由煤炭型向石油型过渡的阶段，它取决于一个国家的能源发展结构和经济发展速度。

D 特殊型污染

特殊型污染是指某些工矿企业排放的特殊气体所造成的污染，如氯气、金属蒸气或硫化氢等气体。

前三种污染类型造成的污染范围较大，而第四种污染所涉及的范围较小，主要发生在污染源附近的局部地区。

目前，我国大气污染状况十分严重，主要呈现为煤烟型污染特征。城市大气环境中总悬浮颗粒物浓度普遍超标；二氧化硫污染保持在较高水平；机动车尾气污染物排放总量迅速增加；氮氧化物污染呈加重趋势；全国形成华中、西南、华东、华南多个酸雨区，以华中酸雨区为重。

4.3 大气污染的危害

4.3.1 大气污染物进入人体的途径

大气污染物入侵人体主要有三条途径：表面接触、食入含污染物的食物和水、吸入被污染的空气。

4.3.1.1 毒物的侵入和吸收

空气中的气态毒物或悬浮的颗粒物质，经过呼吸道进入人体。从鼻咽腔至肺泡，整个呼吸道各部分由于结构不同，对毒物的吸收也不同。愈入深部，面积愈大，停留时间愈长，吸收量愈大。肺部富有毛细血管，人肺泡总面积达 $90m^2$。毒物由肺部吸收速度极快，仅次于静脉注射，环境毒物能否随空气进入肺泡，这和它的颗粒大小及水溶性有关。能达到肺泡的颗粒物质，其直径一般不超过 $3\mu m$，而直径大于 $10\mu m$ 的颗粒物质，大部分被黏附在呼吸道、气管和支气管黏膜上。水溶性较大的气态毒物，如氯气、二氧化硫，为上呼吸道黏膜所溶解而刺激上呼吸道，极少进入肺泡。而水溶性较小的气态毒物，如二氧化氮，则绝大部分能达到肺泡。

水和土壤中的有毒物质，主要是通过饮用水和食物经消化道被人体吸收。整个消化道都有吸收作用，但以小肠更为重要。

4.3.1.2 毒物的分布和蓄积

毒物经上述途径吸收后，由血液分布到人体各组织，不同的毒物在人体各组织的分布情况不同。毒物长期隐藏在组织内，其量又可逐渐积累，这种现象称作蓄积。如铅蓄积在骨内，DDT 蓄积在脂肪组织内。

除很少一部分水溶性强、分子量极小的毒物可以原形被排出外，绝大部分毒物都要经过某些酶的代谢（或转化），从而改变其毒性，增强其水溶性而易于排泄。毒物在体内的这种代谢转化过程，称生物转化作用。肝脏、肾脏、胃肠等器官对各种毒物都有生物转化功能，其中以肝脏最为重要。毒物在体内的代谢过程可分为两步：第一步是氧化还原和水解，这一代谢过程主要与混合功能氧化酶系有关，它具有多种外源性物质（包括化学致癌物、药物杀虫剂）和内源性物质（激素、脂肪酸）的催化作用，能使这些物质羟化、去甲基化、脱氨基化、氧化等，所以又称非特异性药物代谢酶系；第二步是结合反应，一般通过一步或两步反应，原属活性的物质就可能转化为惰性物质而起解毒作用，但也有惰性物质转化为活性物质而增加其毒性的，如农药 1605 在体内氧化成 1600，其毒性就增大了。

4.3.1.3　毒物的排泄

各种毒物在体内经生物转化后排出体外。排泄途径主要有肾脏、消化道和呼吸道，少量可随汗液、乳汁、唾液等各种分泌物排出。也有的在皮肤的新陈代谢过程中到达毛发而离开机体。能够通过胎盘进入胎儿血液的毒物，可以影响胎儿的发育和引起先天性中毒及畸胎。毒物在排出过程中，可在排出的器官造成继发性损害，成为中毒表现的一部分。

机体除了通过上述蓄积、代谢和排泄三种方式来改变毒物的毒性外，机体还有一系列的适应和耐受机制。一般说来，机体对毒物的反应，大致有四个阶段：机能失调的初期阶段；生理性适应阶段；有代偿机能的亚临床变化阶段；丧失代偿机能的病态阶段。如在接触高浓度有机磷农药时，当血液胆碱酯酶活性稍低于机体的代偿功能时，可能不出现症状；当血液胆碱酯酶活性下降到均值（在一般情况下，以健康人胆碱酯酶活性平均值作为 100%）时，常可很快出现轻度中毒症状，降到均值的 30% ~ 40% 时，症状就相当严重，甚至引起死亡。而长期少量接触有机磷农药所引起的慢性中毒，使体内胆碱酯酶活性下降的程度与中毒症状间往往不成比例，有时胆碱酯酶活性虽仅为均值的 5%，但却无任何症状。而且当某毒物污染环境作用于人群时，并不是所有的人都同样的出现毒性反应、发病或者死亡，而是出现一种"金字塔"式的分布（见图 4-2），这主要是与个体对有害因素的敏感性不同有关。作为环境医学的一项重要任务，就是早发现亚临床期生理、生化的变化和保护敏感人群。

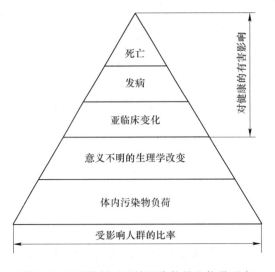

图 4-2　人群接触对环境污染物的生物学反应

4.3.2 大气污染物对人体健康的影响

由于大气中的烟尘、二氧化硫、碳氢化合物、臭氧、氮氧化物等污染物浓度高，加上地形、气候等因素的影响，从 20 世纪 30 ~ 70 年代，世界上发生过多次大气污染事件，造成当地居民急性中毒甚至死亡数千人。长期生活在大气污染地区会使居民呼吸系统发病（如慢性鼻炎、慢性咽炎等）率提高。

大气污染对健康的影响，取决于大气中有害物质的种类、性质、浓度和持续时间，也取决于个体的敏感性。例如，飘尘对人体的危害作用就取决于飘尘的粒径、硬度、溶解度和化学成分，以及吸附在尘粒表面的各种有害气体和微生物等。有害气体在化学性质、毒性和水溶性等方面的差异，也会造成危害程度的差异。另外，呼吸道各部分的结构不同，对毒物的阻留和吸收也不尽相同。一般来说，进入越深，面积越大；停留时间越长，吸收量也越多。大气污染物主要通过呼吸道进入人体内，不经过肝脏的解毒作用，直接由血液运输到全身，所以，对人体健康的危害很大。

大气中有害的化学物质可以引起人的慢性中毒、急性中毒和致癌作用。

（1）慢性中毒。大气中化学性污染物的浓度一般比较低，对人体主要产生慢性毒害作用。科学研究表明，城市大气的化学性污染是慢性支气管炎、肺气肿和支气管哮喘等疾病的重要诱因。

（2）急性中毒。在工厂大量排放有害气体并且无风、多雾时，大气中的化学污染物不易散开，就会使人急性中毒。例如，1961 年，日本四日市的三家石油化工企业，因为不断地大量排放二氧化硫等化学性污染物，再加上无风的天气，致使当地许多居民患上哮喘病。后来，当地的这种大气污染得到了治理，哮喘病的发病率也随着降低了。

（3）致癌作用。大气中化学性污染物中具有致癌作用的有多环芳烃类和含 Pb 的化合物等，其中 3，4 - 苯并芘与肺癌有明显的相关性。燃烧的煤炭、行驶的汽车和香烟的烟雾中都含有很多的 3，4 - 苯并芘。大气中的化学性污染物还可以降落到水体和土壤中以及农作物上，被农作物吸收和富集后，进而危害人体健康。

此外，大气中一些有害化学物质对眼睛、皮肤也有刺激作用，有的有臭味还可以引起感官性状的不良反应。大气污染物还会降低能见度，减弱达到地面的太阳辐射强度，影响绿色植物的生长，腐蚀建筑物，恶化居民生活环境，间接影响人类健康。

除了大气化学性污染的影响外，大气的生物性污染和大气放射性污染也不容忽视。大气的生物性污染物主要有病原菌、霉菌孢子和花粉，病原菌能使人患肺结核等传染病，霉菌孢子和花粉能使一些人产生过敏反应；大气的放射性污染物，主要来自原子能工业的放射性废弃物和医用 X 射线源等，这些污染物容易使人患皮肤癌和白血病。

4.3.3 全球大气环境问题

随着地球上人口的急剧增加，人类经济增长的急速增大，地球上的大气污染日趋严重，其影响也日趋深刻。例如，由于一些有害气体的大量排放，不仅使大气造成局部地区的污染，而且影响到全球性的气候变化以及大气成分的组成，即出现所谓的全球环境问题。目前，全球性大气污染问题主要表现在温室效应、酸雨和臭氧问题三个方面。

4.3.3.1 温室效应

温室效应是指投射阳光的密闭空间由于与外界缺乏热交换而形成的保温效应，就是太阳短波辐射可以透过大气射入地面，而地面增暖后放出的长波辐射却被大气中的二氧化碳等物质所吸收，从而产生大气变暖的效应。大气中的二氧化碳就像一层厚厚的玻璃，使地球变成了一个大暖房。

除二氧化碳以外，对产生温室效应有重要作用的气体还有甲烷、臭氧、氯氟烃以及水汽等。随着人口的急剧增加，工业的迅速发展，排入大气中的二氧化碳相应增多；又由于森林被大量砍伐，大气中应被森林吸收的二氧化碳没有被吸收，导致二氧化碳逐渐增加，温室效应也不断增强。据分析，在过去 200 年中，二氧化碳浓度增加 25%，地球平均气温上升 0.5℃。

空气中含有二氧化碳，而且在过去很长一段时期中，含量基本上保持恒定。这是由于大气中的二氧化碳始终处于"边增长、边消耗"的动态平衡状态，大气中的二氧化碳有 80% 来自人和动、植物的呼吸，20% 来自燃料的燃烧。散布在大气中的二氧化碳有 75% 被海洋、湖泊、河流等地面的水及空中降水吸收溶解于水中。还有 5% 的二氧化碳通过植物光合作用，转化为有机物质储存起来。这就是多年来二氧化碳占空气成分 0.03%（体积分数）始终保持不变的原因。

但是近几十年来，由于人口急剧增加，工业迅猛发展，呼吸产生的二氧化碳及煤炭、石油、天然气燃烧产生的二氧化碳，远远超过了过去的水平。而另一方面，由于对森林乱砍滥伐，大量农田建成城市和工厂，破坏了植被，减少了将二氧化碳转化为有机物的条件。再加上地表水域逐渐缩小，降水量大大降低，减少了吸收溶解二氧化碳的条件，破坏了二氧化碳生成与转化的动态平衡，就使大气中的二氧化碳含量逐年增加。空气中二氧化碳含量的增长，就使地球气温发生了改变。

在空气中，氮和氧所占的比例是最高的，它们都可以透过可见光与红外辐射。但二氧化碳不行，它不能透过红外辐射。所以，二氧化碳可以防止地表热量辐射到太空中，具有调节地球气温的功能。如果没有二氧化碳，地球的年平均气温会比目前降低 20℃。但是，二氧化碳含量过高，就会使地球仿佛捂在一口锅内，温度逐渐升高，就形成"温室效应"。形成温室效应的气体，除二氧化碳外，还有其他气体。其中，二氧化碳约占 75%、氯氟代烷占 15%~20%，此外，还有甲烷、一氧化氮等 30 多种。

科学家预测，大气中二氧化碳每增加 1 倍，全球平均气温将上升 1.5~4.5℃，而两极地区的气温升幅要比平均值高 3 倍左右。因此，气温升高不可避免地使极地冰层部分溶解，引起海平面上升。海平面上升对人类社会的影响是十分严重的。如果海平面升高 1m，直接受影响的土地约 $5 \times 10^6 km^2$，人口约 10 亿，耕地约占世界耕地总量的 1/3。如果考虑到特大风暴潮和盐水侵入，沿海海拔 5m 以下地区都将受到影响，这些地区的人口和粮食产量约占世界的 1/2。一部分沿海城市可能要迁入内地，大部分沿海平原将发生盐渍化或沼泽化，不适于粮食生产。同时，对江河中下游地带也将造成灾害。当海水入侵后，会造成江水水位抬高，泥沙淤积加速，洪水威胁加剧，使江河下游的环境急剧恶化。温室效应和全球气候变暖已经引起了世界各国的普遍关注，目前正在推进制订国际气候变化公约，减少二氧化碳的排放已经成为大势所趋。

受到温室效应和周期性潮涨的双重影响，科学家预测，如果地球表面温度的升高按现在的速度继续发展，到 2050 年全球温度将上升 2 ~ 4℃，南北极地冰山将大幅度融化，导致海平面大大上升，一些岛屿国家和沿海城市将淹没于水中，其中包括几个著名的国际大城市，如纽约、上海、东京和悉尼。

为"将大气中的温室气体含量稳定在一个适当的水平，进而防止剧烈的气候改变对人类造成伤害"，1997 年 12 月，联合国气候变化框架公约参加国三次会议制定《京都议定书》。中国于 1998 年 5 月签署并于 2002 年 8 月核准了该议定书。至 2009 年 2 月，一共有 183 个国家通过了该条约（超过全球排放量的 61%）。

2005 年 2 月 16 日，《京都议定书》正式生效。这是人类历史上首次以法规的形式限制温室气体排放。为了促进各国完成温室气体减排目标，议定书允许采取以下四种减排方式：

（1）两个发达国家之间可以进行排放额度买卖的"排放权交易"，即难以完成削减任务的国家，可以花钱从超额完成任务的国家买进超出的额度。

（2）以"净排放量"计算温室气体排放量，即从本国实际排放量中扣除森林所吸收的二氧化碳的数量。

（3）可以采用绿色开发机制，促使发达国家和发展中国家共同减排温室气体。

（4）可以采用"集团方式"，即欧盟内部的许多国家可视为一个整体，采取有的国家削减，有的国家增加的方法，在总体上完成减排任务。

4.3.3.2 酸雨

酸雨（acid rain）是指 pH 值小于 5.6 的雨雪或其他形式的降水。雨水被大气中存在的酸性气体污染。酸雨主要是人为地向大气中排放大量酸性物质造成的。我国的酸雨主要是因大量燃烧含硫量高的煤而形成的，多为硫酸雨，少为硝酸雨。此外，各种机动车排放的尾气也是形成酸雨的重要原因。近年来，我国一些地区已经成为酸雨多发区，酸雨污染的范围和程度已经引起人们的密切关注。

由于人类大量使用煤、石油、天然气等化石燃料，燃烧后产生的硫氧化物或氮氧化物在大气中经过复杂的化学反应，形成硫酸或硝酸气溶胶，或为云、雨、雪捕捉吸收，降到地面成为酸雨。如果形成酸性物质时没有云雨，则酸性物质会以重力沉降等形式逐渐降落在地面上，这称作干性沉降，以区别于酸雨、酸雪等湿性沉降。干性沉降物在地面遇水时复合成酸。

酸雨的危害包括以下几个方面：

（1）酸雨可导致土壤酸化。我国南方土壤本来多呈酸性，再经酸雨冲刷，加速了酸化过程，土壤中含有大量铝的氢氧化物，土壤酸化后，可加速土壤中含铝的原生和次生矿物风化而释放大量铝离子，形成植物可吸收的形态铝化合物。植物长期和过量的吸收铝，会中毒，甚至死亡。酸雨能加速土壤矿物质营养元素的流失；改变土壤结构，导致土壤贫瘠化，影响植物正常发育；酸雨还能诱发植物病虫害，使农作物大幅度减产，特别是小麦，在酸雨影响下，可减产 13% ~ 34%。大豆、菠菜也容易受酸雨危害，导致蛋白质含量和产量下降。酸雨对森林的影响在很大程度上是通过对土壤的物理化学性质的恶化作用造成的。在酸雨的作用下，土壤中的营养元素钾、钠、钙、镁会释放出来，并随着雨水被淋溶掉。所以，长期的酸雨会使土壤中大量的营养元素被淋失，造成土壤中营养元素的严重不足，从而使土壤变得贫瘠。此外，酸雨能使土壤中的铝从稳定状态中释放出来，使活性铝增加而有机络合态铝减少。土壤中活性铝的增加能严重地抑制林木的生长。酸雨可抑制某些土壤微生物的繁殖，降低酶活性，土壤中的固氮菌、细菌和放线菌均会明显受到酸雨的抑制。酸雨可对森林植物产生很大危害。

（2）酸雨能使非金属建筑材料（混凝土、砂浆和灰砂砖）表面硬化水泥溶解，出现空洞和裂缝，导致强度降低，从而损坏建筑物。导致建筑材料变脏、变黑，影响城市市容质量和城市景观，被人们称之为"黑壳"效应。我国酸雨正呈蔓延之势，是继欧洲、北美之后世界第三大重酸雨区。

我国三大酸雨区分别为：

1）西南酸雨区。是仅次于华中酸雨区的降水污染严重区域；

2）华中酸雨区。目前它已成为全国酸雨污染范围最大、中心强度最高的酸雨污染区；

3）华东沿海酸雨区。它的污染强度低于华中、西南酸雨区。

目前世界上减少二氧化硫排放量的主要措施有：

（1）原煤脱硫技术，可以除去燃煤中40%～60%的无机硫。

（2）优先使用低硫燃料，如含硫较低的低硫煤和天然气等。

（3）改进燃煤技术，减少燃煤过程中二氧化硫和氮氧化物的排放量。

（4）对煤燃烧后形成的烟气在排放到大气中之前进行烟气脱硫。

（5）开发新能源，如太阳能，风能，核能，可燃冰等。

4.3.3.3　臭氧空洞

人类生产生活中向大气排放的氯氟烃等化学物质在扩散至平流层后与臭氧发生化学反应，导致臭氧层反应区产生臭氧含量降低的现象。

1984年，英国科学家首次发现南极上空出现臭氧空洞。大气臭氧层的损耗是当前世界上又一个普遍关注的全球性大气环境问题，它同样直接关系到生物圈的安危和人类的生存。由于臭氧层中臭氧的减少，照射到地面的太阳光紫外线增强，其中波长为240～329nm的紫外线对生物细胞具有很强的杀伤作用，对生物圈中的生态系统和各种生物，包括人类，都会产生不利的影响。

大气中的臭氧吸收了大部分对生命有破坏作用的太阳紫外线，对地球生命形成了天然的保护作用。太阳紫外线中波长小于290nm的部分被平流层臭氧分子全部吸收，但波长为290～320nm，也就是通常所说的UV-B波段的紫外线也有90%被臭氧分子吸收，从而大大减弱了它到达地面的强度。如果平流层臭氧的含量减少，则地面受到的UV-B段紫外辐射的强度将会增加。可以毫不夸张地说，地球上的一切生命就像离不开水和氧气一样离不开大气臭氧层，大气臭氧是地球上一切生灵的保护伞。

臭氧具有吸收太阳紫外辐射的特性，臭氧层会保护我们不受到阳光紫外线的伤害，所以对地球生物来说是很重要的保护层。不过，随着人类活动，特别是氟氯碳化物（CFCs）等人造化学物质被大量使用，很容易就会破坏臭氧层，使大气中的臭氧总量明显减少，在南北两极上空下降幅度最大。

国际组织《关于消耗臭氧层物质的蒙特利尔议定书》规定了15种氯氟烷烃、3种哈龙、40种含氢氯氟烷烃、34种含氢溴氟烷烃、四氯化碳（CCl_4）、甲基氯仿（CH_3CCl_3）和甲基溴（CH_3Br）为控制使用的消耗臭氧层物质，也称受控物质。

2008 年形成的南极臭氧空洞的面积已达 2700 万平方千米，北极上空 2011 年春天臭氧减少状况超出先前观测记录，首次像南极上空那样出现臭氧空洞，面积最大时相当于 5 个德国。

臭氧空洞的危害：臭氧是一种温室气体，它的存在可以使全球气候增暖。但是，臭氧与其他温室气体不同，这是自然界中受自然因子（太阳辐射中紫外线对高层大气氧分子进行光化作用而生成）影响而产生，并不是人类活动排放产生的。臭氧除了能够对气候变化产生影响，从而影响环境和生态外，还对人类健康产生强烈的直接影响。由实验及实际观测推论会造成以下的影响。

（1）对人类健康影响。

1）增加皮肤癌。臭氧减少 1%，皮肤癌患者增加 4% ~6%，主要是黑色素癌；

2）损害眼睛，增加白内障患者；

3）削弱免疫力，增加传染病患者。

（2）对生态影响。

1）农产品减少及其品质下降。试验 200 种作物对紫外线辐射增加的敏感性，结果 2/3 有影响，尤其是大米、小麦、棉花、大豆、水果和洋白菜等人类经常食用的作物。估计臭氧减少 1%，大豆减少 1%。

2）减少渔业产量。紫外线辐射可杀死 10m 水深内的单细胞海洋浮游生物。实验表明，臭氧减少 10%，紫外线辐射增加 20%，将会在 15 天内杀死所有生活在 10m 水深内的鳗鱼幼鱼。

（3）破坏森林。

据研究，臭氧减少影响人类监控及生态系统的主要机制是紫外线辐射的增加会破坏核糖核酸（DNA），以改变遗传信息及破坏蛋白质。除了影响人类健康和生态外，因臭氧减少而造成的紫外线辐射增多还会造成对工业生产的影响，如使塑料及其他高分子聚合物加速老化。

4.4 大气污染物扩散的因素

4.4.1 气象因素

4.4.1.1 风和湍流对污染物传输扩散的影响

在各种影响污染物传输扩散的气象因素中，风和湍流对污染物在大气中的扩散和稀释起着决定性作用。

A   风

风在不同时刻有着相应的风向和风速。风速是指单位时间内空气在水平风向移动的距离。风速可根据需要用瞬时值表示，也可用一定时间间隔内的平均值表示。通常，气象台站所报出的风速都是指一定时间间隔的气象风速。在研究污染物扩散稀释规律时所用的风速，多为测定时间前后的 5min 或 10min 间隔的平均风速。

风不仅对污染物起着输送的作用，而且还起着扩散和稀释的作用。一般来说，污染物在大气中的浓度与污染物的排放总量成正比，而与平均风速成反比，若风速增加一倍，则在下风向污染物的浓度将减少一半。

B 湍流

风速有大有小，具有阵发性，并在主导风向上还出现上下左右无规则的阵发性搅动，这种无规则阵发性搅动的气流称为大气湍流。大气污染物的扩散，主要靠大气湍流的作用。

如果设想大气是做很有规则的运动，只有分子扩散，那么，从污染源排出的烟云几乎就是一条粗细变化不大的带子。然而，实际情况并非如此，因为烟云向下风向漂移时，除本身的分子扩散外，还受大气湍流作用，从而使得烟团周界逐渐扩张（见图4-3）。

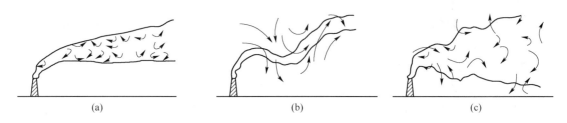

图4-3 不同尺度湍流作用下的烟云扩散
（a）小尺度湍流作用；（b）大尺度湍流作用；（c）复合尺度湍流作用

图4-3（a）是烟团处于比它尺度小的大气湍流中的扩散状态。烟团在向下风方向移动时，由于受到小尺度的涡团搅动，烟管的外侧不断与周围空气相混合，并进行缓慢地扩散。

图4-3（b）是烟团处于比它尺度大的大气湍流作用下的扩散状态。由于烟团被大尺度的大气涡团夹带，烟团本身截面尺度变化不大。

图4-3（c）表示在实际大气中同时存在着不同尺度的涡团时的烟云状态，因为烟团同时受三种尺度的湍流作用，所以，扩散过程进行得也较快。

4.4.1.2 气温对污染物传输扩散的影响

A 太阳、大气和地面的热交换

太阳是一个炽热的球体，不断向外辐射能量。大气本身吸收太阳辐射的能量很弱，而地球表面上分布的陆地、海洋、植被等直接吸收太阳辐射的能力很强，因此太阳辐射到地球上的能量大部分穿过大气而被地面直接吸收。地面和大气吸收了太阳辐射，同样按其自身温度向外辐射能量。据统计，有75%～95%的地面长波辐射被大气吸收，而且几乎在近地面40～50m厚的气层中就被全部吸收了。低层大气吸收了地面辐射后，又以辐射的方式传给上部气层，地面的热量就这样以辐射方式一层一层地向上传递，致使大气自下而上增热。

综上所述，太阳、大气、地面直接的热交换过程，首先是太阳辐射加热了地球表面，然后是地面辐射加热大气。因此，近地层大气温度随地表温度的升高而增高（自下而上被加热），随着地表温度的降低而降低（自下而上被冷却），地表温度的周期性变化引起低层大气温度随之周期性变化。

B 气温的垂直变化与大气污染的关系

地球表面上方气温的垂直分布情况（气温垂直递减率 γ）决定着大气的稳定度，而大气稳定度又影响着湍流的强度，因而气温的垂直分布情况与大气污染有十分密切的联系。由于气象条件的不同，气温的垂直分布可分为三种情况：

（1）气温随高度增加而降低。气层温度上冷下暖，上层空气密度大，下层空气密度小，即又冷又重的空气在上，又暖又轻的空气在下，容易形成上下对流，一旦污染物排入这种气层中，由于上下对流强烈，继而引发湍流，很容易得到稀释扩散。

（2）气温随高度增加而增加。此时气层温度上暖下冷，又暖又轻的空气在上层，又冷又重的空气在下层，气层最稳定，不容易形成对流和湍流，这就是通常所说的逆温。污染物排入这种气层中，很难得到稀释扩散，容易形成严重的大气污染。

（3）气温不随高度而变化。这种大气层称为等温层。由于气温没有上下温差，此时也不容易形成对流，对污染物扩散不利。我们熟知的臭氧层就是位于等温层中，由于该层稀释污染物能力弱，所以一旦破坏臭氧层的物质排入该层，就会造成严重的臭氧层破坏，即使停止排放破坏物，原来的破坏臭氧层的物质也会持续停留在臭氧层很长时间。所以，臭氧层一旦破坏，很难修复。

4.4.1.3　大气稳定度与大气污染的关系

A　大气稳定度的概念

大气稳定度是指垂直方向上大气稳定的程度，即是否容易发生对流。对于大气稳定度可以这样的理解，如果一空气块受到外力的作用，产生了上升或下降运动，但外力去除后，可能发生三种情况：气块减速并有返回原来高度的趋势，则称这种大气是稳定的；气块加速上升或下降，称这种大气是不稳定的；气块被外力推到某一高度后，既不加速也不减速，保持不动，称这种大气是中性的。

B　大气稳定度的判断

以图 4-4 为例，用气块（气团）理论讨论大气稳定度的判别问题，即在大气中假想割取出与外界绝热密闭的气块。由于某种气象因素有外力作用于气块，使它产生垂直方向运动，则以此气块在大气中所处的运动状态来判别大气的稳定度（由于气块在升降过程中与外界没有热交换。所以可认为是绝热过程，此时，每升降 100m 气块温度变化 1℃，记为 γ_d）。

首先看图 4-4（a），已知距地面 100m 高度处的大气温度为 12.5℃，200m 处为 12℃，300m 处为 11.5℃（即 $\gamma = 0.5℃/100m < \gamma_d = 1℃/100m$）。由于某种气象因素作用，迫使大气做垂直运动，如把 200m 处割取的绝热气块（此气块温度为 12℃）推举到 300m 处，气块内部的温度将按 $\gamma_d = 1℃/100m$ 的递减率下降到 11℃。则这时在 300m 处气块内部温度为 11℃，气块外部大气的温度为 11.5℃，气块内部的气体密度大于外部大气的密度，于是气块的重力大于外部的浮升力，即受外力推举上升的气块总是要下沉，力争恢复到原来的位置。反之亦然。综上所述，不论何种气象因素使大气做垂直上下运动，它都是力争恢复到原来状态，对于这种状态的大气，称为稳定状态。

同理，在 $\gamma > \gamma_d$ 时（如图 4-4（b）所示），由于某种气象因素使大气做垂直上下运动，它的运动趋势总是远离平衡位置，这种状态下的大气称为不稳定的状态。图 4-4（c）表示 $\gamma = \gamma_d$ 时的大气状态，气块因受外力作用上升或下降，气块内的温度与外部的大气温度始终保持相等，气块被推到哪里就停在那里，这时的大气状态称为中性状态。γ 越小，大气越稳定。

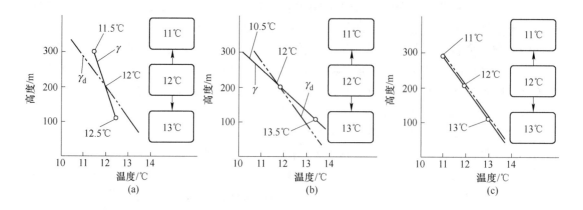

图 4-4 大气稳定度判断图

（a）当 $\gamma = 0.5℃/100m < \gamma_d$ 时；（b）当 $\gamma = 1.5℃/100m > \gamma_d$ 时；（c）当 $\gamma = 1.0℃/100m = \gamma_d$ 时

C 烟流形状与大气污染的关系

大气稳定度不同，高架点源排放烟流扩散形状和特点不同，造成的污染状况差别很大。以一个高架源连续排放烟云的例子做一说明，典型的烟流形状有 5 种类型，如图 4-5 所示。

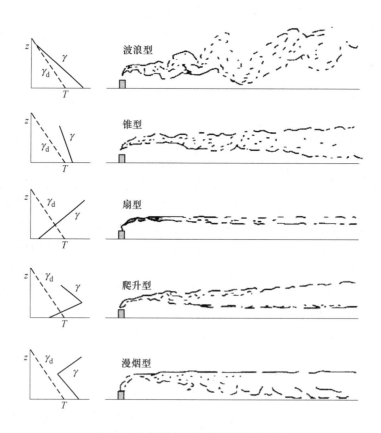

图 4-5 大气稳定度与烟流形状的关系

（1）波浪型。烟流呈波浪状，污染物扩散良好，发生在全层不稳定大气中。多发生在白天，地面最大浓度落地点距烟囱较近，浓度较高。

（2）锥型。烟流呈圆锥形，发生在中性条件下。垂直扩散比扇型差，比波浪型好。

（3）扇型。烟流垂直方向扩散很小，像一条带子飘向远方。从上面看，烟流呈扇形展开，它发生在烟囱出口处于逆温层中。污染情况随烟囱高度不同而异。当烟囱很高时，近处地面上不会造成污染，在远方会造成污染；烟囱很低时，会造成近处地面上严重污染。

（4）爬升型（屋脊型）。烟流下部是稳定的大气，上部是不稳定的大气。一般在日落后出现，由于地面辐射冷却，低层形成逆温，而高空仍保持递减层结。它持续时间较短，对近处地面污染较小。

（5）漫烟型（熏烟型）。对于辐射逆温，日出后逆温从地面向上逐渐消失，即不稳定大气从地面向上逐渐扩展。当扩展到烟流的下边缘或更高一点时，烟流便发生了向下的强烈扩散，而上边缘仍处于逆温层中，漫烟型便发生了。这种烟流多发生在上午 8~10 点钟，持续时间很短。

4.4.2　地理因素

影响污染物在大气中扩散的地理因素包括地形状况和地面物体。

4.4.2.1　地形状况

陆地和海洋，以及陆地上广阔的平地和高低起伏的山地，都可能对污染物的扩散稀释产生不同的影响。局部地区由于地形的热力作用，会改变近地面气温的分布规律，从而形成前述的地方风，最终影响到污染物的输送与扩散。

海陆风会形成的局部区域的环流，抑制大气污染物向远处的扩散。例如，白天，海岸附近的污染物从高空向海洋扩散出去，可能会随着海风的环流回到内地，这样去而复返的循环使该地区的污染物迟迟不能扩散，造成空气污染加重。此外，在日出和日落后，当海风与陆风交替时大气处于相对稳定甚至逆温状态，不利于污染物的扩散。还有，大陆盛行的季风与海陆风交汇，两者相遇处的污染物浓度也较高，如我国东南沿海夏季风夜间与陆风相遇。有时，大陆上气温较高的风与气温较低的海风相遇时，会形成锋面逆温。

山谷风也会形成局部区域的封闭性环流，不利于大气污染物的扩散。当夜间出现山风时，由于冷空气下沉谷底，而高空容易滞留由山谷中部上升的暖空气，因此时常出现使污染物难以扩散稀释的逆温层结。若山谷有大气污染物卷入山谷风形成的环流中，则会长时间滞留在山谷中难以扩散。

如果在山谷内或上风峡谷口建有排放大气污染物的工厂，则峡谷风不利于污染物的扩散，并且污染物随峡谷风流动，从而造成峡谷下游地区的污染。

当烟流越过横挡于烟流途经的山坡时，在其迎风面上会发生下沉现象，使附近区域污染物浓度增高而形成污染，如背靠山地的城市和乡村。烟流越过山坡后，又会在背风面产生旋转涡流，使得高空烟流污染物在漩涡作用下重新回到地面，可能使背风面地区遭到较严重的点污染。

4.4.2.2　地面物体

城市是人口密集和工业集中的地区。由于人类的活动和工业生产中大量消耗燃料，使城市成为一大热源。此外，城市建筑物的材料多为热容量较高的砖石水泥，白天吸收较多的热量，夜间因建筑群体拥挤而不易冷却，成为一巨大的蓄热体。因此，城市比周围郊区气温高，年平均气温一般高于乡村 $1 \sim 1.5℃$，冬季可高出 $6 \sim 8℃$。由于城市气温高，热气流不断上升，乡村低层冷空气向市区侵入，从而形成封闭的城乡环流。这种现象与夏日海洋中的孤岛上空形成海风环流一样，所以称之为城市"热岛效应"。如图 4-6 所示。

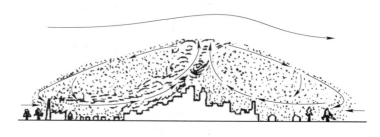

图 4-6　城市热岛效应

城市热岛效应的形成与盛行风和城乡间的温差有关。夜晚城乡温差比白天大，"热岛效应"在无风时最为明显，从乡村吹来的风速可达 $2m/s$。虽然"热岛效应"加强了大气的湍流，有助于污染物在排放源附近的扩散。但是这种热力效应构成的局部大气环流，一方面使得城市排放的大气污染物会随着乡村风流返回城市；另一方面，城市周围工业区的大气污染物也会被环流卷吸而涌向市区，这样，市区的污染物浓度反而高于工业区，并久久不易散去。

城市内街道和建筑物的吸热和放热的不均匀性，还会在群体空间形成类似山谷风的小型环流或涡流。这些热力环流使得不同方位街道的扩散能力受到影响，尤其对汽车尾气污染物扩散的影响最为突出。如建筑物与在其之间的东西走向街道，白天屋顶吸热强而街道受热弱，屋顶上方的热空气上升，街道上空的冷空气下降，构成谷风式环流。由于建筑物一般为锐边形状，环流在靠近建筑物处还会生成涡流。当污染物被环流卷吸后就不利于向高空的扩散。

排放源附近的高大密集的建筑物对烟流的扩散有明显影响。地面上的建筑物除了阻碍气流运动而使风速减小，有时还会引起局部环流，这些都不利于烟流的扩散。例如，当烟流掠过高大建筑物时，建筑物的背面会出现气流下沉现象，并在接近地面处形成返回气流，从而产生涡流。结果，建筑物背风侧的烟流很容易卷入涡流之中，使靠近建筑物背风侧的污染物浓度增大，明显高于迎风侧，如图 4-7 所示。如果建筑物高于排放源，这种情况将更加严重。通常，当排放源的高度超过附近建筑物高度 2.5 倍或 5 倍以上时，建筑物背面的涡流才不对烟流的扩散产生影响。

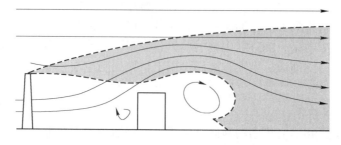

图 4-7　建筑物对烟流扩散的影响

4.4.3 其他因素

实际上，大气污染物在扩散过程中，除了在湍流及平流输送的主要作用下被稀释外，对于不同性质的污染物，还存在沉降、化合分解、净化等质量转化和转移作用。虽然这些作用对中、小尺度的扩散为次要因素，但对较大粒子沉降的影响仍须考虑，而对较大区域进行环境评价时净化作用的影响不能忽略。大气及下垫面的净化作用主要有干沉积、湿沉积和放射性衰变等。

干沉积包括颗粒物的重力沉降与下垫面的清除作用。显然，粒子的直径和密度越大，其沉降速度越快，大气中的颗粒物浓度衰减也越快，但粒子的最大落地浓度靠近排放源。所以，一般在计算颗粒污染物扩散时应考虑直径大于 $10\mu m$ 的颗粒物的重力沉降速度。当粒径小于 $10\mu m$ 的大气污染物及其尘埃扩散时，碰到下垫面的地面、水面、植物与建筑物等，会因碰撞、吸附、静电吸尘或动物呼吸等作用而被逐渐从烟流中清除出来，也能降低大气中污染物浓度。但是，这种清除速度很慢，在计算短时扩散时可不考虑。

湿沉积包括大气中水汽凝结物（云或雾）与降水（雨或雪）对污染物的净化作用。放射性衰变是指大气中含有的放射物质可能产生的衰变现象。这些大气的自净化作用可能减少某种污染物的浓度，但也可能增加新的污染物。由于问题的复杂性，目前尚未掌握它们对污染物浓度变化的规律性。若假定有粒子重力沉降时污染物的扩散规律与无沉降时相同，且地面对粒子全吸收，并假定污染物浓度在湿沉积、放射性衰变和化学反应净化作用下，随时间按指数规律衰减，则高架源扩散时的浓度分布可以参考相关公式粗略估算。

4.5 大气污染的防治

根据存在形态，大气污染物分为颗粒污染物和气态污染物，气态污染物去除技术主要有吸收、吸附和催化氧化等，其中烟气中二氧化硫和氮氧化物的去除技术已是研究的热点问题；颗粒污染物的去除过程就是常说的除尘，除尘效率是评价除尘技术优劣的重要技术指标，而除尘效率的高低与除尘装置性能密切相关。

4.5.1 烟尘治理技术

4.5.1.1 除尘装置的性能指标

评价净化装置性能的指标，包括技术指标和经济指标两大类。技术指标主要有处理气体流量、净化效率和压力损失等；经济指标主要有设备费、运行费和占地面积等。此外，还应考虑装置的安装、操作、检修的难易程度等因素。

A 除尘器的经济性

经济性是评价除尘器性能的重要指标，它包括除尘器的设备费和运行维护费两部分。设备费主要是材料的消耗，此外还包括设备加工和安装的费用以及各种辅助设备的费用。设备费在整个除尘系统的初级投资中占的比例很大，在各种除尘器中，以电除尘器的设备费最高，袋式除尘器次之，文丘里除尘器、旋风除尘器最低。除尘系统的运行管理费主要指能源消耗，对于除尘设备主要有两种不同性质的能源消耗：一是使含尘气流通过除尘设备所做的功；二是除尘或清灰的附加能量。其中文丘里除尘器能耗最高，而电除尘器最低，因而运行维护费也低。在综合考虑除尘器的费用比较时，要注意到设备投资是一次性的，而运行费用是每年的经常费用。因此，若一次投资高而运行费用低，这在运行若干年后就可以得到补偿。运行时间越长，越显出其优越性。

B 评价除尘器性能的技术指标

除尘装置的技术指标主要有处理能力、除尘效率和压力损失。

（1）处理能力。指除尘装置在单位时间内所能处理的含尘气体的流量，一般用体积流量表示。实际运行的除尘装置由于漏气等原因，进出口气体流量往往并不相等，因此，用进口流量和出口流量的平均值表示处理能力。

（2）除尘效率。即被捕集的粉尘量与进入装置的粉尘量之比。除尘效率是衡量除尘器清除气流中粉尘的能力的指标，根据总捕集效率，除尘器可分为低效除尘器（50%～80%）、中效除尘器（80%～95%）、高效除尘器（95%以上）。习惯上一般把重力沉降室、惯性除尘器列为低效除尘器，中效除尘器通常指颗粒层除尘器、低能湿式除尘器等；电除尘器、袋式除尘器及文丘里除尘器则属于高效除尘器范畴。

（3）除尘器阻力。它表示气流通过除尘器时的压力损失。阻力大，用于风机的电能也大，因而阻力也是除尘设备的耗能和运转费用的一个指标。根据除尘器的阻力，可分为低阻除尘器（500Pa），如重力沉降室、电除尘器等；中阻除尘器（500～2000Pa），如旋风除尘器、袋式除尘器、低能湿式除尘器等；高阻除尘器（2000～20000Pa），如高能文丘里除尘器。

4.5.1.2 除尘装置分类

根据除尘原理的不同，除尘装置一般可分为以下几大类：

（1）机械式除尘器。机械式除尘器包括重力沉降室、旋风除尘器、惯性除尘器和机械能除尘器。这类除尘器的特点是结构简单、造价低、维护方便，但除尘效率不高，往往用作多级除尘系统的预除尘。

（2）洗涤式除尘器。洗涤式除尘器包括喷淋洗涤器、文丘里洗涤器、水膜除尘器、自激式除尘器。这类除尘器的主要特点是主要用水作为除尘的介质。一般来说，湿式除尘器的除尘效率高，但采用文丘里除尘器时，对微细粉尘的除尘效率仍为95%以上，但所消耗的能量也高。湿式除尘器的缺点是会产生污水，需要进行处理，以消除二次污染。

（3）过滤式除尘器。过滤式除尘器包括袋式除尘器和颗粒层除尘器，其特点是以过滤机理作为除尘的主要机理。根据选用的滤料和设计参数的不同，袋式除尘器的效率可达到99.9%以上。

（4）电除尘器。电除尘器用电力作为捕集机理，有干式电除尘器（干法清灰）和湿式电除尘器（湿法清灰）之分。这类除尘器的特点是除尘效率高（特别是湿式电除尘器）、消耗动力小，主要缺点是钢材消耗多、投资高。

在实际除尘器中，往往综合了各种除尘机理的共同作用。例如，卧式旋风除尘器，有离心力的作用，同时还兼有冲击和洗涤的作用，特别是近年来提高除尘器的效率，研制了多种多机理的除尘器，如用静电强化的除尘器等。因此，以上分类是有条件的，是指其中起主要作用的除尘机理。

4.5.1.3　除尘器的选择

选择除尘器时，必须在技术上能满足工业生产和环境保护对气体含尘的要求，在经济上是可行的，同时还要结合气体和颗粒物的特征及运行条件，进行全面考虑。例如：黏性大的粉尘容易黏结在除尘器表面，不宜采用干法除尘；纤维和憎水性粉尘不宜采用袋式除尘器；如果烟气中同时含有 SO_2、NO_x 等气体污染物，可考虑采用湿法除尘，但是必须注意腐蚀问题；含尘气体浓度高时，在电除尘器和袋式除尘器前应设置低阻力的预净化装置，以去除粗大尘粒，从而提高袋式除尘器的过滤速度，避免电除尘器产生电晕闭塞。一般来说，为减少喉管磨损和喷嘴堵塞，对文丘里、喷淋塔等湿式除尘器，入口含尘浓度在 $10g/m^3$ 为宜，袋式除尘器入口含尘浓度在 $0.2 \sim 20g/m^3$ 为宜，电除尘器在 $30g/m^3$ 为宜。此外，不同除尘器对不同粒径粉尘的除尘效率也是完全不同的，在选择除尘器时，还必须了解欲捕集粉尘的粒径分布情况，在根据除尘器的分级除尘效率和除尘要求选择适当的除尘器。

4.5.2　气态污染物的治理技术

用于气态污染物处理的技术有吸收法、吸附法、冷凝法、催化转化法、直接燃烧法、膜分离法以及生物法等。其中，吸收法和吸附法是应用最多的两种气态污染物的去除方法。

吸收法是利用气体在液体中溶解度不同的这一现象，以分离和净化气体混合物的一种技术，例如，从工业废气中去除二氧化硫（SO_2）、氮氧化物（NO_x）、硫化氢（H_2S）以及氟化氢（HF）等有害气体。

吸附法是一种固体表面现象。它是利用多孔性固体吸附剂处理气态污染物，使其中的一种或几种组分在分子引力或化学键力的作用下，被吸附在固体表面，从而达到分离的目的。常用的固体吸附剂有骨炭、硅胶、矾土、沸石、焦炭和活性炭等，其中应用最为广泛的是活性炭。活性炭对广谱污染物具有吸附功能，除 CO、SO_2、NO_x、H_2S 外，还对苯、甲苯、二甲苯、乙醇、乙醚、煤油、汽油、苯乙烯、氯乙烯等物质都有吸附功能。

4.5.3　典型气态污染物的治理技术

4.5.3.1　从烟气中去除二氧化硫的技术

煤炭和石油燃烧排放的烟气通常含有较低浓度的 SO_2。由于燃料硫含量的不同，燃烧设备直接排放的烟气中 SO_2 浓度范围大约为 $10^{-4} \sim 10^{-3}$ 数量级。例如，在 15% 过剩空气条件下，燃用含硫量 1% ~ 4% 的煤，烟气中 SO_2 占 0.11% ~ 0.35%；燃含硫量为 2% ~ 5% 的燃料油，烟气中 SO_2 仅占 0.12% ~ 0.31%。由于 SO_2 浓度低，烟气流量大，烟气脱硫通常是十分昂贵的。

烟气脱硫按脱硫剂是否以溶液（浆液）状态进行脱硫而分为湿法或干法脱硫。湿法系统指利用碱性吸收液或含催化剂粒子的溶液吸收烟气中的 SO_2。干法系指利用固体吸收剂和催化剂在不降低烟气温度和不增加湿度的条件下除去烟气中 SO_2。喷雾干燥法工艺采用雾化的脱硫剂浆液进行脱硫，但在脱硫过程中雾滴被蒸发干燥，最后的脱硫产物也是干态，因此常称为干法或半干法。

在过去的 30 年中，烟气脱硫技术逐渐得到了广泛应用。一直以来，湿法工艺都占绝对优势。在大部分国家，综合考虑技术成熟度和费用因素，广泛采用的烟气脱硫技术仍然是湿法石灰石脱硫工艺。

石灰石－石灰湿法脱硫，最早由英国皇家化学工业公司在 20 世纪 30 年代提出，目前是应用最广泛的脱硫技术。在现代的烟气脱硫工艺中，烟气用含亚硫酸钙和硫酸钙的石灰石、石灰浆液洗涤，SO_2 与浆液中的碱性物质发生化学反应生成亚硫酸盐和硫酸盐，新鲜石灰石或石灰浆液不断加入脱硫液的循环回路。

浆液中的固体连续地从浆液中分离出来并排往沉淀池。实验证明，采用石灰做吸收剂时液相传质阻力很小，而采用石灰石时，固、液相传质阻力就相当大。特别是使用气－液接触时间较短的洗涤塔时，采用石灰较石灰石优越。但接触时间和持液量增加时，磨细的石灰石在脱硫效率方面可接近石灰。早期的运行表明，石灰石法钙硫比值为 1.1 时，SO_2 去除率可达 70%，而目前通过技术的不断改进，脱硫率可达到 90% 以上，与石灰法脱硫率相当。

由于湿法脱硫的特点，有多种因素影响到吸收洗涤塔的长期可靠运行，这些技术问题包括：设备腐蚀、结垢和堵塞、除雾器堵塞、脱硫剂利用率低、固体废物的处理和处置问题等。为此，提出了改进的石灰石－石灰湿法烟气脱硫，它是为了提高 SO_2 的去除率，改进石灰石法的可靠性和经济性，发展了加入己二酸的石灰石法。己二酸在洗涤浆液中起缓冲 pH 的作用，它来源广泛、价格低廉。己二酸的缓冲作用抑制了气液界面上由于 SO_2 溶解而导致的 pH 值降低，从而使液面处 SO_2 的浓度提高，大大地加速了液相传质。另外，己二酸的存在也降低了必需的钙硫比和固废量。

除此之外，双碱流程也是为了克服石灰－石灰石法容易结垢的弱点和提高 SO_2 去除率而发展起来的。即采用碱金属盐类或碱类水溶液吸收 SO_2，然后用石灰或石灰石再生吸收 SO_2 后的吸收液，将 SO_2 以亚硫酸钙或硫酸钙形式沉淀出，得到较高纯度的石膏，再生后的溶液返回吸收系统循环使用。

4.5.3.2　从烟气中去除氮氧化物的技术

对冷却后烟气进行处理，以降低 NO_x 的排放量，通称为烟气脱硝。烟气脱硝是一个棘手的难题。原因之一是烟气量大，浓度低（体积分数为 $2.0 \times 10^{-4} \sim 1.0 \times 10^{-3}$）。在未处理的烟气中，与 SO_2 相比，可能只有 SO_2 浓度的 $1/5 \sim 1/3$；原因之二是 NO_x 的总量相对较大，如果用吸收或吸附过程脱硝，必须考虑废物最终处置的难度和费用。只有当有用组分能够回收，吸收剂或吸附剂能够循环使用时才可考虑选择烟气脱硝。

目前有两类商业化的烟气脱硝技术，分别称为选择性催化还原（selective catalytic reduction，SCR）和选择性非催化还原（selective non-catalytic reduction，SNCR）。

A　选择性催化还原法

SCR 过程是以氨做还原剂，通常在空气预热器的上游注入含 NO_x 的烟气。此处烟气温度约 290~400℃，是还原反应的最佳温度。在含有催化剂的反应器内 NO_x 被还原为 N_2 和 H_2O，催化剂的活性材料通常由贵金属、碱性金属氧化物或沸石等组成。

还原反应：

$$4NH_3 + 4NO + O_2 \longrightarrow 4N_2 + 6H_2O$$

$$8NH_3 + 6NO_2 \longrightarrow 7N_2 + 12H_2O$$

潜在氧化反应：

$$4NH_3 + 5O_2 \longrightarrow 4NO + 6H_2O$$

$$4NH_3 + 3O_2 \longrightarrow 2N_2 + 6H_2O$$

工业实践表明，SCR 系统对 NO_x 的转化率为 $60\% \sim 80\%$。

催化剂失活和烟气中残留的氨是与 SCR 工艺操作相关的两个重要因素。长期操作过程中催化剂"毒物"的积累是失活的主因，降低烟气的含尘量可有效地延长催化剂的寿命。由于三氧化硫的存在，所有未反应的氨都将转化为硫酸盐，生成的硫酸铵为亚微米级的微粒，易于附着在催化转化器内或者下游的空气预热器以及引风机上。随着 SCR 系统运行时间的增加，催化剂活性逐渐丧失，烟气中残留的氨或者"氨泄漏"也将增加。根据日本和欧洲 SCR 系统运行的经验，最大允许的氨泄漏为 5×10^{-6}（体积分数）。

B　选择性非催化还原法

在选择性非催化还原法脱硝工艺中，尿素或氨基化合物作为还原剂将 NO 还原为 N_2。因为需要较高的反应温度（$930 \sim 1090℃$），还原剂通常注进炉膛或者靠炉膛出口的烟道。

化学反应：

$$4NH_3 + 6NO \longrightarrow 5N_2 + 6H_2O$$

$$CO(NH_2)_2 + 2NO + 0.5O_2 \longrightarrow 2N_2 + CO_2 + 2H_2O$$

基于尿素为还原剂的 SNCR 系统，尿素的水溶液在炉膛的上部注入，1mol 尿素可以还原 2mol 的 NO，但实际运行时尿素的注入量控制尿素中 N 与 NO 的摩尔比在 1.0 以上，多余的尿素假定降解为氮、氨和二氧化碳。工业运行数据表明，SNCR 工艺的 NO 还原率较低，通常在 $30\% \sim 60\%$ 的范围。

4.5.3.3　机动车污染的控制

全球因燃烧矿物燃料而产生的一氧化碳、碳氢化合物和氮氧化物的排放量，几乎 50% 来自汽油机和柴油机。在城市的交通中心，机动车是造成空气中 CO 含量的 $90\% \sim 95\%$、NO 和 HC 含量的 $80\% \sim 90\%$ 以及大部分颗粒物的原因。由此可知机动车排气对大气的污染程度确实是惊人的。

机动车发动机排出的物质主要包括：燃料完全燃烧的产物（CO_2、H_2O、N_2）、不完全燃烧的产物 CO、碳氢化合物和炭黑颗粒等，燃料添加剂的燃烧生成物（铅化合物颗粒）、燃料中硫的燃烧产物 SO_2 以及高温燃烧时生成的 NO_2 等，还有曲轴箱、化油器和油箱排除的未燃烃。对于一辆未采用污染控制的汽车，各排放源的污染物相对排放量见表 4-1。

表 4-1　汽油车排放源有害物相对排放量

排 放 源	相对排放量（占该污染物总排放量的百分比）%		
	CO	NO_x	HC
尾气管	$98 \sim 99$	$98 \sim 99$	$55 \sim 65$
曲轴箱	$1 \sim 2$	$1 \sim 2$	25
汽油箱、化油器	0	0	$10 \sim 20$

　　针对机动车污染控制需求，科技部自"十五"以来对机动车尾气污染控制技术及产业发展进行了连续支持，"十一五"将"机动车污染控制技术研究"列为863计划重点项目，控制机动车尾气污染措施包括以下几项：

　　加快步伐提高机动车排放标准。瞄准国Ⅳ排放标准以及未来的国Ⅴ以上排放标准，研制汽油车、柴油车、摩托车和替代燃料车等不同车型尾气控制技术与装置，并推动相关产业发展。

　　加强燃油品质管理，不断提高车用油品质量。北京市先后于2004年、2005年和2008年实施了国Ⅱ、国Ⅲ和国Ⅳ油品标准。通过供应符合国Ⅳ标准的车用燃油，使所有在用机动车排放总量降低了15%～20%。同时，北京市要求车用汽油必须加入汽油清净剂，并实行油库清净剂添加备案制度。

　　实施环保标志管理。对国Ⅰ及以上标准的轻型汽油车和国Ⅲ及以上标准的柴油车发放绿色环保标志，其余轻型汽油车和柴油车发放黄色环保标志。无有效环保标志车辆不能上路行驶。

　　加大在用车治理力度。对具备治理条件的25万辆化油器车（1995～1998年注册）进行了治理改造，改造后车辆排放接近或达到国Ⅰ标准，治理后车辆排放污染可以减少70%以上。2008年对7000余辆公交、环卫、邮政、旅游、省际客运、城市保障货运和建筑工程运输黄标柴油车进行了治理，削减颗粒物污染90%。

　　对高频使用社会车辆推广清洁燃料和替代燃料。从2005年开始，北京市采取经济补贴方式提前更新老旧公交车和出租车，鼓励发展公共交通。目前北京市中90%的出租车、97%的公交车达到国Ⅲ以上标准，其中使用天然气的公交车达到4000多辆。

　　加强在用车排放的监督检测。对上路行驶车辆尾气排放开展路检路查工作，并配备激光遥感检测车。北京市路检合格率从1998年路检约40%，增加到2008年路检90%以上。

　　加强对机动车检测场的监督管理。北京市自2003年对在用车实施简易工况法定期检测。全市共有230多条检测线，并建成I/M制度网络监管系统，对检测中存在弄虚作假行为的检测场进行查处，对群众举报的检测场进行重点监管。

　　开展油气回收治理，全力以赴减少污染排放。北京市于2008年6月30日全部按期完成1265座加油站（其中距离民用建筑50m范围内的加油站329座全部安装了后处理装置）、38座油库、1026辆油罐车油气回收治理工程，油气回收治理每年可减少挥发性有机物排放两万多吨。

　　对高排放机动车实施限行措施。从2003年开始，黄标车禁止在北京市二环路内行驶。从2009年1月1日起，黄标车禁止在五环路内行驶；2009年10月1日起，黄标车禁止在六环路内行驶。

复习思考题

4-1　主要大气污染物是什么？可以采取什么措施来治理？

4-2　你认为最佳的大气污染物治理方案是什么？

4-3 查阅文献，分析目前烟气脱硫技术的发展方向。

4-4 烟气脱硫的主要困难有哪些？你能提出一些克服的技术措施吗？

4-5 如何判断大气稳定度？稳定度对污染物扩散有何影响？

4-6 大气中典型的烟流形状有哪几种？它们分别发生在什么样的气象条件下？

4-7 大气污染对人体健康有何危害？

水污染及其防治

5.1 概　　述

5.1.1 水体的概念

水体是海洋、河流、湖泊、沼泽、水库、地下水的总称，是由水及水中悬浮物、溶解物、水生生物和底泥组成的完整的生态系统。

地球上有了水才有了生命，水是人类与其他生命体不可缺少的物质，也是社会经济发展的基础条件。

（1）水是生命之源。水是构成人体的基本成分，又是新陈代谢的主要介质。每人每天为维持生命活动至少需要 2~2.5L 水，一般每人每天用水量在 40~350L 范围。

（2）水是农业命脉。农业生产用水主要包括农业灌溉用水，林业、物业灌溉用水及渔业用水。生产 1kg 小麦耗水 0.8~1.25m³，生产 1kg 水稻耗水 1.4~1.6m³。农业用水量占全球用水的比例最大，约占 2/3，农业灌溉用水占农业用水的 90%，其中 75%~80% 是不能重复利用的消耗水。

（3）水是工业的血液。工业用水约占全球总用水量的 22%。工业用水主要包括原料、冷却、洗涤、传送、调温和调湿等用水。工业用水量与工业发展布局、产业结构、生产工艺水平等多因素相关。美国用水量居世界首位，每年约 5550 亿立方米。我国工业用水量由 1980 年的 457 亿立方米增至 2008 年的 1401 亿立方米。随着工业结构调整、工艺技术的进步和工业节水水平的提高，我国的工业用水量增长逐渐放缓。

（4）水是城市发展繁荣的基本条件。随着城市的发展、人口的增加和生活水平的提高，生活用水量不断扩大。同时，与之配套的环境景观用水、旅游用水、服务业用水不断增加，如果没有充足的水资源，城市发展就会受到制约。

（5）水的生态保障作用。生态系统的维系需要有一定水量作为保障，以此保持生态平衡。例如，保持江河湖泊一定的流量，可以满足鱼类和水生生物的生长需要，并有利于冲刷泥沙，冲洗农田盐分入海，保持水体自净能力。同时，由于水具有较大的比热容，可调节气温、湿度，从而起到防止生态环境恶化的作用。

5.1.2 地球上水的分布

地球上的海洋、河流、冰川、地下水、湖泊、土壤水、大气中的水和生物体内的水，组成了一个紧密作用、相互交换的统一体，即水圈。全球水量估计约 $13.9 \times 10^8 km^3$，而海洋占总水量的 97.41%。陆地水量约为 $0.36 \times 10^8 km^3$，包括湖泊、河流、冰川、地下水等。陆地水量中大部分为南北极冰盖、冰川，可被人类利用的淡水资源即地面河流、湖泊、地下水以及生物、土壤含水等约占地球总水量的 0.6%，地球上的水分布如图 5-1 所示。

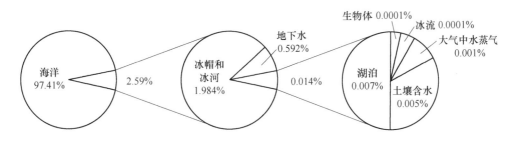

图 5-1　地球上水的分布

5.1.3　水的循环

在太阳辐射能和地心引力的作用下，水分不断地蒸发、汽化为水蒸气，上升到空中形成云，在大气环流作用下运动到各处，再凝结而形成降水到达地面或海面。降落下来的水分一部分渗入地面形成地下水，一部分蒸发进入大气，一部分在地面形成径流，最终流入海洋。这种循环往复的水的运动为自然界的水分循环，如图 5-2 所示。

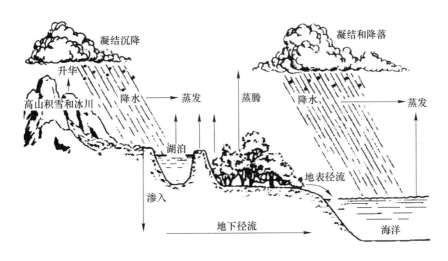

图 5-2　水的自然循环过程

水循环可使地球上的水不断更新成为一种可再生资源。人类社会在发展过程中抽取自然水用于工业、农业和生活，部分水被消耗掉，其他成为废水，通过排水系统进入水体。这种取之自然水体、还之水体的受人类社会活动作用的水循环为水的社会循环。水的社会循环改变了水体的流量，也改变了水的性质，在一定空间和时间尺度上影响着水的自然循环。

5.2　水体污染与自净作用

5.2.1　水体污染及污染源

5.2.1.1　水体污染

水是自然界的基本要素，是生命得以生存、繁衍的基本物质条件之一，也是工农业生产和城市发展的不可或缺的重要资源。人们以往把水看作是取之不尽用之不竭的最廉价的自然资源，但随着人口的膨胀和经济的发展，水资源短缺的现象正在很多地区相继出现，水污染及其带来的危害更加剧了水资源的紧张，并对人类的身体健康造成了威胁。防治水污染、保护水资源已成了当今我们的迫切任务。

水污染（water pollution）是指水体因某种物质的介入而导致其化学、物理、生物或者放射性等方面特性的改变，从而影响水的有效利用，危害人体健康或者破坏生态环境，造成水质恶化的现象。水污染加剧了全球的水资源短缺，危及人体健康，严重制约了人类社会、经济与环境的可持续发展。

5.2.1.2　水体污染源

造成水体污染的主要污染源有生活污水、工业废水、农业废水等。

A　生活污水

生活污水是人们日常生活中产生的污水，主要来自家庭、商业、机关、学校、医院、城镇公共设施及工厂，包括厕所冲洗排水、厨房洗涤排水、洗衣排水、沐浴排水等。生活污水的主要成分为纤维素、淀粉、糖类、脂肪、蛋白质等有机物，无机盐类及泥沙等杂质，一般不含有毒物质，但常含植物营养物质，且含有大量细菌（包括病原菌）、病毒和寄生虫卵。影响生活污水成分的因素主要有生活水平、生活习惯、卫生设备、气候条件等。

B　工业废水

工业废水是在工业生产过程中排出的废水。由于工业性质、原料、生产工艺及管理水平的差异，工业废水的成分和性质变化复杂。一般来说，工业废水污染比较严重，往往含有大量有毒有害物质。以焦化厂为例，其废水中含有酚类、苯类、氰化物、硫化物、焦油、吡啶、氨等有害物质。

C　农业废水

农业废水主要是指农田灌溉水。不合理地施用化肥、农药或不合理地使用污水灌溉，会造成土壤受农药、化肥、重金属和病原体等的污染，同时通过灌溉水及其径流和渗流，又将农田、牧场、养殖场以及副产品加工厂等附近土壤中这些残留的污染物带入水体，从而造成水质的恶化。

生活污水和工业废水通过下水道、排水管或沟渠等特定部位排放污染物，称为点源。一般来说，点源较易监测与管理，可将这些污水改变流向并在进入环境前进行处理。而农业废水分散排放污染物，没有特定的入水排污位置，称为非点源或面源，其监测、调控和处理远比点源困难。

5.2.2　水体中主要污染物

水体污染物种类繁多，因而可以用不同方法、标准或根据不同的角度分为不同的类型。现根据水污染物质及其形成污染的性质，可以将水污染分成化学性污染、物理性污染和生物性污染三类。

5.2.2.1　化学性污染

A　酸碱盐污染

酸碱盐污染物包括酸、碱和一些无机盐等无机化学物质。酸碱盐污染使水体 pH 值变化、提高水的硬度和增加水的渗透压、改变生物生长环境、抑制微生物的生长、影响水体的自净作用和破坏生态平衡。此外，腐蚀船舶和水中构筑物，影响渔业，使得水体不适合生活及工农业使用。酸污染来源于矿山、钢铁厂及染料工业废水。碱污染主要来源于造纸、炼油、制碱等行业。盐污染主要来源于制药、化工和石油化工等行业。

B　重金属污染

重金属污染指由重金属及其化合物造成的环境污染，其中汞、镉、铅、铬（六价）及类金属砷（三价）危害性较大。排放重金属污染废水的行业有电镀工业、冶金工业、化学工业等。有毒重金属在自然界中可通过食物链而积累、富集，以致会直接作用人体而引起严重的疾病或慢性病。闻名于世的日本水俣病就是由于汞污染造成的，骨痛病是由镉污染导致的。

C　有机有毒物质污染

污染水体的有机有毒物质主要是各种酚类化合物、有机农药、多环芳烃、多氯联苯等。其中有的化学性质稳定，难被生物降解，具有生物累积性、可长距离迁移等特性，被称为持久性有机污染物，如 DDT、多氯联苯等。其中一部分化合物在十分低的剂量下即可具有致癌、致畸、致突变作用，对人类及动物的健康构成极大的威胁，如 DDT、苯并芘等。有机毒物主要来自焦化、燃料、农药、塑料合成等工业废水，农业排水含有机农药。

D　需氧污染物质

废水中含有的糖类、蛋白质、油脂、氨基酸、脂肪酸、酯类等有机物，在微生物作用下氧化分解为简单的无机物，并消耗大量水中溶解氧，称为需氧污染物质。此类有机物质过多，造成水中溶解氧缺乏，影响水中其他生物的生长。水中溶解氧耗尽后，有机物质进行厌氧分解而产生大量硫化氢、氨、硫醇等物质，使水质变黑发臭，造成环境质量恶化，同时也造成水中的鱼类和其他水生生物的死亡。生活污水和许多工业废水，如食品工业、石油化工工业、制革工业、焦化工业等废水中都含有这类有机物。

E　植物营养物质

生活污水、农田排水及某些工业废水中含有一定量的氮、磷等植物营养物质，排入水体后，使水体中氮、磷含量升高，在湖泊、水库、海湾等水流缓慢水域富积，使藻类等浮游生物大量繁殖，此为"水体的富营养化"。藻类死亡分解后，加剧水中营养物质含量，使藻类加剧繁殖，使水体呈现藻类颜色（红色或绿色），阻断水面气体交换，造成水中溶解氧下降，水中环境恶化，鱼类死亡，严重时可使水草丛生，湖泊退化。

F　油类污染物质

油类污染物质是指排入水体的油造成水质恶化、生态破坏、危及人体健康。随着石油事业的发展，油类物质对水体的污染日益增多，炼油、石油化工工业、海底石油开采、油轮压舱水的排放都可使水体遭受严重的油类污染。海洋采油和油轮事故造成的污染更重。

5.2.2.2　物理性污染

A　悬浮物污染

悬浮物是指悬浮于水中的不溶于水的固体或胶体物质，造成水体浑浊度升高，妨碍水生植物的光合作用，不利于水生生物的生长。主要是由生活污水、垃圾、采矿、建筑、冶金、化肥、造纸等工业废水引起的。悬浮物质影响水体外观，妨碍水中植物的生长。悬浮物颗粒容易吸附营养物、有机毒物、重金属等有毒物质，使污染物富集，危害加大。

B　热污染

由热电厂、工矿企业排放高温废水引起水体的局部温度升高，称为热污染。水温升高，溶解氧含量降低，微生物活动增强，某些有毒物质的毒性作用增加，改变了水生生物的生存条件，破坏了生态平衡条件，不利于鱼类及水生生物的生长。

C　放射性污染

放射性污染来自于原子能工业和使用放射性物质的民用部门。放射性物质可通过废水进入食物链，对人体产生辐射，长期作用可导致肿瘤、白血病和遗传障碍等。

5.2.2.3　生物性污染

带有病原微生物的废水（如医院废水）进入水体后，随水流传播对人类健康造成极大的威胁。主要是消化道传染疾病，如伤寒、霍乱、痢疾、肠炎、病毒性肝炎、脊髓灰质炎等。

在实际的水环境中，各类污染物是同时并存的，各类污染物也是相互作用的。往往有机物含量较高的废水中同时存在病原微生物，对水体产生共同污染。

5.2.3　水体自净作用与水环境容量

5.2.3.1　水体自净作用

水体自净能力是指水体通过流动和物理、化学、生物作用，使污染程度降低或使污染物分解、转化，经过一段时间逐渐恢复到原来的状态的功能，包括稀释扩散、沉底、氧化还原、生物降解（有机物通过生物代谢作用而分解的现象）、微生物降解（微生物把有机物质转化为简单无机物的现象）等。通过水体的自净，可以使进入水体的污染物质迁移、转化，使水体水质得到改善。

A　水体的物理自净

水体的物理自净过程是指由于稀释、扩散、沉淀和混合等作用而使污染物在水中的浓度降低的过程。稀释作用的实质是污染物质在水体中因扩散而降低浓度，稀释并不能改变也不能去除污染物质。污染物质进入水体后，存在两种运行形式：一是由于水流的推动而产生的沿着水流前进方向的运动，称为推流或平流；二是由于污染物质在水中浓度的差异而形成的污染物从高浓度处向低浓度处的迁移，这一运动被称为扩散。

B　水体的化学自净

水体的化学和物理化学自净过程是指由于氧化、还原、分解、化合、凝聚、中和、吸附等反应而引起的水中污染物浓度降低的过程。其中氧化还原是水体化学自净的主要作用。水体中的溶解氧可与某些污染物产生氧化反应，如铁、锰等重金属离子可被氧化成难溶性的氢氧化铁、氢氧化锰而沉淀，硫离子可被氧化成硫酸根随水流迁移。还原反应则多在微生物的作用下进行，如硝酸盐在水体缺氧条件下，由于反硝化菌的作用还原成氮（N_2）而被去除。

C　水体的生化自净

有机污染物进入水体后在微生物作用下氧化分解为无机物的过程，可以使有机污染物的浓度大大减少，这就是水体的生化自净作用。

生化自净作用需要消耗氧，所消耗的氧如得不到及时补充，生化自净过程就要停止，水体水质就要恶化。因此，生化自净过程实际上包括了氧的消耗和氧的补充（恢复）两方面的作用。氧的消耗过程主要取决于排入水体的有机污染物的数量，也要考虑排入水体中氨氮的数量以及废水中无机性还原物质（如二氧化硫）的数量。氧的补充和恢复一般有两个途径：一是大气中的氧向含量不足的水体扩散，使水体中的溶解氧增加；二是水生植物在阳光照射下进行光合作用释放氧气。

5.2.3.2 水环境容量

水体所具有是自净能力就是水环境接纳一定量污染物的能力。一定水体所能容纳污染物的最大负荷被称为水环境容量。正确认识和利用水环境容量对水污染物控制具有重要的意义。

水环境容量的大小与下列因素有关：

（1）水体的用途和功能。我国地表水环境质量标准中按照水体的用途和功能将水体分为五类，每类水体规定有不同的水质标准。显然，水体的功能愈强，对其要求的水质目标也愈高，其水环境容量可能会小一些。

（2）水体特征。水体本身的特性，如河宽、河深、流量、流速以及其天然水质等，对水环境容量的影响很大。

（3）水污染的特性。污染物的特性包括扩散性、降解性等，都影响水环境容量。一般污染物的物理、化学性质越稳定，其环境容量越小；可降解性有机物的水环境容量比难降解有机物的水环境容量大得多，而重金属污染物的水环境容量则甚微。

水体对某种污染物的水环境容量可用下式表示：

$$W = V(C_s - C_i) + C$$

式中　W——某地面水体对某污染物的水环境容量，kg；

　　　V——该地面水体的体积，m^3；

　　　C_s——地面水中某污染物的环境标准（水质指标），g/L；

　　　C_i——地面水中某污染物的环境背景值，g/L；

　　　C——地面水对该污染物的自净能力，kg。

水环境容量既反映了满足特定功能条件下水体的水质目标，也反映了水体对污染的自净能力。如果污染物的实际排放量超过了水环境容量，就必须削减排放量。

5.2.4 水污染现状

目前，全世界每年约有4200多亿立方米的污水排入江河湖海，污染5.5万亿立方米的淡水，这相当于全球径流总量的14%以上。全世界每天约有数百万吨垃圾倒进河流、湖泊和小溪，每升废水会污染8L淡水；所有流经亚洲城市的河流均被污染；美国40%的水资源流域被加工食品废料、金属、肥料和杀虫剂污染；欧洲55条河流中仅有5条水质勉强能用。发展中国家约有10亿人喝不清洁水，每年约有2500多万人死于饮用不洁水。据世界卫生组织统计，每年有300万～400万人死于和水污染有关的疾病；全球80%的疾病和50%的儿童死亡都与饮用水被污染有关。

经过多年的建设，我国水污染防治工作取得了显著的成绩，但水污染形势仍然十分严峻。根据环境保护部发布的《2009 年中国环境状况公报》，全国七大水系中，珠江、长江水质良好，松花江、淮河为轻度污染，黄河、辽河为中度污染，海河为重度污染。地表水检测断面中，已有 59% 的河段不适宜作为饮用水水源。与河流相比，湖泊、水库的污染更加严重。26 个国控重点湖泊及水库中，满足 Ⅱ 类水质的仅有 1 个，占 3.9%；Ⅲ 类的 5 个，占 19.2%；Ⅳ～Ⅴ 类的 11 个，占 42.3%；劣 Ⅴ 类的 9 个，占 34.6%。主要污染指标为总氮和总磷。即 77% 的湖泊和水库已不宜作为饮用水水源，54% 的湖泊和水库失去了使用功能。目前全国有 25% 的地下水体遭到污染，35% 的地下水源不合格，平原地区约有 54% 的地下水不符合生活用水水质标准。据全国 118 个城市浅层地下水调查，城市地下水受到不同程度污染，一半以上的城市市区地下水严重污染，说明地下水的污染应当引起重视。预计全国 3.6 亿民众缺乏安全饮用水，我国农村约有 1.9 亿人的饮用水有害物质含量超标，许多城市存在水质型缺水问题。

再加上近年来频发的环境水污染事件，越发加重了全国水污染状况。从 2001 年到 2004 年，全国共发生水污染事故 3988 起，平均每年近 1000 起。2005 年发生了松花江水污染，珠江北江镉污染，2007 年发生了太湖蓝藻暴发等重大污染事件，在全国乃至国际上造成十分严重的影响。

5.3　水污染防治

5.3.1　水污染防治的目标与任务

水污染是当前面临的重要环境问题，它严重威胁着人类的生命健康，阻碍经济建设发展，制约着可持续发展战略的实施。因此必须重视并积极进行水污染防治，保护人类赖以生存的环境。

水污染防治的主要目标有：

（1）保护各类饮用水源地的水质，使供给居民的饮用水安全可靠；

（2）恢复各类水体的使用功能，如自然保护区、珍稀濒危水生动植物保护区、水产养殖区、公共浴泳区、海上娱乐体育活动区、工业用水取水区及盐场等，为经济建设提供水资源；

（3）改善地面水体的水质。

水污染防治的主要任务有：

（1）进行区域、流域或城镇的水污染防治规划，在调查分析现有水环境质量及水资源利用需求的基础上，明确水污染防治的具体任务，制订应采取的防治措施；

（2）加强对污染源的控制，包括工业污染源、城市居民区污染源、畜禽养殖业污染源以及农田径流等，采取有效措施减少污染源排放的污染物量；

（3）对各类废水进行妥善的收集和处理，建立完善的排水系统及污（废）水处理系统，使污（废）水排入水体前达到排放标准；

（4）加强对水资源的保护，通过法律、行政、技术等一系列措施，使水环境免受污染。

5.3.2　水污染防治的原则

进行水污染防治，根本的原则是将"防"、"治"、"管"三者结合起来。

　　"防"是指对污染源的控制，通过有效控制使污染源排放的污染物减少到最小量。对工业污染源，最有效的控制方法是推行清洁生产。对生活污染源，也可以通过有效措施减少其排放量，如推广使用节水工具，提高民众节水意识，降低用水量，从而减少生活污水排放量。对农业污染源，提倡农田的科学施肥和农药的合理使用，可以大大减少农田中残留的化肥和农药，进而减少农田径流中所含氮、磷和农药的量。

　　"治"是水污染防治中不可缺少的一环。通过各种预防措施，污染源可以得到一定程度的控制，但要确保在排入水体前达到国家或地方规定的排放标准，还必须对污（废）水进行妥善的处理，采取各种水污染控制方法和环境工程措施，治理水污染，如工业废水处理站、城市污水处理厂等。同时，城市废水收集系统和处理系统的设计，不仅应考虑水污染防治的需要，同时应考虑到缓解水资源矛盾的需要。

　　"管"是指对污染源、水体及处理设施等的管理。"管"在水污染防治中也占据十分重要的地位。科学的管理包括对污染源的经常监测和管理，对污水处理厂的监测和管理，以及对水环境质量的监测和管理。

5.3.3　污水处理技术概论

　　水污染控制的核心是废水处理。废水处理的基本方法一般可分为两类：第一类是将污染物从废水中分离出来，如沉淀、吸附等；第二类方法是将污染物转化为无害物质，如好氧生物处理，或将污染物转化为可分离的物质再予以分离，如化学沉淀等。

　　废水种类繁多，水的性质成分差异很大，实际工作中应针对水质特征采用不同的处理方法。按照废水处理的作用原理，可以把各种处理方法归结为物理法、化学法、生物处理法等类型。

5.3.4　物理处理法

　　物理处理法是利用物理作用分离污水中悬浮态的污染物质，在处理过程中污染物的性质不发生变化。采用的方法主要有筛滤截留法、重力分离法和离心分离法。

5.3.4.1　筛滤截留法

　　筛滤截留法针对污染物具有一定形状及尺寸大小的特性，利用筛网、多孔介质或颗粒床层机械截留作用，将其从水中去除，包括格栅、筛网、过滤等。

　　A　格栅

　　格栅由一组（或多组）相平行的金属栅条与框架组成，倾斜安装在污水渠道、泵房集水井的进口处或污水处理厂的端部，用以截留较大的悬浮物或漂浮物，如纤维、碎毛、毛发、果皮、蔬菜、塑料制品等，以防漂浮物阻塞构筑物的孔道、闸门和管道或损坏水泵等机械设备。格栅起着净化水质和保护设备的双重作用。

　　被格栅截留的物质称为栅渣。按照清渣方式的不同，格栅可分为人工清渣和机械清渣两种。处理流量小或所截留的污染物量较少时，可采用人工清渣的格栅。当栅渣量大于$0.2m^3/d$时，应采用机械清渣。目前的机械清渣方式很多，常用的有往复移动靶机械格栅、回转式机械格栅、钢丝绳牵引机械格栅、阶梯式机械格栅和转鼓式机械格栅等。

　　图5-3所示为回转式机械格栅。它由许多相同的靶齿机件交错平行组装成一组封闭的靶齿链。在电动机和减速机的驱动下，通过一组槽轮和链条形成连续不断地自下而上的循

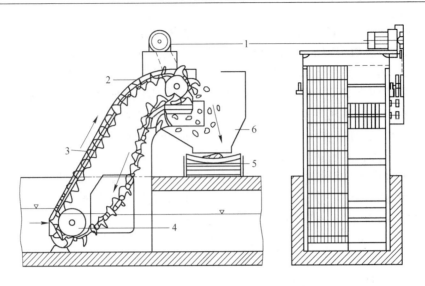

图 5-3   回转式机械格栅示意图

1—驱动装置；2—耙齿；3—耙齿链；4—转向轮；5—输送带；6—栅渣刷渣槽

环运动，达到不断清除栅渣的目的。当耙齿链运转到设备上部及背部时，由于链轮和弯轨的导向作用，可以使平行的耙齿排产生错位，使固体污物靠自重下落到渣槽内。

B   筛网

筛网通常用金属丝或化学纤维编制而成，主要用于截留粒度在数毫米至数十毫米的细碎悬浮态杂物，尤其适用于分离和回收废水中的纤维类悬浮物和食品工业的动、植物残体碎屑。其形式有转鼓式、转盘式、振动式、回转帘带式和固定式倾斜筛多种。

图 5-4 所示为水力回转筛网。它由锥筒回转筛和固定筛组成。污水从锥筒回转筛的圆锥体小端流入，在流往大端的过程中，纤维状杂物被筛网截留，处理后的污水则通过筛孔流入集水装置。被截留的杂物沿筛网的斜面落到固定筛上，进一步脱水。

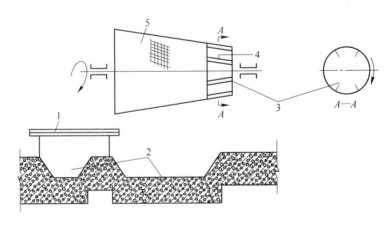

图 5-4   水力回转筛网示意图

1—固定筛；2—集水槽；3—导水叶片；4—进水；5—锥筒回转筛

C   过滤

过滤是指利用颗粒介质截留水中细小悬浮物的方法，常用于污水深度处理和饮用水处理过程。进行过滤操作的构筑物称为滤池,按采样的滤料类型可分为单层滤池、双层滤池和多层滤池;按作用动力可分为重力滤池和压力滤池;按构造特征可分为普通快滤池、虹吸滤池和无阀滤池。其中普通快滤池是应用最广泛的一种滤池。

图 5-5 所示为普通快滤池。它由底部配水系统、中部滤料层、顶部洗砂排水槽和池外管部组成。其过滤操作包括过滤和反冲两个阶段。在过滤阶段,污水从顶部洗砂排水槽进入滤池,由上而下通过滤料层,水中杂质被滤料层截留,清水则由底部配水系统收集后排出。过滤操作进行一段时间后,在滤料层积累了大量的杂物,过滤阻力上升到一定程度后,停止过滤,开始反冲洗。反冲洗阶段,反冲洗水从底部配水系统进入,自下而上通过滤料层。此时滤料被膨胀流化,滤料颗粒之间相互摩擦、碰撞,使附着在滤料表面的悬浮物被冲洗下来,由反冲洗水带出滤池外。滤池经过反冲洗后,其截污能力得到恢复,又可以重新进行过滤。

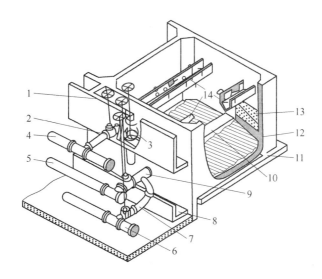

图 5-5　普通快滤池示意图

1—浑水渠;2—进水支管;3—排水阀;4—进水总管;5—冲洗水总管;6—清水总管;7—清水支管;
8—排水渠;9—冲洗水支管;10—配水干管;11—配水支管;12—承托层;13—滤料层;14—排水槽

5.3.4.2　重力分离法

重力分离法是利用水中悬浮物和水的密度差,使悬浮物在水中沉降或上浮,从而实现两者分离的方法。利用重力分离法处理污水的设备形式有多种,主要有沉砂石、沉淀池等。

A　沉砂池

沉砂池是利用重力去除水中泥砂等密度较大的无机颗粒,一般设于泵站、倒虹管前,减轻无机颗粒对水泵、管道的磨损;也可设于初次沉淀池之前,减轻沉淀池的负荷和改善污泥处理的条件。常用的沉砂池有平流沉砂池、曝气沉砂池和旋流沉砂池等。

图 5-6 所示为曝气沉砂池。其池体呈矩形,池底一侧有 $i = 0.1 \sim 0.5$ 的坡度,坡向另一侧的集砂槽。曝气装置设在集砂槽侧,距池底 $0.6 \sim 0.9$ m 处设置空气扩散板,使池内水流作旋流运动,无机颗粒之间的互相碰撞与摩擦机会增加,把表面附着的有机物磨去。

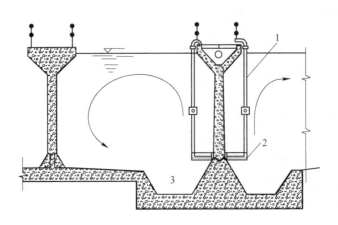

图 5-6　曝气沉砂池示意图

1—压缩空气管；2—空气扩散板；3—集砂槽

此外，由于旋流产生的离心力，把相对密度较大的无机颗粒甩向外层并下沉，相对密度较小的有机物则旋至水流的中心部位随水带走。

B　沉淀池

沉淀池是利用重力去除水中的悬浮物的常用构筑物。

按工艺布置的不同，可分为初次沉淀池和二次沉淀池。初次沉淀池是一级污水厂的主体处理构筑物，或作为生物处理法中的预处理构筑物。对于一般的城镇污水，初沉池的去除对象是悬浮固体，同时可去除一定量的 BOD_5，降低后续生物处理的有机负荷。二沉池设置在生物处理构筑物后，用于沉淀分离活性污泥或生物膜法中脱落的生物膜，是生物处理工艺中的重要组成部分之一。

按池内水流分向的不同，沉淀池可分为平流式、竖流式和辐流式三种。图 5-7 ~ 图 5-9 分别为三种不同形式的沉淀池示意图。

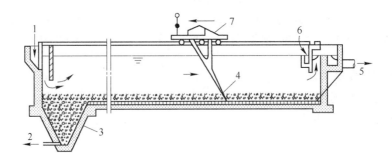

图 5-7　平流式沉淀池

1—进水槽；2—排泥管；3—泥斗；4—刮泥板；5—出水管；6—浮渣槽；7—刮泥行车

平流式沉淀池是使用最广泛的一种沉淀池。池体呈长方形，污水从池子一端流入，沿水平方向流动，悬浮物逐渐沉到池底，清水通过设在池子另一端的溢流堰排出。在池的进口处底部设有储泥斗，其他部分池底有一定坡度，坡向储泥斗，也有将整个池底设置成多斗排泥的形式。

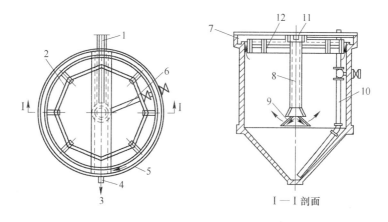

图 5-8 竖流式沉淀池

1，11—进水渠；2，12—挡板；3—平面；4—出水管；5，7—集水槽；6，10—排泥管；
8—中央管；9—反射板

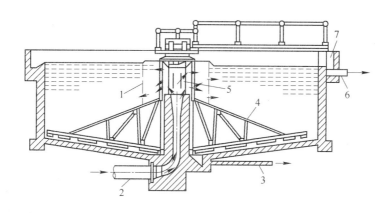

图 5-9 辐流式沉淀池

1—穿孔挡板；2—进水管；3—排泥管；4—刮泥机；5—中心管；6—出水管；7—出水槽

竖流式沉淀池的池体多为圆形，也有呈方形或多边性，污水从中央管流入，在中央管的下端经过反射板阻挡向四周分布并由下向上流动。水中的悬浮物一方面受水流作用向上运动，另一方面受重力作用下沉。清水从池子四周的溢流堰排出。沉淀池底部设污泥斗，污泥可通过静水压力排出。

辐流式沉淀池池体多为圆形，有时也呈正方形。其直径较大，水深相对较浅，水流从中心向四周呈辐射状。由于过水断面不断扩大，水流速度逐渐变小，对截留小颗粒有利。在池中央底部设置泥斗，池底向中心倾斜，污泥通常用机械刮泥机排出。

5.3.4.3 离心分离法

离心分离法是重力分离法的一种强化，即用离心力取代重力来提高悬浮物与水分离的效果或加快分离过程。在离心设备中，废水与设备做相对旋转运动，形成离心力场，由于污染物与同体积的水的质量不一样，所以在运动中受到的离心力也不同。在离心力场的作用下，密度大于水的固体颗粒被甩向外侧，废水向内侧运动（或废水向外侧，密度小于水的有机物如油脂类等向内侧运动），分别将它们从不同的出口引出，便可达到分离的目的。

用离心法处理废水设备有两类：一类是设备固定，具有一定压力的废水沿切线方向进入器内，产生旋转，形成离心力场，如钢铁厂用于除铁屑等物的旋流沉淀池和水力旋流器等；另一类是设备本身旋转，使其中的废水产生离心力，如常用于分离乳浊液和油脂等物的离心机。

5.3.5　化学处理法

化学处理法是利用化学反应使污水中污染物的性质或形态发生变化，从而从水中去除的方法。主要用于处理污水中的溶解性或胶体状态的污染物，包括中和法、化学混凝法、化学沉淀法、氧化还原法、吸附法、离子交换法、萃取法以及膜分离等。

5.3.5.1　中和法

根据酸性物质与碱性物质反应生成盐的基本原理，去除污水中过量的酸或碱，使其pH值达到中性或接近中性的方法称为中和法。

酸性废水中和的常用方法有：用碱性废水和废渣进行中和；向废水中投放碱性中和剂进行中和；通过碱性滤料层过滤中和；用离子交换剂进行中和等。碱性中和剂主要有石灰、石灰石、白云石、苏打和苛性钠等。

碱性废水中和的常用方法有：用酸性废水进行中和；向废水中投加酸性中和剂进行中和；利用酸性废渣或烟道气中的 SO_2、CO_2 等酸性气体进行中和。酸性中和剂常用盐酸和硫酸。

5.3.5.2　化学混凝法

通过投加化学药剂使污水中的细小悬浮物和胶体脱稳，并相互凝聚长大成絮体，在重力作用下可通过沉淀从水中分离的方法称为化学混凝法。加入的化学药剂称为混凝剂。

水中的微小粒径悬浮物和胶体，通常表面都带有电荷。带有同种电荷的颗粒之间相互排斥，能在水中长时间保持分散悬浮状态，即使静置数十小时以后，也不会自然沉降。为了使胶体颗粒沉降，就必须破坏胶体的稳定性，从而促使胶体颗粒相互聚集成为大的颗粒。

化学混凝法使胶体脱稳的机理至今尚未完全稳定，其影响因素众多，有水温、pH值、水利条件、混凝剂的性质以及水中杂质的成分和浓度等。但归结起来可以认为是三方面的作用，即压缩双电层、吸附架桥和网捕卷扫。

A　压缩双电层

水中胶粒能维持稳定的分散悬浮状态，主要是由于胶粒具有 ζ 电位。如天然水中的黏土类胶体微粒、污水中的胶态蛋白质和淀粉微粒等都带有负电荷，投加铁盐或铝盐等混凝剂后，能提供大量的正电荷中和胶体的负电荷，降低 ζ 电位。当 ζ 电位为 0 时，称为等电状态，此时胶粒间的静电排斥消失，胶粒之间最容易发生聚集。但是，生产实践却表明，混凝效果最佳时的 ζ 电位常大于 0，说明除了压缩双电层外还存在其他作用。

B　吸附架桥

三价铝盐或铁盐及其他高分子混凝剂溶于水后，经水解和缩聚反应形成线性结构的高分子聚合物。因其线性长度较大，可以在胶粒之间提供架桥作用，使相距较远的胶粒能相互聚集长成大的絮体。

C 网捕卷扫

三价铝盐或铁盐等水解产生难溶的氢氧化物，这些难溶物在沉淀过程中像网一样把水中的胶体颗粒捕捉下来共同沉淀。

常用的混凝剂有无机盐和高分子两大类。无机盐类混凝剂目前应用最广的是铝盐和铁盐，铝盐主要有硫酸铝、明矾等；铁盐主要有三氯化铁、硫酸亚铁和硫酸铁等。高分子混凝剂又分为无机和有机两类，其中我国使用的混凝剂中，无机高分子混凝剂的用量达80%以上，已基本取代了传统无机盐类混凝剂。聚合氯化铝和聚合硫酸铁是广泛使用的无机高分子混凝剂，而有机高分子混凝剂目前使用较多的主要是人工合成的聚丙烯酰胺。

5.3.5.3 化学沉淀法

通过向污水中投加某种化学药剂，使其与水中的溶解性污染物发生反应生成难溶盐，进而沉淀而从水中分离的方法。常用于处理污水中的汞、镍、铬、铅、锌等重金属离子。

在一定温度下，含有难溶盐 M_mN_n 的饱和溶液中，各种离子浓度的乘积为一常数，称为溶度积常数。

$$M_mN_n = M^{n+} + nN^{m-}$$
$$LM_mN_n = \left[M^{n+} \right]^m \left[N^{m-} \right]^n$$

当离子浓度乘积超过溶度积常数时，溶液过饱和，超出的部分将析出沉淀、直到重新满足溶度积参数为止。以 M^{n+} 为例，可以通过投加带有 N^{m-} 的化学物，使之形成沉淀，从而降低水中 M^{n+} 的浓度。此时投加的化学物质称为沉淀剂。

根据使用沉淀剂的不同，化学沉淀法可分为氢氧化物法、硫化物法和钡盐法等。

A 氢氧化物沉淀法

多种金属离子都可以形成氢氧化物沉淀，通过控制污水的 pH 值可以去除其中的金属离子。常用的沉淀剂是石灰。

B 硫化物沉淀法

大多数金属硫化物的溶解度要比相应的氢氧化物小得多，理论上能更完全地去除污水的金属。但是硫化物沉淀剂价格较昂贵，处理费用高，生成的硫化物颗粒细小沉淀困难，往往需要投加混凝剂加强沉淀效果。因此，该法更多的是作为氢氧化物沉淀法的补充。用氢氧化物沉淀法处理难以达标的含汞废水可采用硫化物沉淀法。常用的沉淀剂是硫化氢、硫化钠和硫化钾等。

C 钡盐法

钡盐法主要用于处理含有六价铬的废水，通过投加钡盐使之生成难溶的铬酸钡沉淀。常用的沉淀剂有碳酸钡、氯化钡、硝酸钡、氢氧化钡等。

5.3.5.4 氧化还原法

通过加入化学药剂与水中的溶解性污染物发生氧化或还原反应，使有毒有害的污染物转化为无毒或弱毒物质或难降解有机物转化为可生物降解物质的方法，称为氧化还原法。

根据污染物氧化还原反应中能被氧化或还原的不同，将氧化还原法分为氧化法和还原法。其中还原法应用较少，而氧化法几乎可处理一切工业废水，特别适用于处理其中的难降解有机物，如绝大部分农药和杀虫剂，酚、氰化物，以及引起色度、臭味的物质等。含有硫化物、氰化物、苯酚以及色、臭、味的废水采用氧化法处理，常用的氧化剂有空气、漂白粉、氯气、液氯、臭氧等；含铬、含汞废水采用还原法处理，常用的还原剂有铁屑、硫酸亚铁、硫酸氢钠等。

5.3.5.5　吸附法

吸附是指气体或液体与固体接触时，其中的某些组分在固体表面富集的过程。将污水通过多孔性固体吸附剂，使污水中的溶解性污染物吸附到吸附剂上从水中去除的方法称为吸附法。吸附法主要用以脱除水中的微量污染物，包括脱色、除臭、去除重金属、各种溶解性有机物、放射性元素等。在处理流程中，吸附法可作为离子交换、膜分离等方法的预处理，以去除有机物、胶体及余氯等；也可以作为二级处理后的深度处理手段，以保证回用水的水质。

常用的吸附剂有活性炭、磺化煤、沸石、活性白土、硅藻土、腐殖质酸、焦炭、木炭、木屑等，其中以活性炭的应用最为广泛。吸附进行一段时间后，吸附剂达到饱和，可通过再生恢复其吸附能力。常用的再生方法有加热再生法、蒸汽吹脱法、溶剂再生法、臭氧氧化法、生物氧化法等，如吸附酚的活性炭可以用氢氧化钠溶液进行再生。

5.3.5.6　离子交换法

离子交换是一种特殊的吸附过程，在吸附水中离子态污染物的同时向水中释放等当量的交换离子。这一过程通常是可逆的，其反应如下式：

$$RH + M^+ \Longrightarrow RM + H^+$$

离子交换法是给水处理中软化和除盐的主要方法之一，在污水处理中常用于金属离子废水，如从污水中回收贵重金属、放射性物质、重金属等。

常用的离子交换剂有磺化煤和离子交换树脂。磺化煤以天然煤为原料，经浓硫酸磺化处理制成，其交换容量低、机械强度差、化学稳定性差，已逐渐被离子交换树脂所取代。离子交换树脂是人工合成的高分子聚合物，由树脂本体和活性基团构成。根据活性基团的不同可以分为：含有酸性基团的阳离子交换树脂；含有碱性基团的阴离子交换树脂；含有胺羧基团的螯合树脂；含有氧化还原基团的树脂以及两性树脂等。根据活性基团电离的强弱程度，阳离子交换树脂可分为强酸性和弱碱性两类，阴离子交换树脂可分为强碱性和弱碱性两类。

当离子交换的出水达到限制时，应对树脂进行再生。用高浓度的再生液流经树脂，可将先前吸附的离子置换出来，使树脂的交换能力得到恢复。

5.3.5.7　萃取法

将特定的有机溶剂与污水接触，利用污染物在有机溶剂和水中溶解度的差异，使水中的污染物转移到有机溶剂中，随后将水和有机溶剂分离以实现分离、浓缩污染物和净化污水的方法称为萃取法。常应用于高浓度含酚废水和重金属废水的处理。采用的有机溶剂称为萃取剂，被萃取的污染物称为溶质；萃取后的萃取剂称为萃取液，残液称为萃余液。

萃取过程是可逆的。当萃取达到平衡时，溶质在萃取相和萃余相中的平衡浓度比值为一常数，称为分配系数 K。

$$K = \frac{C_c^*}{C_s^*} = \frac{\text{溶质在萃取相中的平衡浓度}}{\text{溶质在萃余相中的平衡浓度}}$$

萃取剂达到饱和后，将其与某种特定的水溶液接触，使被萃取的污染物再转入水相的过程称为反萃取。反萃取是萃取的逆过程，经过反萃取可以回收被萃取的污染物，并实现萃取剂的循环使用。以含酚废水的处理为例，以重苯作为萃取剂，饱含酚的重苯用20%的 NaOH 溶液反萃取后，重苯可循环使用，酚钠溶液则作为回收酚的原料。

5.3.5.8 膜分离法

在某种推动力的作用下，利用某种天然或人工合成的隔膜特定的透过性能，使污染物和水分离的方法称为膜分离法。根据分离过程的推动力及膜的性质不同，可将膜分离法分为扩散渗析、电渗析、反渗透和超滤等。

A 扩散渗析

扩散渗析是以膜两侧溶液的浓度差为推动力，使高浓度溶液中的溶质透过薄膜向低浓度溶液中迁移的过程。采用惰性膜，可用于高分子物质的提取；采用离子交换膜可分离电解质，这种扩散渗析除没有电极外，其他构造与电渗析器基本相同。扩散渗析主要用于分离污水中的电解质，例如，酸碱废液的处理，废水中的金属离子的回收等。

B 电渗析

电渗析是以膜两侧的电位差为推动力，在直流电场的作用下，利用阴、阳离子交换膜对溶液中的阴、阳离子的选择透过性，分离溶质和水。阴膜只让阴离子通过，阳膜只让阳离子通过。由于离子的定向运动及离子交换膜的阻挡作用，当污水通过由阴、阳离子交换膜所组成的电渗析器时，污水中阴阳离子便可得以分离而浓缩，同时污水得到净化。电渗析除了可以用于酸性废水、含重金属离子废水及含氰废水处理等的回收利用之外，还常用于海水或苦咸水淡化、自来水脱盐制取初级纯水或者与离子交换组合制取高纯水。

C 反渗透

反渗透是以高于溶液渗透压的压力为推动力，工作压力一般为 3000～5000kPa，使水反向通过特殊的半渗透膜，污染物则被膜所截留。这样透过半透膜的水得以净化，而污染物被浓缩。反渗透主要用于海水淡化、高纯水的制取以及废水的深度处理等。

D 超滤

超滤又称超过滤，与反渗透一样以压力作为推动力。所不同的超滤膜孔径较反渗透膜要大，不存在渗透压现象，因而可以在较低压力下工作，一般为几公斤。超滤主要依靠膜表面的孔径机械筛分、阻滞作用，以及膜表面肌膜孔对杂质的吸附作用，去除污水中的大分子物质、胶体、悬浮物，如蛋白质、细菌、颜料、油类等，其中主要是机械筛分作用，所以膜的孔隙大小是分离杂质的主要控制因素。

5.3.6 生物处理法

生物处理法是利用微生物的新陈代谢作用处理水中溶解性或胶体状的有机物的污水处理方法。在自然界中存在着大量依靠有机物生活的微生物，生物处理法正是利用微生物的这一功能，通过人工强化技术，创造出有利于微生物繁殖的良好环境，增强微生物的代谢功能，促进微生物的增殖，加速有机物的分解，从而加快污水的净化过程。

根据参与代谢活动的微生物对溶解氧的需求不同，生物处理法又可以分为好氧生物处理法和厌氧生物处理法两大类。

5.3.6.1　好氧生物处理法

好氧生物处理法是在有分子氧存在的状态下，利用好氧微生物（包括兼性微生物）降解水中的有机污染物，使其稳定化、无害化的污水处理方法。

污水的耗氧生物处理过程可以分为分解反应、合成反应和内源呼吸三部分，如图5-10所示。污水中的有机物被微生物摄取后，其中约1/3会通过微生物的代谢活动氧化分解成简单无机物（如有机物中的碳被氧化成二氧化碳、氢与氧化合成水，氮被氧化成氨、亚硝酸盐和硝酸盐，磷被氧化成磷酸盐，硫被氧化成硫酸盐等），同时释放出能量，作为微生物自身生命活动的能源。约2/3有机物则作为微生物自身生长繁殖所需的原料，用来合成新的细胞物质。当水中的有机物含量充足时，微生物既获得足够的能量，又能大量合成新的细胞物质，微生物的数量就能不断增长；而水中的有机物含量下降后，微生物只能依靠分解细胞内储存的物质，微生物无论重量还是数量都是不断减少的。

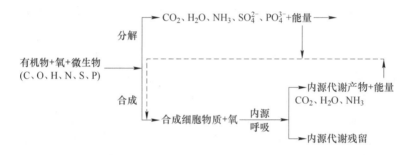

图5-10　好氧生物处理过程中有机物转化示意图

好氧生物处理法的处理速率快，所需反应时间短，构筑物容积较小，且在处理过程中散发的臭气较少，因而广泛应用于中、低浓度有机污水的处理。常用的好氧生物处理法有活性污泥法和生物膜法两种。活性污泥法是水体自净过程的人工化，微生物在反应器内呈悬浮状生长，又称悬浮生长法；生物膜法是土壤自净过程的人工化，微生物附着在其他固体物质表面呈膜状，又称固定生长法。

A　活性污泥法

活性污泥法是使用最广泛的一种生物处理方法。典型的活性污泥法处理流程包括曝气池、沉淀池、污泥回流及剩余污泥排除系统等基本组成部分，如图5-11所示。

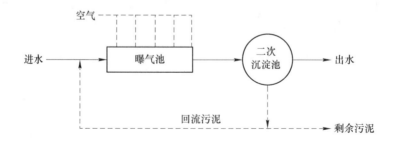

图5-11　活性污泥法基本流程

污水和回流的活性污泥一起进入曝气池形成混合液。不断地往曝气池中通入空气，一方面空气中的氧气溶入污水使活性污泥混合液进行好氧生物代谢反应，另一方面空气还起到搅拌的作用使混合液保持悬浮状态。在这种状态下，污水中的有机物、微生物、氧气之间进行充分的传质和反应。混合液从曝气池中流出后沉淀分离，得到澄清的出水。沉淀下来的污泥大部分回流至曝气池，保持曝气池内一定的微生物浓度，这部分污泥称为回流污泥；多余的污泥则从系统排出，以维持活性污泥系统的稳定性，排出的污泥称为剩余污泥。由此可以看出，要使整个系统得到清洁的出水，活性污泥除了氧化分解有机物的能力外，还要有良好的凝聚和沉淀性能。

活性污泥法经不断发展已有多种运行方式，如传统活性污泥法、渐减曝气法、阶段曝气法、高负荷曝气法、延时曝气法、吸附再生法、完全混合法、纯氧曝气法、深层曝气法、吸附－生物降解工艺（AB 法）、序批式活性污泥法（SBR 法）以及氧化沟等。

a 传统活性污泥法

传统活性污泥法，又称普通活性污泥法，工艺流程如图 5-11 所示。污水和回流污泥的混合液从曝气池的首端进入，在池内以推流方式流动至池的末端，之后进入二次沉淀。

这种运行方式存在的问题是：混合液在曝气池内呈推流式，沿池长方向有机污染物浓度和需氧量逐渐下降，结果在前半段混合液中的溶解氧浓度较低，甚至供氧量不足，而到了后半段供氧量超过需求造成浪费；同时混合液在进入曝气池后，不能立即和整个曝气池内的混合液充分混合，容易受到冲击负荷的影响，适应水质水量变化的能力较差。

b 渐减曝气法

针对传统活性污泥法存在的供氧和需氧之间的矛盾问题，沿池长方向逐步递减供氧量，使供氧和需氧量之间相匹配。这样可以提高处理效率，并减少总的空气供给量，从而节省能耗。

c 阶段曝气法

针对传统活性污泥法易受冲击负荷影响的问题,将入流污水在曝气池中分 3～4 点进入,均衡了曝气池内有机污染物负荷和需氧率,从而提高了曝气池对水质、水量的适应能力。

d 高负荷曝气法

高负荷曝气法又称短时曝气活性污泥法或不完全处理活性污泥法，在系统和曝气池的构造方面与传统活性污泥法相同。不同之处在于有机物负荷高，曝气时间短，池内活性污泥处于生长旺盛期。该法对污水的处理效果较低，适用于处理对出水水质要求不高的污水。

e 延时曝气法

延时曝气法又称完全氧化活性污泥法，与高负荷曝气法正好相反，有机负荷非常低，曝气时间长，池内活性污泥长期处于内源呼吸期，剩余污泥量少且稳定。该法还具有处理水稳定性高，对原污水水质、水量变化适应性强，不需设初次沉淀池等优点；但也存在池容大，基建费用和运行费用都较高，占用较大土地面积等缺点；只适用于处理对出水水质要求高且不宜采用污泥处理技术的小型污水处理系统。

f 吸附再生法

吸附再生法又称接触稳定法，其主要特点是将活性污泥对有机污染物降解的吸附与代谢两个过程分别在各自的反应器中进行，其工艺流程如图 5-12 所示。

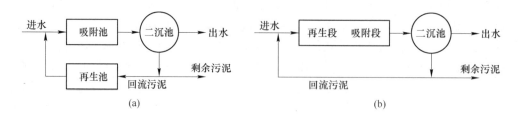

图 5-12　吸附再生法工艺流程图

（a）分建式；（b）合建式

吸附再生法的特点是污水和活性污泥在吸附池内吸附时间较短（30～60min），吸附池容积很小，而进入再生池是高浓度的回流污泥，因此再生池的容积也较小；当吸附池的污泥遭到破坏时，可由再生池内的污泥予以补救，因而具有一定的耐冲击负荷能力。由于吸附接触短，限制了有机物的降解和氨氮的硝化，处理效果低于传统活性污泥法，且不适用于处理含溶解性有机污染物较多的污水。

g　完全混合法

采用完全混合式曝气池，污水和回流污泥进入曝气池后，立即与池内的混合液充分混合，可以认为池内混合液是已经处理而未经泥水分离的处理水。

完全混合法对冲击负荷有较强的适应能力，适用于处理工业废水，特别是浓度较高的工业废水；污水和活性污泥在曝气池内均匀分布，池内各处有机物负荷相等，有利于将整个曝气池的工况控制在最佳条件下；曝气池内混合液的需氧速率均衡，动力消耗低于推流式曝气池。不足之处是由于有机物负荷较低，活性污泥容易产生泥膨胀现象。

h　纯氧曝气法

纯氧曝气法又称富氧曝气法，是以纯氧代替空气来提高曝气池内的生化反应速率。

纯氧曝气法的优点在于氧的利用率高达 80%～90%（空气系统仅 10% 左右），处理效果好，污泥沉淀性能好，产生的剩余污泥量少。不足之处是曝气池需加盖密封，以防氧气外溢和可燃性气体进入，装置复杂，运转管理复杂。如果进水中混入大量易挥发的碳氢化合物，容易引起爆炸。同时微生物代谢过程中产生的二氧化碳等废气若没有及时排除，会溶解于混合液中，导致 pH 值下降，妨碍生物处理的正常进行。

i　深层曝气法

曝气池向深度方向发展，可以降低占地面积。同时由于水深的增加，提高氧传递速率，加快有机物降解速度，处理功能不受气候条件影响。深层曝气法适用于处理高浓度有机废水。

j　吸附-生物降解工艺（AB 法）

与传统活性污泥法相比，AB 法将处理系统分为 A 级、B 级两段。A 级由吸附池和中间沉淀池组成，B 级由曝气池和二次沉淀池组成；A 级和 B 级拥有各自独立的污泥回流系统，每级能够培育出各自独特的、适合本级水质特征的微生物种群。图 5-13 为 AB 法工艺流程图，该法处理效果稳定，耐冲击负荷能力强。

k　序批式活性污泥法（SBR 法）

如果说传统活性污泥法是空间上的推流，SBR 法就是时间上的推流。在 SBR 处理系

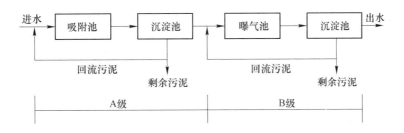

图 5-13　AB 法工艺流程图

统中，曝气池在流态上属于完全混合式，但是有机污染物是沿着时间的推移而降解的。图 5-14 是 SBR 的基本运行模式，其操作流程由进水、反应、沉淀、出水和闲置五个工序组成。从污水流入到闲置结束为一个工作周期，所有的工序都是在同一个曝气池内完成。

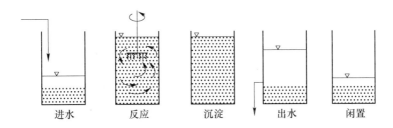

图 5-14　SBR 法运行操作流程示意图

SBR 法集有机污染物降解与混合液沉淀于一体，不需设二次沉淀池和污泥回流设备，系统组成简单，曝气池的容积也小于连续式，建设费用和运行费用都较低；污泥容易沉淀，一般不产生污泥膨胀现象。通过对运行方式的调节，还可以在单一的曝气池内同时进行脱氧和除磷；若运行管理得当，处理水质优于连续式。

l　氧化沟

氧化沟是延时曝气法的一种特殊形式，一般呈环形沟渠状，平面多为椭圆形或圆形，池体狭长，池深较浅，在沟槽中设有机械曝气和推进装置。图 5-15 所示为氧化沟工艺的典型流程图，整个系统由一座氧化沟和二沉池组成。

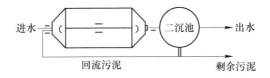

图 5-15　单槽氧化沟工艺流程图

通过曝气或搅拌作用，活性污泥在氧化沟内呈悬浮状态，污水和活性污泥的混合液廊道中缓慢流动，每 5～15min 完成一个循环。经过多次循环混合液水质接近一致，从这个意义上说，可以认为氧化沟的流态是完全混合式的。但又具有某些推流式的特征，如在曝气装置下游，溶解氧的浓度从高到低变化。正是氧化沟的这种独特的流态，有利于活性污泥的生物凝聚作用。而且可以将其划分为富氧区、缺氧区，用来进行硝化和反硝化，实现脱氮。

B　生物膜法

生物膜法是与活性污泥法并列的一类污水好氧生物处理技术。微生物附着在滤料或填料的表面形成生物膜，图5-16是生物膜的基本结构。

污水流过生物膜生长成熟的滤料时，污水中的有机污染物被生物膜中的微生物吸附、降解，从而使污水得到净化。同时微生物也得到增殖，生物膜随之增厚。当生物膜增长到一定厚度时，向生物膜内部扩散的氧受到限制，其表面仍是好氧状态，而内层则会呈缺氧甚至厌氧状态，有机污染物的降解主要在好氧层内进行。当厌氧层超过一定厚度时，内层的微生物因得不到充足的营养进入内源代谢，减弱了生物膜在滤料上的附着力，并最终导致生物膜的脱落。随后，滤料表面还会继续生长新的生物膜，周而复始，使污水得到净化。

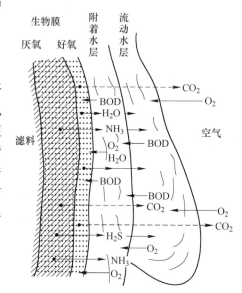

图5-16　生物膜的基本结构

生物膜法有多种工艺形式，包括生物滤池、生物转盘、生物接触氧化以及生物流化床等。

a　生物滤池

生物滤池是生物膜法处理污水的传统工艺，如图5-17所示，其构造由池体、滤料、布水设备和排水系统等部分组成。

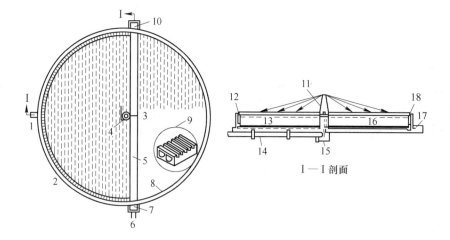

图5-17　生物滤池

1，14—进水管；2，12—通风管；3，16—集水沟的栅盖；4，15—布水器支座；5—集水沟；6—出水管；
7，10，17—窑井；8—通风沟；9—排水假底；11—布水器；13—排水假底；18—滤床

池体多为圆形或多边形，一般为混凝土或砖混结构，起围护滤料的作用；滤料早期以碎石等实心拳状滤料为主，塑料工业快速发展后广泛采用聚氯乙烯、聚苯乙烯、聚丙烯等塑料滤料，是生物膜赖以生长的基础。布水设备分固定布水器和旋转布水器两类，作用是

将污水均匀地布洒在滤料上，旋转布水器如图 5-17 所示。排水系统位于滤床的底部，由渗水顶板、集水沟和排水渠组成，作用除了收集和排出出水外，还用于保证良好的通风。

　　b　生物转盘

　　生物转盘是在生物滤池的基础上发展起来的，如图 5-18 所示，由一系列平行的圆形盘片、转轴与驱动装置、接触反应槽等组成。

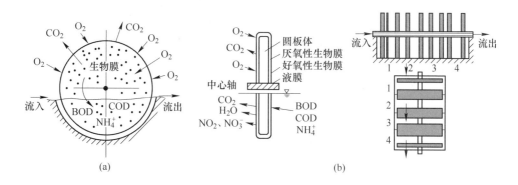

图 5-18　生物转盘
（a）侧面；（b）断面

　　盘片是生物膜的载体，要求质轻、薄、强度高、耐腐蚀，常用材料有聚丙烯、聚乙烯、聚氯乙烯、聚苯乙烯及玻璃钢等，一般厚度为 0.5～1.0cm，直径为 2.0～3.5m；盘片垂直固定在转动中心轴上，系统要求盘片总面积较大时，可分组安装，一组称一级，串联运动。接触反应槽用钢板或钢筋混凝土制成，横断面呈半圆形或梯形；直径略大于转盘，转盘外缘与槽壁之间的间距一般为 20～40cm；槽内水位一般达到转盘直径的 40%，超高为 20～30cm。工作时，污水流过接触反应槽，电动机带动转轴及固定与其上的盘片一起转动，附着在盘片上的生物膜与大气和污水接替接触，浸没时吸附污水中的有机物，敞露时吸收大气中的氧气。

　　c　生物接触氧化

　　生物接触氧化，又称为浸没式曝气生物滤池，是介于活性污泥法与生物滤池之间的生物膜法处理工艺。如图 5-19 所示，由池体、填料、布水系统和曝气系统等组成。

　　池体用于设置填料、布水系统、曝气系统和支承填料的支架，为钢结构或钢筋混凝土结构。填料是生物膜的载体，常用聚氯乙烯、聚丙烯、环氧玻璃钢等制成的蜂窝状或波纹板状填料，纤维组合填料，立体弹性填料等。

　　根据曝气装置与填料的相对位置可以分为三种：（1）填料布置在池子两侧，从底部进水，曝气设置在池子中心，称为中心曝气，见图 5-19（a）；（2）填料布置在池子一侧，上部进水，从另一侧底部曝气，称为侧面曝气，见图 5-19（b）；（3）曝气装置直接安置在填料底部，填料和曝气装置均采用全池布置，底部进水，称为全池曝气。其中全池曝气是目前最常用的形式。

　　d　生物流化床

　　生物流化床是以相对密度大于 1 的细小惰性颗粒，如砂、焦炭、陶粒、活性炭等为载体；反应器内的上升流速很高，可使载体处于流化状态，其生物浓度很高，传质效率也很

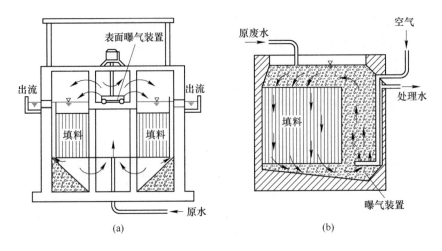

图 5-19　生物接触氧化池

（a）中心曝气；（b）侧面曝气

高，是一种高效生物反应器。反应器体积和占地面积较上述方法均有显著的减少。

生物流化床反应器一般呈圆柱状，根据供氧、脱氧和床体结构的不同，可以分为两种：一种是两相生物流化床，充氧设备和脱膜设备设置在流化床体外，如图 5-20（a）所示；另一种是三相生物流化床，不另设充氧设备和脱膜设备，气、液、固三相直接在流化床内进行生化反应，如图 5-20（b）所示。

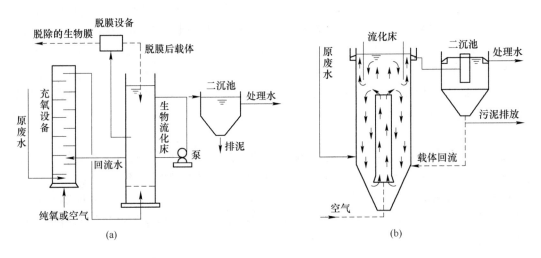

图 5-20　生物流化床

（a）两相生物流化床；（b）三相生物流化床

5.3.6.2　厌氧生物处理法

厌氧生物处理法是在没有分子氧及化合态氧存在的条件下，利用兼性微生物和厌氧微生物降解水中的有机污染物，使其稳定化、无害化的污水处理方法。在这个过程中，有机物的转化分为三部分：一部分被氧化分解为简单无机物，一部分转化为甲烷，剩下少量有机物则被转化、合成为新的细胞物质。与好氧生物处理法相比，用于合成细胞物质的有机物较少，因而厌氧生物处理法的污泥增长率要小得多。

污水中有机物的厌氧分解过程较复杂，一般认为分三个阶段进行，图 5-21 为厌氧生物处理过程示意图。

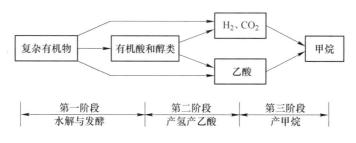

图 5-21 三阶段厌氧生物处理过程示意图

第一阶段为水解发酵阶段。在该阶段，复杂的有机物在厌氧菌胞外酶的作用下，首先被分解成简单的有机物，如纤维素经水解转化成较简单的糖类；蛋白质转化成较简单的氨基酸；脂肪类转化成脂肪酸和甘油等。继而这些简单的有机物在产酸菌的作用下，经过厌氧发酵和氧化转化成乙酸、丙酸、丁酸等脂肪酸和醇类等。参与这个阶段的水解发酵菌主要是厌氧菌和兼性厌氧菌。

第二阶段为产氢产乙酸阶段。在该阶段，产氢产乙酸菌把除乙酸、甲酸、甲醇以外的第一阶段产生的中间产物，如丙酸、丁酸等脂肪酸和醇类等转化成乙酸和 H_2，并伴有 CO_2 产生。

第三阶段为产甲烷阶段。在该阶段中，产甲烷菌把第一阶段和第二阶段产生的乙酸、H_2 和 CO_2 等转化为甲烷。

厌氧生物处理法具有处理过程消耗的能量少、有机物的去除率高，沉淀的污泥少且易脱水、可杀死病原菌、不需投加氮、磷等营养物质等优点，近年来日益受到人们的关注。它不但可用于处理高浓度和中浓度的有机污水，还可以用于低浓度有机污水的处理。其不足之处主要在于厌氧菌繁殖速率较慢，对环境条件要求严格等。且在厌氧分解过程中，由于缺乏氧作为氢受体，对有机物分解不彻底，代谢产物中包括了众多的简单有机物。因而采取厌氧生物处理法处理的出水中含有较多有机物，水质较差，需进一步用好氧生物处理法处理。

厌氧生物处理法的处理工艺和设备主要有厌氧接触法、厌氧生物滤池、厌氧膨胀和厌氧流化床、厌氧生物转盘以及上流式厌氧污泥床反应器等。

A 厌氧接触法

厌氧接触法是受活性污泥系统的启示而开发的，其流程如图 5-22 所示。污水与回流污泥的混合液进入混合接触池，然后经真空脱气器进入沉淀池实现污泥和水的分离。其优点是，由于污泥回流，接触池内维持较高的污泥浓度，大大降低水力停留时间，并提高耐冲击负荷能力。缺点是接触池排出的混合液中的污泥上附着大量气泡，在沉淀池易于上浮到水面。

B 厌氧生物滤池

厌氧生物滤池是在密封的池体内装填滤料，如图 5-23 所示。生物膜在滤料表面上附

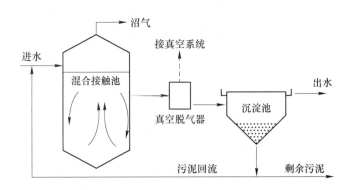

图 5-22　厌氧接触法

着生长，污水淹没地通过滤料，在生物膜的作用及滤料的截留作用下，污水中的有机物被去除。产生的沼气收集在池顶，并从上部导出。

　　C　厌氧膨胀床和厌氧流化床

　　厌氧膨胀床和厌氧流化床的定义，目前尚无定论，一般认为膨胀率为 10% ～20% 称为膨胀床；膨胀率为 20% ～70% 时，称为流化床。如图 5-24 所示，在密封的反应器内充填细小的固体颗粒填料，如石英砂、无烟煤、活性炭、陶粒和沸石等。污水从底部流入，使填料层膨胀，反应产生的沼气从上部导出。

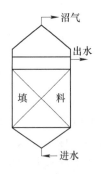

图 5-23　厌氧生物滤池图

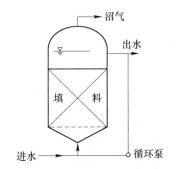

图 5-24　厌氧膨胀床和厌氧流化床

　　D　厌氧生物转盘

　　与好氧生物转盘类似，差别在于为了收集沼气和防止液面上的空间存氧，反应槽的上部加盖密封，且盘片全部浸没在污水中。盘片分为固定盘片和转动盘片两种，两种盘片间隔排列，转动盘片串联垂直安装在转轴上，如图 5-25 所示。污水处理由盘片表面上附着的生物膜和反应槽内悬浮的厌氧活性污泥共同完成，产生的沼气从反应槽顶部排出。

　　E　上流式厌氧污泥床反应器（UASB）

　　上流式厌氧污泥床反应器是集生物反应与沉淀于一体的结构紧凑的生物反应器，由进水配水系统、反应区、三相分离器、集气罩和出水系统几部分组成，如图 5-26 所示。污水由反应器底部进入，经配水系统均匀分配到反应器整个横断面，并均匀上升；反应区包括颗粒污泥区和悬浮污泥区，污水从底部进入后先和高浓度的颗粒污泥接触，污泥中的微

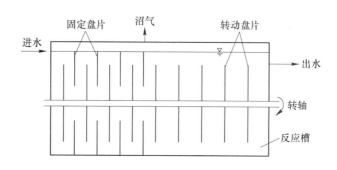

图 5-25 厌氧生物转盘

生物在分解有机物的同时产生微小的沼气气泡，在颗粒污泥区的上部因沼气搅动作用形成悬浮污泥层；在反应器的上部，水、污泥、沼气的混合物经三相分离器分离，沼气进入顶部集气罩，污泥沉淀经回流缝回流到反应区，澄清的水经排水系统收集后排出反应罩。

5.3.6.3 自然生物处理法

主要利用水体或土壤的自净作用来净化污水的方法称为自然生物处理法，包括稳定塘和污水的土地处理两大类，对面源污染和农村污水的治理有一定的优越性。

稳定塘，又称氧化塘，是一种比较古老的污水处理技术。污水在塘中的净化过程与自然水体的自净过程相近，除了个别类型如曝气塘外，一般不采取实质性的人工强化措施。利用经过人工适当修正的土地，如设围堤和防渗层的池塘，污水在塘中停留一段时间，利用藻类的光合作用产生氧，以及从

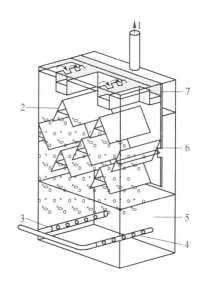

图 5-26 上流式厌氧污泥床反应器
1—沼气；2—集气罩；3—进水；4—进水配水系统；5—反应区；6—三相分离器；7—出水系统

空气溶解的氧，以微生物为主的生物对污水中的有机物进行生物降解。根据塘中水微生物优势群体类型和塘中水溶解氧的状况不同，分为好氧塘、兼性塘、厌氧塘和降气塘。

污水的土地处理是将污水投配在土地上，利用土壤—植物—微生物构成的生态系统中土壤的过滤、截留、物理和化学吸附、化学分解、生物氧化，以及微生物和植物的吸收等作用来净化污水，其净化过程与土壤的自净过程相似。根据系统中水流运动的速率和流动轨迹的不同，污水的土地处理有慢速渗滤、快速渗滤、地表漫流和地下渗滤四类。

5.4 水 资 源 化

5.4.1 提高水资源的利用率

提高水资源利用率不但可以增加水资源，而且可以减少污水排放量，减轻水体污染。

主要措施如下:

(1) 降低工业用水量,提高水的重复利用率。采用清洁生产工艺提高工业用水重复率,争取少用水。通过发展建设,我国工业水重复使用率已有了较大地发展,但与发达国家相比,还有较大差距。进一步加强工业节水,提高用水效率,是缓解我国水资源供需矛盾,实现社会与经济可持续发展的必由之路。

(2) 减少农业用水,实施科学灌溉。全世界用水的70%为农业的灌溉用水,而只有37%的灌溉用水用于农作物生长,其余63%浪费。因此,改革灌溉方法是提高用水效率的最大潜力所在。改变传统的灌溉方式,采用喷灌、滴灌和微灌技术,可大量减少农业用水。

(3) 提高城市生活用水利用率,回收利用城市污水。我国城市自来水管网的跑、冒、滴、漏损失至少达城市总生活用水量的20%,家庭用水浪费现象普遍,通过节水措施可以减少无效或低效耗水。对于现代城市家庭,厕所冲洗水和洗浴水一般占家庭生活用水总量的2/3。厕所冲洗节水方式有两种:一种是中水回用系统,利用再生水冲洗;另一种选用节水型抽水马桶,比传统型抽水马桶节省用水2倍左右。采用节水型淋浴头,可以节约大量洗浴用水。

5.4.2　调节水源量、开发新水源

人们通过调节水源量、开发新水源的方式,缓解水资源紧张的局面。可采取的措施如下:

(1) 建造水库,调节流量。可使丰水期补充枯水期不足水量,还可以有防洪、发电、发展水产等多种用途,但必须注意建库对流域和水库周围生态系统的影响。

(2) 跨流域调水。跨流域调水是一项耗资巨大的供水工程,即从丰水区流域向缺水流域调水。由于其耗资大,对环境破坏严重,许多国家已不再进行大规模流域调水。

(3) 地下蓄水即是人工补充地下水,解决枯水季节的供水问题。已有20多个国家在积极筹划,在美国加利福尼亚每年就有25亿立方米水储存地下,荷兰每年增加含水层储量200万~300万立方米。

(4) 海水淡化可以解决海滨城市淡水紧缺问题。目前,世界海水淡化的总能力为2.7km^3/a,占全球用水量的0.1%,沙特阿拉伯、伊朗等国家海水淡化设备能力占世界的60%。

(5) 恢复河水、湖水水质,采用系统分析的方法,研究水体自净、污水处理规模、污水处理效率与水质目标及其费用之间的相互关系。应用水质模拟预测及评价技术,寻求优化治理方案,制定水污染控制规划,恢复河水、湖水水质,增加淡水供应。

5.4.3　加强水资源管理

通过水资源管理机构,制定合理利用水资源和防止污染的法规;采用经济杠杆,降低水浪费,提高水利用率。强化水资源的统一管理,实现水资源的可持续利用,建立节水防污型社会,促进资源与社会经济、生态环境协调发展。

复习思考题

5-1　什么是水体污染？造成水体污染的物质主要有哪些？

5-2　水污染控制的方法可分为哪几种类型？

5-3　什么是水体自净？需氧有机物在水中如何降解？

5-4　水污染防治的原则是什么？

5-5　污水的处理技术有哪些？

6 土壤污染及其防治

6.1 概　　述

6.1.1 土壤的基本结构及特性

土壤是指位于地球陆地表面和浅水域底部的具有一定肥力且能生长植物的疏松层位。它是由岩石风化和成土过程等因素长期作用的产物。作为一种重要的自然环境要素，土壤不仅为植物提供必需的水分和营养物质，而且也为地球上的动物和人类提供赖以生存的栖息场所。土壤位于大气圈、水圈、生物圈、岩石圈和智慧圈之间的交叉地带，是联系有机界和无机界的中心环节，也是联系各环境要素的纽带，因而土壤系统成为自然要素中物质和能量迁移转化最复杂而又频繁的场所。

6.1.1.1 土壤的结构与组成

A　土壤的剖面构型

自然界的土壤是一个在时间上处于动态、在空间上具有垂直和水平方向变异的三维连续体。土壤环境自地面垂直向下，是由一些不同形态特征的层次（土壤发生层）构成的，该土壤垂直断面称为土壤剖面构型。它是土壤最重要的形态特征，不同的土壤类型有着不同的剖面构型。依据土壤剖面中物质迁移转化和累积的特点，一个发育完整的典型土壤剖面自上而下由 A、B、C 等层位构成，其中，A 层（表土层，又称腐殖质表层）是有机质的积聚层和物质淋溶层；B 层（心土层或称淀积层）是由 A 层向下淋溶物质所形成的淀积层或聚积层，其淀积物质随气候和地形条件的不同而异，如在热带、亚热带湿润条件下堆积物以氧化铁和氧化铝为主，在温带湿润区以黏粒为主，在温带半干旱区则以碳酸钙、石膏为主，在地下水较浅的区域则以铁锰氧化物为主。A 层、B 层合称为土体层。土体层的下部则逐渐过渡到轻微风化的地质沉积层或基岩层，土壤学上称之为母质层（即 C 层）或母岩层（D 层）。上述各土层的物质组成及性质均存在很大差异，在垂向上构成了一个复杂的非均匀物质体系。

B　土壤的组成

土壤是一个复杂的多相物质体系，包括固、液、气三相，且疏松多孔。土壤的固相部分包括土壤矿物质和土壤有机质。其中，矿物质占土壤固体总重的 90% 以上，一般可耕性土壤中有机质占土壤固体总重的 5% 左右，且绝大部分集中土壤表层（即 A 层）。土壤液相指土壤中的水分及水溶物。土壤气相是指土壤孔隙中存在的多种气体的混合物。

按容积计，较理想的土壤中矿物质成分占 38%～45%，有机质占 2%～5%，土壤孔隙约占 50% 左右，土壤溶液和空气存在于土壤孔隙内，三相之间经常变动而相互消长。此外，土壤中还有数量众多的微生物和土壤动物等。

（1）土壤矿物质。土壤矿物质又称土壤无机物，主要来自成土母质，是土壤的主要组成物质。土壤矿物质构成了土壤的"骨骼"，它对土壤的矿质元素含量、土壤的结构、性质和功能影响甚大。按照成因可将土壤矿物质分为原生矿物质和次生矿物质两大类。原生矿物质是由各种岩石受到不同程度的物理风化而未经化学风化的碎屑物，是土壤中各种化学元素的最初来源，原生矿物质可向土壤中的水分供给可溶性成分，并为植物生长发育提供矿质营养元素，如磷、钾、硫、钙、镁和其他微量元素。原生矿物质主要包括硅酸盐和铝硅酸盐类、氧化物类、硫化物磷酸盐类等；次生矿物质则指岩石化学风化和成土过程中新形成的矿物。次生矿物质颗粒细小，具有胶体特性，是土壤颗粒中性质最为活跃的部分，土壤的黏结性、膨胀性、吸收性、保蓄性等性质都与其关系密切。土壤中次生矿物质主要包括各种矿物盐类、铁铝氧化物类以及次生黏土矿物类。次生黏土矿物如伊利石类、蒙脱石类、高岭石类等都是土壤环境矿物质组成中重要的矿物成分。

（2）土壤有机质。土壤有机质是土壤中有机化合物的总称，它是土壤重要的组成成分和土壤肥力的物质基础，也是土壤形成发育的主要标志。土壤有机质主要包括腐殖质、糖类、木质素、有机氮、脂肪、有机磷等，其中腐殖质是土壤有机质的主要成分，约占有机质总量的50%~65%（质量分数），是土壤微生物利用动植物残体及其分解产物重新合成的一类高分子有机化合物，也是土壤特有的有机物。

（3）土壤液相。土壤中的液相（溶液）主要来自大气降水和灌溉。在地下水位较浅的情况下，地下水也是上层土壤水分的重要来源。此外，空气中水蒸气冷凝也会成为土壤水分。土壤水分并非纯水，而是土壤中各种成分溶解形成的复杂溶液，含有 K^+、Ca^{2+}、Mg^{2+}、Na^+、Cl^-、NO_3^-、SO_4^{2-}、HCO_3^- 等离子以及有机物，同时各种有机、无机污染物也可能存在于土壤液相中。土壤液相既是植物养分的主要媒介，也是进入土壤中的污染物向其他环境要素（大气、水、生物）迁移的媒介。

（4）土壤气相。土壤液相和气相均存在于土壤孔隙中，土壤气相（空气）只有不足10%的充气毛细孔隙是与大气隔绝的，其余的均与大气相连通。因此，土壤气相成分主要来自大气，组成与大气基本相似，但又存在着明显的差异。土壤气相中 CO_2 含量远比大气中的含量高。大气中 CO_2 含量为 0.02%~0.03%（体积分数），而土壤中一般为0.15%~0.65%（体积分数），甚至高达5%（体积分数），这主要是来自生物呼吸及各种有机质分解。土壤中 O_2 含量则低于大气，这是由于土壤中耗氧细菌的代谢、植物根系的呼吸及种子发芽等因素所致。另外，土壤气相中的水蒸气含量一般比大气高得多，并含有少量的还原性气体，如 H_2S、H_2、NH_3、CH_4 等，这是由于土壤中生物化学作用的结果。一些醇类、酸类以及其他挥发性物质也通过挥发进入土壤。如果是被污染的土壤，土壤空气中还可能存在某些污染物。最后，土壤气相是不连续的，存在于相互隔离的孔隙中，这导致土壤气相的成分在土壤各处均不相同。

C　土壤的机械组成与结构

自然界的土壤都是由大小不同的矿物颗粒按照不同的比例组合而成。土壤中各矿物颗粒粒级（石粒、砂粒、粉粒和黏粒）所占的相对比例或质量分数叫做土壤矿物质的机械组成，也称土壤质地。不同土壤的机械组成各不相同，根据土壤中各粒级的比例组成可将土壤分为砂土、壤土、黏壤土和黏土等四种不同的质地。但实际上，土壤中矿物颗粒并不都呈单颗粒形式存在，除砂粒和部分粗颗粒以外，大都是互相聚合在一起，形成较大的复粒或团聚体颗粒。土壤内部空间也并没有完全被土壤颗粒所填满，而是存在很多形状、大小各不相同的孔隙。自然状态下，土壤的总孔隙度在50%左右。一般把土壤颗粒（包括单独颗粒、复粒合团聚体）的空间排列方式、稳定程度、孔隙的分布和结合的状况称为土壤结构。良好的土壤结构往往具有通气、保水、保肥等特点，有利于植物根系的活动。土壤结构和机械组成，决定了土壤的孔隙状况，从而成为影响土壤水分、温度状况的主要因素。

总之，土壤环境是一个复杂多变的环境要素，土壤环境不仅是由多相物质、多土层组成的非均匀疏松多孔体系，而且在土壤环境内部及其与其他环境要素之间都存在着复杂的物质和能量的迁移和转化。

6.1.1.2　土壤的特性

土壤作为人类社会赖以生存和发展的重要自然资源，其最大特性之一就是具有肥力。所谓土壤肥力就是指土壤具有连续不断地供应植物生长所需要的水分和营养元素，以及协调土壤空气和温度等环境条件的能力。按照土壤肥力产生的原因可将其分为自然肥力和人工肥力（或经济肥力）。土壤的自然肥力是在自然成土因素（如生物、气候、母岩或母质、地形地貌、水文和时间）的共同作用下，由自然成土过程形成的；而人工肥力则是在人为活动（如种植、耕作、施肥、灌溉和改良土壤措施等）影响下产生的。对于农业土壤而言，土壤所表现出的肥力水平，实际是自然肥力和人工肥力的综合体现。土壤肥力在合理利用的情况下，是可以维护、更新和不断提高的。因此，土壤属于可更新（或再生性）自然资源。

此外，土壤还具有同化和代谢外界输入物质的能力，亦即土壤具有净化能力。它能够消纳一部分污染物质，减少其对土壤环境的污染。

6.1.2　土壤环境元素背景值和土壤环境容量

6.1.2.1　土壤环境元素背景值

土壤环境元素背景值或简称土壤环境背景值，是指在未受或少受人类活动（特别是人为污染）影响时的土壤环境本身的化学元素组成及元素的自然含量。土壤环境背景值是在自然成土因素综合作用下成土过程的产物。因此，它不仅是自然成土因素，也是土壤形成过程的函数。因而无论是空间上的区域差异，或是在时间上处于不同形成发育阶段的不同土壤类型的土壤环境背景值的变异都很大，故土壤环境背景值是统计性的范围值、平均值或中位值，而不是简单的一个确定值。通常以一个国家或地区的土壤中某化学元素的平均含量为背景，与污染区土壤中同一元素的平均含量进行对比。需要指出的是，目前在全球已难于找到绝对不受人类活动影响的地区和土壤，因而，现在所获得的土壤环境背景值，仅代表远离污染源的、尽可能少受人类活动污染影响的具有相对意义的一个数值。尽管如此，土壤环境背景值仍然是我们研究土壤环境污染和土壤生态，进行土壤环境质量评价和管理，确定土壤环境容量、制定土壤环境标准，以及研究污染元素和化合物在土壤中化学行为的重要参考标准（或本底值）和依据。

6.1.2.2　土壤环境容量

土壤环境容量是指土壤环境单元所容纳的污染物质的最大数量或负荷量。土壤环境容量是以土壤容纳污染物后不致使生态环境遭到破坏、特别是其生产的农产品不被污染为依据而确定的。土壤环境容量具有以下特点：

（1）具有限制性，即土壤接纳污染物的数量或负荷量不能超过自身的自净能力，超过就会造成土壤污染且失去自调控能力。

（2）与土壤理化性密切相关，即土壤环境容量大小主要由土壤理化性质决定。

（3）种类相关性，即土壤环境容量大小与污染物种类有关。

（4）动态变化性，即一般的自然土壤环境容量具有动态变化性，不是一成不变的。

综上所述，土壤环境元素背景值和土壤环境容量都是评价土壤环境质量和治理土壤污染的重要参数，对评价土壤污染及其防治具有重要指导意义。

6.2 土壤环境污染及其防治

6.2.1 土壤环境污染及其影响因素

6.2.1.1 土壤污染的特点

土壤环境污染又称土壤污染，是指人类活动或自然因素产生的污染物，通过多种不同的途径进入土壤环境中，其数量和速度超过了土壤的容纳、净化能力，导致土壤性状发生改变，土壤环境质量下降，影响作物的正常生长发育和产品质量，并进而对人畜健康造成危害的现象。

从上述定义不难看出，土壤环境污染不仅指污染物含量的增加，还要造成一定的不良后果，才能称之为污染。因此，评价土壤污染时，既要考虑土壤的环境背景值，还要考虑作物中有害物质的含量、生物反应和对人畜健康的影响。有时污染物含量虽然超过背景值，但并未影响作物正常生长，也未在作物体内积累；有时土壤污染物含量虽然较低，但由于某种作物对某些污染物的富集能力特别强，反而会使作物体内的污染物达到了污染程度。

土壤污染与水污染不同，其污染往往是无声无息的，无法通过气味和颜色由感官来加以识别，因而在很多情况下人们已深受其害却浑然不觉。土壤污染具有以下特点：

（1）隐蔽性和滞后性。土壤污染是污染物在土壤中长期积累的过程，一般要通过对土壤样品和农作物进行分析化验和质量监测，并对摄食的人或动物进行健康检查才能揭示出来，土壤从产生污染到其危害被发现具有一定的隐蔽性和滞后性，不像大气和水污染那样易为人们所察觉。

（2）累积性和地域性。污染物在土壤中的扩散与稀释并不像在水体及大气中那样便捷，因而容易不断积累而达到很高的浓度，并且是土壤污染具有很强的地域性特点。

（3）不可逆性。污染物进入土壤环境后，便与复杂的土壤组成物质发生一系列的迁移转化作用，很多污染作用为不可逆的过程，污染物最终大多形成难溶化合物沉积在土壤中，很难通过自然过程从土壤环境中稀释或消除，对生物体的危害和对土壤生态系统的影响不易恢复。

（4）治理难且周期长。土壤一旦被污染，即使切断污染源也很难自我修复，必须采取各种有效的治理技术才能消除污染。从现有的各种土壤污染治理方法来看，普遍存在着治理成本较高或治理周期过长等不足。

6.2.1.2 土壤污染物的种类

根据土壤污染物的化学性质，可将其划分为以下几个类别：

（1）化学型。化学型污染物包括有机污染物和无机污染物。有机污染物主要是指农药（如有机氯类、有机磷类、苯氧羟酸和苯酰胺类）、化肥、酚、氰化物、3，4苯并芘、石油、有机洗涤剂、塑料薄膜等；无机污染物包括重金属（Pb、Cd、Hg、Cu、Zn、Ni、As、Se）、酸、碱和盐类物质。

（2）生物型。生物型污染物指外源性有害生物种群侵入土壤环境，并大量繁殖，使土壤生态平衡遭到破坏，对土壤生态系统和人体健康造成不良影响。如，由于使用未经消毒处理的粪便、垃圾、城市污水和污泥等都有可能造成土壤生物污染。有些病原体还可以长期存活于土壤中危害植物，并最终影响植物产品的产量和质量。

（3）放射性污染型。系指人类活动排放出的放射性污染物，使土壤放射性水平高于自然本地值。如核试验产生的放射性物质的沉降、放射性废水的排放、放射性固体废物的土地处理、核电站或其他核设施的核泄漏（如切尔诺贝利核电站泄漏事故）等都有可能造成土壤的放射性污染。

6.2.1.3 土壤污染的类型

根据土壤环境中主要污染物的来源和污染传播途径的不同，可将土壤污染划分为下列几种类型：

（1）水质污染型。主要是工业废水、城市生活污水和受污染的地表水体，经由污灌而造成的土壤污染。在日本，由受污染地表水体所造成的土壤污染曾占土壤污染总面积的80%左右。其特点是污染物集中于土壤表层，但随着污灌时间的延长，某些可溶性污染物可由表层逐渐向心土层、底土层扩展，甚至通过渗透到达地下潜水层。这是土壤环境污染的最重要类型，它的特点是污染土壤一般沿河流、灌溉干、支渠呈树枝状或片状分布。

（2）大气污染型。大气污染物通过干、湿沉降过程污染土壤。如大气气溶胶中的重金属、放射性元素、酸性物质等土壤的污染作用。其特点是污染土壤以大气污染源为中心呈扇形、椭圆形或条带状分布，长轴沿主导风向伸长，其污染面积和扩散距离，取决于污染物的性质、排放量和排放形式。例如，西欧和中欧工业区采用高烟囱排放，SO_2 等酸性物质可扩散到北欧斯堪的纳维亚半岛，使该地区土壤酸化；而汽车尾气是低空排放，只对公路两边的土壤产生污染危害。大气型土壤污染物主要集中于土壤表层（0～5cm）。

（3）固体废物污染型。固体废物主要包括工矿业废弃物（如废渣、煤矸石、粉煤灰等）、城市生活垃圾和污泥等。固体废物的堆积、掩埋、处理不仅直接占用大量耕地，而且通过大气迁移、扩散、沉降或降水淋溶、地表径流等污染周边土壤。其污染特点属点源型，其污染物的种类和性质都比较复杂，主要造成土壤环境的重金属污染及油类和某些有毒有害有机物的污染。随着工业化和城市化的发展，该型污染有日渐扩大之势。

（4）农业污染型。是指由于农业生产的需要而不断地施用化肥、农药、城市垃圾堆肥、污泥等所引起的土壤环境污染。主要污染物为化学农药、重金属以及 N、P 富营养化污染物等。污染物主要集中于耕作表层，其分布较为广泛，属于面源污染。

（5）生物污染型。是指由于向农田施用垃圾、污泥、粪便或引入医院、屠宰场废水及生活污水未经过消毒灭菌，从而使土壤环境遭受病原菌等微生物的污染。

（6）综合污染型。土壤污染往往是由多个污染源和多条污染途径同时造成的，对于同一区域受污染的土壤，其污染源可能同时来自受污染的地表水体、大气，甚至同时还要遭受固体废弃物、农药、化肥的污染。因此，土壤污染往往是综合污染型的。但对于一个地区或区域的土壤来说，可能是以一种或两种污染类型为主。

6.2.1.4　土壤环境污染的影响因素

（1）土壤环境污染的发生与发展，决定于人类从事生产活动过程中所排放的"三废"及在日常生活活动中排放出的废弃物总量。随着全球人口数量的增长和工业的发展，人类向自然界索取的物质越来越多，同时排放出的废弃物，尤其是工业领域产生的废水、废气、废渣日益增多。我国当前正处于经济迅速发展时期，但相对而言，我国的能源、资源利用率较低，生产技术水平不高，污染治理技术落后和投入不足，对土壤环境污染的影响更为突出。

（2）土壤环境污染的发生与发展还与当地的灌溉、施肥制度、农药施用方式及城市生活垃圾、污泥施用过程中是否按规定的标准和方法进行有关。不恰当的灌溉与施药、施肥制度，不正确地施用农药、污泥、垃圾等是造成土壤环境污染的又一重要因素。

（3）由于不同污染物在土壤环境中的迁移、转化、降解、残留的规律不同，因此，对土壤环境造成的威胁与危害程度也会不同。所以，土壤环境污染的发生与发展，还取决于污染物的种类及性质。在诸多土壤环境污染物中，直接或潜在威胁最大的是重金属元素和某些化学农药。

（4）土壤环境污染的发生与发展，还受到土壤类型和性质以及土壤生物、栽培作物种类等因素的影响。不同的土壤类型，由于其组成、结构、性质的差异，对同一污染物的缓冲与净化能力就会有所差别。此外，不同的土壤生物种群和栽培作物，对污染物的降解、吸收、残留、积累等均有差异。因此，即使污染物的输入量相同，土壤环境污染的发生与发展速度也有差异。

6.2.2　我国土壤污染现状及危害

6.2.2.1　我国土壤污染现状

A　总体污染情况

根据2014年4月17日环境保护部和国土资源部联合发布的首次全国土壤污染状况调查结果，我国目前的土壤污染状况严重，全国土壤环境状况总体不容乐观，部分地区土壤污染较重，耕地土壤环境质量堪忧，工矿业废弃地土壤环境问题突出。工矿业、农业等人为活动以及土壤环境背景值高是造成土壤污染或超标的主要原因。

据统计，全国土壤总的超标率为16.1%，其中轻微、轻度、中度和重度污染点位比例分别为11.2%、2.3%、1.5%和1.1%。污染类型以无机型为主，有机型次之，综合型污染比重较小，无机污染物超标点位数占全部超标点位的82.8%。

从污染分布情况看，南方土壤污染重于北方；长江三角洲、珠江三角洲、东北老工业基地等部分区域土壤污染问题较为突出，西南、中南地区土壤重金属超标范围较大；镉、汞、砷、铅4种无机污染物含量分布呈现从西北到东南、从东北到西南方向逐渐升高的态势。

B　污染物超标情况

a　无机污染物

镉、汞、砷、铜、铅、铬、锌、镍 8 种无机污染物点位超标率，分别为 7.0%、1.6%、2.7%、2.1%、1.5%、1.1%、0.9%、4.8%，详见表6-1。

表6-1　无机污染物超标情况

污染物类型	点位超标率/%	不同程度污染点位比例/%			
		轻微	轻度	中度	重度
镉	7.0	5.2	0.8	0.5	0.5
汞	1.6	1.2	0.2	0.1	0.1
砷	2.7	2.0	0.4	0.2	0.1
铜	2.1	1.6	0.3	0.15	0.05
铅	1.5	1.1	0.2	0.1	0.1
铬	1.1	0.9	0.15	0.04	0.01
锌	0.9	0.75	0.08	0.05	0.02
镍	4.8	3.9	0.5	0.3	0.1

b　有机污染物

六六六、滴滴涕、多环芳烃 3 类有机污染物点位超标率，分别为 0.5%、1.9%、1.4%，详见表6-2。

表6-2　有机污染物超标情况

污染物类型	点位超标率/%	不同程度污染点位比例/%			
		轻微	轻度	中度	重度
六六六	0.5	0.3	0.1	0.06	0.04
滴滴涕	1.9	1.1	0.3	0.25	0.25
多环芳烃	1.4	0.8	0.2	0.2	0.2

注：1. 表6-1、表6-2 中的点位超标率是指土壤超标点位的数量占调查点位总数量的比例；

　　2. 土壤污染程度分为 5 级：污染物含量未超过评价标准的为无污染；在 1 倍至 2 倍（含）之间的为轻微污染；2 倍至 3 倍（含）之间的为轻度污染；3 倍至 5 倍（含）之间的为中度污染；5 倍以上的为重度污染。

C　不同土地利用类型土壤的环境质量状况

（1）耕地。土壤点位超标率为 19.4%，其中，轻微、轻度、中度和重度污染点位所占比例分别为 13.7%、2.8%、1.8% 和 1.1%，主要污染物为镉、镍、铜、砷、汞、铅、滴滴涕和多环芳烃。

（2）林地。土壤点位超标率为 10.0%，其中，轻微、轻度、中度和重度污染点位所占比例分别为 5.9%、1.6%、1.2% 和 1.3%，主要污染物为砷、镉、六六六和滴滴涕。

（3）草地。土壤点位超标率为 10.4%，其中，轻微、轻度、中度和重度污染点位所占比例分别为 7.6%、1.2%、0.9% 和 0.7%，主要污染物为镍、镉和砷。

（4）未利用地。土壤点位超标率为 11.4%，其中，轻微、轻度、中度和重度污染点位所占比例分别为8.4%、1.1%、0.9%和1.0%，主要污染物为镍和镉。

D 典型地块及其周边土壤污染状况

a 重污染企业用地

在调查的690家重污染企业用地及周边的5846个土壤点位中，超标点位占36.3%，主要涉及黑色金属、有色金属、皮革制品、造纸、石油煤炭、化工医药、化纤橡塑、矿物制品、金属制品、电力等行业。

b 工业废弃地

在调查的81块工业废弃地的775个土壤点位中，超标点位占34.9%，主要污染物为锌、汞、铅、铬、砷和多环芳烃，主要涉及化工业、矿业、冶金业等行业。

c 工业园区

在调查的146家工业园区的2523个土壤点位中，超标点位占29.4%。其中，金属冶炼类工业园区及其周边土壤主要污染物为镉、铅、铜、砷和锌，化工类园区及周边土壤的主要污染物为多环芳烃。

d 固体废物集中处理处置场地

在调查的188处固体废物处理处置场地的1351个土壤点位中，超标点位占21.3%，以无机污染为主，垃圾焚烧和填埋场有机污染严重。

e 采油区

在调查的13个采油区的494个土壤点位中，超标点位占23.6%，主要污染物为石油烃和多环芳烃。

f 采矿区

在调查的70个矿区的1672个土壤点位中，超标点位占33.4%，主要污染物为镉、铅、砷和多环芳烃。有色金属矿区周边土壤镉、砷、铅等污染较为严重。

g 污水灌溉区

在调查的55个污水灌溉区中，有39个存在土壤污染。在1378个土壤点位中，超标点位占26.4%，主要污染物为镉、砷和多环芳烃。

h 干线公路两侧

在调查的267条干线公路两侧的1578个土壤点位中，超标点位占20.3%，主要污染物为铅、锌、砷和多环芳烃，一般集中在公路两侧150 m范围内。

6.2.2.2 土壤污染的危害

土壤污染会产生严重的后果，对环境和人体健康都是如此。受到污染的土壤，本身的物理、化学性质发生改变，如土壤板结、肥力下降、土壤被毒化等，还可以通过雨水淋溶，污染物从土壤传入地下水或地表水，造成水质的污染和恶化。受污染土壤上生长的生物，在吸收、积累和富集土壤污染物后，通过食物链进入人畜体内，对人畜健康造成影响和危害。

A 能够造成严重的经济损失

对于土壤污染所造成的各类经济损失，目前尚缺乏全面、系统的调查资料。仅以土壤重金属污染为例，据不完全统计，我国每年因重金属污染而减产粮食达1000多万吨，被重金属污染的粮食每年也多达1200万吨，所造成的直接经济损失高达200多亿元。

B 导致农产品产量和品质不断下降

土壤环境污染直接危害农作物的产量和质量。土壤被污染后，污染物通过植物的吸收作用进入其体内，并长期积累富集，当含量达到一定数量时，就会影响作物的产量和品质。据不完全调查，目前我国受污染的耕地面积已有约0.1亿公顷，许多地方粮食、蔬菜、水果等食物中的镉、铬、砷、铅等重金属含量超标或接近临界值。例如，江西省某县多达44%的耕地遭到重金属污染，形成670hm²的"镉米"区；东莞和顺德等地蔬菜重金属超标率达31%，水稻超标率高达83%。另外，土壤污染除影响食物的卫生品质外，还能显著影响到农作物的其他品质。部分地区的污水灌溉已使得蔬菜的味道变差，易烂，甚至出现难闻的异味；农产品的储藏品质和加工品质也无法满足深加工的需求。

C 严重危害人体健康

粮食、蔬菜水果及畜牧产品等人类的主要食物都直接或间接来自土壤，污染物在土壤环境的积累必然会引起食物的污染，并最终通过食物链进入人体，最终危害人体健康。如历史上的日本"骨痛病"事件，主要原因就是当地居民长期食用被镉污染的大米（即"镉米"）。

D 导致其他环境问题

土壤受到污染后，污染物在风力和水力等作用下能进入到大气和水体中，导致大气污染、地表水污染、地下水污染和生态系统退化等其他次生环境问题。如上海某污灌区的地下水中已检测出氟、汞、镉、砷等重金属；成都市郊的部分农村也因土壤污染而导致井水中汞、镉、酚、氰等污染物超标；北京市和天津市的大气扬尘中有一多半来源于地表，土壤扬尘中的污染物质通过呼吸作用进入人体。另外，被有机废弃物污染的土壤还容易腐败分解，散发出恶臭，污染空气。

6.2.3 重金属污染

6.2.3.1 重金属污染特征

土壤本身就含有一定量的重金属元素，其中很多是作物生长所需要的微量营养元素，如Mn、Cu、Zn等。因此，只有当进入土壤的重金属元素积累的浓度超过了作物的需要和可承受限度，从而表现出受毒害的症状或作物生长并未受害，但产品中某种重金属含量超过标准，造成对人畜的危害时，才能认为土壤被重金属污染。

土壤重金属污染是指由于人类活动将重金属加入到土壤中，致使土壤中重金属的累积量明显高于土壤环境背景值，并造成土壤环境质量下降和生态恶化的现象。重金属是指密度等于或大于$5.0g/cm^3$的金属，如Fe、Mn、Cu、Zn、Ni、Co、Hg、Cd、Pb、Cr等。As是一种准金属，但由于其化学性质和环境行为与重金属多有相似之处，故在讨论重金属时往往包括As，有的则直接将其包括在重金属范围内。由于土壤中Fe和Mn的含量较高，因而一般不认为它们是土壤污染元素，但在强还原条件下，Fe和Mn引起的毒害也应引起足够的重视。

土壤一旦遭受重金属污染就很难恢复。在环境污染研究中特别关注的重金属，主要是生物毒性较大的Hg、Cd、Pb、Cr以及准金属As，其中Hg的毒性最大，Cd次之，Pb、Cr、As也有相当的毒害。除此之外，还包括植物正常生长发育所需且对人体有一定生理功能的元素，如 Cu、Zn 等，这些元素在过量情况下有较大的生物毒性，妨碍植物生长发育，并可通过食物链给人畜健康带来威胁。

矿物加工、冶炼、电镀、塑料、电池、化工等行业是排放重金属的主要工业源，这些排放物以"三废"形式使得某些工厂周围的土壤中锌、铅含量甚至高达 3000mg/kg。而城市交通运输中汽车尾气排放、轮胎添加剂中的重金属元素也影响到土壤中重金属含量，成为城市重金属土壤污染的另一个主要来源。另外一方面，电子垃圾的污染危害越来越明显，电子垃圾（如计算机）的成分主要有铅、汞、铬、镍等几十种金属。目前电子垃圾的回收处理主要是一些小规模、家庭作坊式的私营企业，采用简单的手工拆卸、露天焚烧或直接酸洗等落后工艺技术，这就造成残余物等直接丢弃到田地、河流或水渠中，从而导致重金属污染环境。

随着全球经济的快速发展，含重金属的污染物通过各种途径大量进入土壤，造成土壤中相应重金属元素的富集。土壤污染不仅影响农产品的产量和品质，而且涉及大气和水环境质量，并可通过食物链危害动物和人类的生命和健康，也就是说，土壤污染影响到整个人类的生存环境的质量。在这样的形势下，土壤重金属污染问题成为环境和土壤学工作者的研究热点。

重金属污染具有以下特征：

（1）形态多变。大多数重金属元素处于元素周期表中的过渡区，具有多个价态和较高的化学活性，能参与多种反应和过程。随环境的 Eh、pH、配位体不同，常有不同的价态、化合态和结合态，而且形态不同的重金属稳定性和毒性也不同。

（2）重金属容易在生物体内积累。各种生物对重金属都有较强的富集能力，其富集系数有时可高达几十倍至几万倍，因此，即使微量重金属的存在也可能构成污染。有研究表明，若海水中含汞 0.0001mg/L，经浮游生物富集为 0.001～0.002mg/kg，食浮游生物的小鱼富集到 0.2～0.5mg/kg，最后大鱼吃小鱼富集到 1～5mg/kg，最终浓缩了 1 万～5 万倍。污染物经过食物链的放大作用，逐级在较高级的生物体内成千上万倍地富集起来，然后通过食物进入人体，在人体的某些器官中积累，造成慢性中毒，影响人体健康。

（3）重金属不能被降解而消除。尽管重金属能参与各种物理化学过程，如中和、沉淀、氧化还原、吸附、絮凝、凝聚等过程，但只能从一种形态转化为另一种形态，从甲地迁移到乙地，从浓度高的变成浓度低的等，无法将重金属从环境中彻底消除，这一点与有机污染物截然不同。

6.2.3.2 重金属的存在形态和迁移转化过程

A 重金属的主要存在形态

由于土壤环境物质组成复杂，且重金属化合物化学性质各异，土壤中重金属也是以多种形态存在。不同形态重金属的迁移转化过程不同，而且其生理活性和毒性均有差异。目前广泛使用的重金属形态分级方法是加拿大学者 Tessier 等于 1979 年提出的，他们根据不同浸提剂连续提取土壤的情况，将重金属形态分为：（1）水溶态（以去离子水提取）；（2）交换态或吸附交换态（以 1mol/L $MgCl_2$ 溶液为提取剂）；（3）碳酸盐结合态（以 1mol/L NaAc－HAc（pH 5.0）缓冲溶液为浸提剂）；（4）铁锰氧化物结合态（以 0.04mol/L 的 $NH_2OH \cdot HCl$ 溶液为浸提剂）；（5）有机结合态（以 0.02mol/L HNO_3 +30%

H_2O_2 溶液为浸提剂）；（6）残留态（以 $HClO_4$ – HF 消化，1∶1 HCl 浸提）。各种形态的重金属之间随着土壤或外界环境条件的改变可相互转化，并保持着动态平衡。其中，以水溶态和交换态重金属的迁移转化能力最高，其活性、毒性和对植物的有效性也最大，而残留态重金属的迁移转化能力、活性和毒性最小，其他形态的重金属介于其间。

B　土壤中重金属污染物的主要迁移转化过程

重金属在土壤中的物理、物理化学、化学和生物过程是影响其迁移转化的主要因素。物理迁移系指土壤溶液中的重金属离子或络合离子吸附于土壤矿物颗粒表面进行水迁移的过程，包括随土壤固体颗粒受风力作用进行机械搬运的风力迁移作用。物理化学过程则主要指土壤中重金属的吸附和解吸作用或吸附交换作用，也包括专性吸附作用。土壤中存在大量的无机、有机胶体，这些胶体对重金属的吸附能力强弱不一，如蒙脱石对重金属的吸附顺序为：$Pb^{2+} > Cu^{2+} > Ca^{2+} > Ba^{2+} > Mg^{2+} > Hg^{2+}$；高岭石对重金属的吸附顺序为：$Hg^{2+} > Cu^{2+} > Pb^{2+}$。化学过程则主要指重金属在土壤中的氧化、还原、中和、沉淀反应等。生物过程则包括动植物和微生物对土壤重金属的吸收及转化。

影响土壤吸附的因素有土壤胶体的种类、形态、pH 值、重金属离子的亲和力大小等。如不同矿物胶体对 Cu^{2+} 的吸附能力分别为：氧化锰（68300）>氧化铁（8010）>海络石（810）>伊利石（530）>蒙脱石（370）>高岭石（120）（括号内数字为最高吸附量，$\mu g/g$）。重金属离子在土壤溶液中的浓度在很大程度上受吸附所控制。

土壤有机质对重金属的作用较复杂，一方面土壤有机质既可与重金属进行络合 – 螯合反应；另一方面重金属也可为有机胶体所吸附。一般当重金属离子浓度较低时，以络合、螯合作用为主；而在高浓度时，则以吸附交换作用为主。实际上土壤有机胶体对重金属离子的吸附交换作用和络合、螯合作用是同时存在的。

土壤中重金属的化学迁移，即重金属的溶解和沉淀作用，实际上是重金属难溶电解质在土壤固相与液相之间的离子多相平衡。需根据溶度积一般原理，结合土壤环境介质 pH 和 Eh 等的变化，研究和了解它们的一般迁移规律，从而对其进行控制。

6.2.3.3　有毒重金属在土壤中的迁移转化

A　汞（Hg）

汞在世界土壤中含量的平均值是 0.1mg/kg，范围值 0.03 ~ 0.3mg/kg，我国土壤汞的背景值为 0.040mg/kg，范围值为 0.006 ~ 0.272mg/kg，贵州汞矿区周围的土壤含汞量在 9.6 ~ 155mg/kg 之间。

我国土壤汞背景值区域分异总的趋势是东南部大于东北部，东北部大于西部、西北部。石灰土、水稻土的汞背景值最高，石灰土偏高是受石灰岩土风化特性的影响所造成的，而水稻土偏高则主要是由于长期化肥、农药的施用、灌溉等农业生产活动带入了一部分汞元素进入到土壤中，增加了土壤汞含量。汞和土壤中有机质的亲和能力较强，土壤有机质表现为对汞元素的富集，因此，土壤有机质含量高的土壤，其汞背景值一般也相对较高。棕色针叶林土有机质含量高于灰色森林土，造成前者汞背景值要高于后者；褐土的有机质含量较低，其汞背景值也较低。

汞在岩石圈、水圈、大气圈和土壤圈之间不断进行迁移转化，构成一个大循环，如图 6-1 所示。

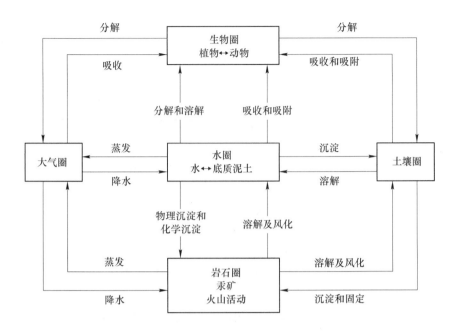

图 6-1 汞在岩石圈、水圈、大气圈、土壤圈之间的迁移转化

土壤中的汞可按其化学形态分为金属汞、无机化合态汞和有机化合态汞。土壤中金属汞的含量甚微，但很活泼。由于能以零价的状态存在，汞在土壤中可以挥发，而且随着土壤温度的增加，其挥发速度加快。无机化合态汞有 $Hg(OH)_2$、$HgCl_2$、$HgCl$、$HgSO_4$、$HgHPO_4$、HgO 和 HgS 等多种形式，其中 $HgCl_2$ 等具有较高的溶解度，易随水迁移。而对于那些溶解度较低的无机化合态汞，植物则难以吸收。有机化合态汞分为有机汞（如甲基汞、乙基汞等）和有机络合汞（富里酸结合态汞、胡敏酸结合态汞），植物能吸收有机汞，而被腐殖质络合的汞则较难被植物吸收利用。土壤中的甲基汞毒性大，易被植物吸收，通过食物链在生物体逐级富集，对生物和人体造成危害。

进入土壤的汞大部分能迅速被土壤吸附或固定，主要是被土壤中的黏土矿物和有机质强烈吸附。土壤中吸附的汞多累积在表层，并随土壤的深度增加而递减。这与表层土中有机质多，汞和有机质结合形成螯合物后不易向下层移动有关。

影响土壤中汞发生迁移的主要因素是土壤有机质含量、氧化还原条件、酸碱度等。Hg^+ 和 Hg^{2+} 之间可发生化学转化，$2Hg^+ = Hg^{2+} + Hg^0$，通过这个反应无机汞和有机汞都可以转化为金属汞。当土壤处于还原条件时，二价汞还可以被还原成零价的金属汞。而有机汞在有还原性有机物的参与下，也能变成金属汞。如果是嫌气条件，无机汞在某些微生物的作用下，或有甲基维生素 B_{12} 那样的化合物存在下，土壤中无机汞可转变为甲基汞或乙基汞化合物，土壤汞的可给量增大。相反，在氧化条件下，汞以稳定的形态存在，使土壤汞的可给量降低，迁移能力减弱。在酸性环境中，土壤系统中汞的溶解度增大，因而加速了汞在土壤中的迁移。而在偏碱性环境中，由于汞的溶解度降低，土壤中汞不易发生迁移而在原地沉积。除了上述因素外，土壤类型对汞的挥发有明显的影响，汞的损失率是砂土＞壤土＞黏土。

　　B　镉（Cd）

　　世界土壤中镉的含量大致在 0.01～0.7mg/kg，平均为 0.5mg/kg。我国土壤中镉含量 95% 置信区间为 0.017～0.232mg/kg，土壤镉的环境背景值为 0.079mg/kg。土壤镉含量受母质影响较大，一般发育于沉积岩母质上的土壤镉含量较高，火成岩母质上的土壤镉含量较低，变质岩母质居于其间。镉与锌化学性质相似，在自然界中常伴随出现于闪锌矿（ZnS）内。因此，土壤中镉来源于含闪锌矿的铜、铅矿的开采，冶炼过程中产生的废水、废气、尾矿和矿渣堆，以及电镀、颜料、塑料稳定剂、蓄电池生产的废水等。

　　镉在土壤环境中可以简单离子或络合离子形式存在于溶液中，主要为 Cd^{2+}、$CdCl^-$、$CdSO_4$。pH < 8 时，为简单离子；pH > 8 时，开始生成 $Cd(OH)^+$、$CdCl^+$，而 $CdCl^+$ 的生成，必须当 Cl^- 的浓度大于 31mg/kg 时才有可能。

　　土壤胶体对镉的吸附能力较强，因而土壤中吸附交换态镉所占比例较大。镉的吸附率与土壤胶体的种类和数量有关，一般腐殖质土 > 重壤质土 > 壤质土 > 砂质土。此外，碳酸钙对镉的吸附也非常强烈。土壤中难溶态镉，在旱地土壤中以 $CdCO_3$、$Cd_3(PO_4)_2$ 和 $Cd(OH)_2$ 形式存在，以 $CdCO_3$ 为主，水田土壤中则以 CdS 为主。

　　影响土壤中镉的赋存形态与迁移转化的因素，主要为土壤酸碱度、氧化还原条件和碳酸盐含量。土壤酸碱度可影响土壤中 $CdCO_3$ 的溶解和沉淀过程。当土壤酸度增强，不仅增加 $CdCO_3$、CdS 的溶解度，使水溶态的 Cd^{2+} 含量增大，同时还影响土壤胶体对 Cd 的吸附交换量。随 pH 值的下降，胶体对 Cd 的解吸率增加，当 pH 值为 4 时，解吸率大于 50%。土壤氧化还原条件的变化对 Cd 的形态转化的影响，主要表现在土壤形成还原环境时，镉以难溶性 CdS 为主；当形成氧化条件时，S^{2+} 可被氧化形成单质硫，并进一步氧化为硫酸，从而使土壤 pH 值下降，CdS 逐渐转化为 Cd^{2+}。研究表明，碳酸钙含量对 Cd 的形态转化有显著作用，在不含或少含 $CaCO_3$ 的土壤中，随 $CaCO_3$ 的含量增加，交换态镉的含量也随之增加，但当 $CaCO_3$ 含量大于 4.3% 时，对镉形态转化的影响则减弱。

　　土壤中的镉主要累积于土壤表层，很少向下迁移。当然，累积于土壤表层的镉由于降水的作用，可溶态部分随水流动很可能发生水平迁移，产生次生污染。

　　由于镉是作物生长的非必需元素，并易为作物所吸收，可溶态镉含量稍有增加，就会使作物体内镉的含量相应增加。与其他重金属元素相比，镉的土壤环境容量要小得多，因而对控制镉污染而制定的土壤环境标准较为严格。

　　C　砷（As）

　　自然界中含砷矿物很多，且多为硫化物，主要包括雄黄（AsS）、雌黄（As_2S_3）、毒砂（FeAsS）等。含砷矿物是土壤中砷的主要天然来源；人类活动，尤其是冶金、化工、燃煤、炼焦、造纸、皮革、电子等工业生产过程中，含砷废弃物的排放及农业生产中杀虫剂、杀菌剂等含砷农药的施用，是土壤砷的另一重要来源。

　　地壳中含砷量为 1.5～2mg/kg。世界土壤中砷含量在 0.1～40mg/kg，平均含量为 6mg/kg，我国土壤砷元素环境背景值为 9.6mg/kg，其含量范围为 0～38.7mg/kg，其中最高含量达 626mg/kg。我国土壤砷背景值的区域分异总趋势是东部、东南部低于西部，这种分布特点与我国区域性的生物、气候因素有关。土壤高背景值除发生在自然的原生环境外，在大量使用含砷农药的国家和地区，土壤砷含量异常亦较为广泛，人为施入土壤的砷，往往比自然条件下土壤原来含有的砷高数倍、数十倍，甚至高数百倍。

土壤中砷的形态可以分为水溶态、离子吸附或结合态、有机结合态和气态。在一般的pH值和Eh范围内，砷主要以As^{3+}和As^{5+}存在。水溶性砷多为AsO_4^{3-}、$HAsO_4^{2-}$、$H_2AsO_4^-$、AsO_3^{3-}和$H_2AsO_4^-$等阴离子形式，其含量常低于$1mg/kg$，只占总砷含量的5%~10%。这是由于水溶性砷很容易与土壤中的Fe^{3+}、Al^{3+}、Ca^{2+}和Mg^{2+}等生成难溶性砷化物。带正电荷的土壤胶体，特别是氧化铁和氢氧化铁对砷酸根和亚砷酸根阴离子的吸附力很强。

土壤中各种形态砷的含量受pH和Eh的影响，随着pH的增高和Eh的下降，可溶性砷的含量显著增加；而随着Eh的下降，砷酸转化为亚砷酸，使砷酸铁中的Fe^{3+}转化为Fe^{2+}所致，因而可溶性砷含量与Eh呈负相关。只当土壤中含硫量较高时，在还原条件下，可生成稳定的难溶性硫化物As_2S_3。

砷是植物强烈吸收累积的元素。As^{3+}的易迁移性、活性和毒性都远高于As^{5+}。对植物的毒害主要是阻碍植物体内水分和养分的输送，砷酸盐浓度达$1mg/L$，水稻即开始受害；$5mg/L$时，水稻减产一半；$10mg/L$时，水稻生长不良，以致不抽穗。

D　铬（Cr）

世界范围内土壤铬的背景值为$70mg/kg$，含量范围为$5~1500mg/kg$，我国土壤铬元素背景值为$57.3mg/kg$，变幅为$17.4~118.8mg/kg$。土壤中铬的含量取决于母岩母质及生物、气候、土壤有机质含量等条件。各类成土母质是土壤铬的主要来源，因此，影响土壤中铬含量高低的主要原因是母质的不同。母岩中铬含量在火成岩中是超基性岩＞基性岩＞中性岩＞酸性岩，与土壤中铅含量的分布趋势大致相同。对发育在不同母质岩石上的土壤进行测定表明：蛇纹岩上发育的土壤含铬高达$3000mg/kg$，橄榄岩发育的土壤含铬$300mg/kg$，花岗片麻岩发育的土壤含铬$200mg/kg$，石英云母片岩发育的土壤含铬$150mg/kg$，花岗岩发育的土壤含铬仅$5mg/kg$。土壤铬污染源主要为铁、铬、电镀、金属酸洗、皮革鞣制、耐火材料、铬酸盐和三氧化铬工业、燃煤、污水灌溉、污泥施用等。铬主要累积于土壤表层，自表土层向下递减。

铬在土壤中的形态有Cr^0、Cr^{2+}、Cr^{3+}和Cr^{6+}，主要为Cr^{3+}、CrO_2^-和CrO_7^{2-}、CrO_4^{2-}。其中，以$Cr(OH)_3$最为稳定。土壤中常见的pH和Eh范围内，Cr^{6+}可迅速还原为Cr^{3+}。因Cr^{6+}的存在必须具有较高的Eh（大于0.7V），这样高的土壤电动电位并不多见，只在弱酸、弱碱性土壤中有六价铬化物。在pH＞8、Eh为0.4V的荒漠土壤中，曾发现铬钾石（K_2CrO_4）。Cr^{6+}可被Fe^{2+}、可溶性硫化物和具羟基的有机物还原为Cr^{3+}。Cr^{3+}在通气良好的土壤中可被MnO_2氧化为Cr^{6+}。由于Cr^{3+}的溶解度较低，Cr^{6+}的含量少，因而土壤中可溶性铬含量一般较低。

土壤胶体对Cr^{3+}有较强的吸附力，甚至Cr^{3+}可交换吸附于晶格中的Al^{3+}。Cr^{6+}的活性和迁移能力更大，特别是当土壤中含有过量正磷酸盐时，因磷酸根的吸附交换能力大于CrO_4^{2-}、$Cr_2O_7^{2-}$，从而阻碍土壤对其吸附。但铬的阴离子的吸附力大于Cl^-、SO_4^{2-}和NO_3^-。

由于土壤中的铬多为难溶性化合物，故一般迁移能力较低而残留在土壤表层。铬在植株体内的富集顺序为稻茎＞谷壳＞稻米，92%左右的铬积累在茎叶中。

E　铅（Pb）

世界土壤中铅的范围值估计为 15～25mg/kg。我国土壤铅的背景值 A 层的中位值 23.5mg/kg，算数平均值 26.0mg/kg。无污染土壤中铅的自然来源为成土母质，不同母质上发育的土壤铅含量差异显著。其中，以沉积岩母质铅的含量最高（约 29.5mg/kg），依次为酸性岩、中性岩和基性岩。土壤铅污染源主要来自于含铅矿的开采和冶炼、污泥施用、污水灌溉和含铅汽油的使用。

研究资料表明，在北极近代冰层中铅的浓度比史前期的浓度高 10～100 倍，即使在南极，现代铅的沉积速度也比工业革命前高 2～5 倍。特别是工业城市的土壤，铅的污染更明显。国外某些大城市土壤中铅的含量高达 5000mg/kg，而在一些冶炼厂、矿山附近，土壤铅含量可高达百分之几。近年来，国内外对汽车废气排放对土壤铅含量的影响研究得较多。研究表明，公路旁土壤中铅含量和车流量呈显著正相关，在城市高车流量地区，汽车尾气对土壤的铅污染不亚于污灌区，金属冶炼厂的高烟囱排放高浓度的铅尘可形成区域性土壤严重污染，即使在进行了现代排放控制的冶炼厂，也可在下风向较远的地方观测到土壤铅含量升高。据报道，在距离某冶炼厂中心 2km 外，空气中的铅浓度仍超过国家空气质量标准允许含量 15 倍；在距冶炼厂 1km 外的土壤中铅含量达 100～2890mg/kg，为 50km 外对照区土壤铅含量的 2～47 倍。湖南某污灌区利用矿区污水灌溉已达 20 年之久，污染严重区土壤铅含量比背景区高出 100 多倍。

土壤中的无机铅主要是以二价态难溶性化合物存在，如 $Pb(OH)_2$、$PbCO_3$ 和 $Pb_3(PO_4)_2$，而可溶性铅含量极低。这是由于土壤中各种阴离子对铅的固定作用；有机质对铅的络合－螯合作用。黏土矿物对铅的吸附作用及铁锰氢氧化物（特别是锰的氢氧化物）对 Pb^{2+} 的专性吸附作用，对铅的迁移能力、活性和毒性影响较大。土壤 Eh 增高，会降低铅的可溶性；而土壤 pH 值的降低，由于 H^+ 对吸附性铅的解吸作用和增强 $PbCO_3$ 的溶解，使可溶性铅含量有所增加。

铅主要富集在植物的根部和茎叶，并主要影响植物的光合作用和蒸腾作用。长期大量地施用含铅的污泥和污水灌溉，可能影响土壤中氮的转化，从而影响植物的生长。

6.2.4　化学农药污染

6.2.4.1　研究意义

化学农药是指能防治植物病虫害、消灭杂草和调节植物生长的化学药剂。目前全世界生产的农药品种多达 1300 余种，农业上常用的有 250 种以上。按其主要用途可分为杀虫、杀菌、除草、杀螨、杀鼠、杀线虫剂以及植物生长调节剂和土壤处理剂等；按其化学成分可分为有机氯、有机磷、氨基甲酸酯类、拟除虫菊酯、有机汞和有机砷农药等。

据统计，世界农作物的病、虫、草害中约有 50000 种真菌，1800 种杂草和 1500 种线虫，这些病害使世界每年粮食减产约 50%，相当于 750 亿美元的经济损失，施用化学农药是防治这些病害的重要措施。农药作为一类有毒化学物质，它的施用在消灭病虫害、提高作物产量的同时，也对环境及人体健康、牲畜、鸟类、有益昆虫及土壤微生物构成一定的威胁，尤其是稳定性强、残留期长的有机氯农药。

土壤是接受农药污染的主要场所。长期、广泛和大量地使用农药，导致土壤环境发生改变和农作物产品中出现农药残留。20 世纪 60 年代广泛使用含汞、砷的农药，至今仍在我国部分地区的土壤中起着残留污染的作用。有机氯农药 1983 年被禁用后，其替代品种为有机磷、氨基甲酸酯类及菊酯类农药等。这些农药在环境中较易降解，但在部分地区由于使用技术不当和施用量过大，也出现了土壤严重污染的情况。如 20 世纪 90 年代江苏省武进县对土壤检测的结果表明，其土壤中除草醚最高含量为 5.98ng/g，最低为 0.16ng/g，平均为 1.21ng/g；甲胺磷检出率为 100%，平均含量为 0.141ng/g，最高含量为 0.635ng/g。这些农药的残留对环境、作物及人的身心健康危害极大，严重制约了农业的可持续发展。同时，土壤化学农药污染也是大气及水体环境次生农药污染的重要污染源。因此，研究和了解化学农药在土壤中的迁移转化、残留、土壤对农药的净化，对控制和预测土壤与环境农药污染都具有重要意义。

6.2.4.2 化学农药在土壤环境中的迁移转化

农药在土壤中的迁移转化途径主要有：通过挥发随空气迁移；经淋溶随水扩散迁移；被土壤中微生物降解；被土壤吸附而残留于土壤中等。

A 农药随空气和水体迁移

农药在土壤中迁移的速度和方式，决定于农药的性质以及土壤的湿度、温度和土壤的孔隙状况。有人用农药在等体积水和空气中的溶解量的比值作为衡量各种农药扩散性能的指标，提出当比值小于 1×10^4 时，农药主要以气体挥发和扩散作用为主；而当比值大于 3×10^4 时，则以水迁移扩散为主。据此，DDT、林丹等以及一般的熏蒸剂主要是以气体扩散作用为主，敌草隆等则以水扩散为主。但农药的水扩散作用较大气扩散的速度要低约 1×10^4。农药的迁移扩散，虽可促使土壤净化，但却导致大气、水体和生物等环境要素的次生环境污染。

B 农药的降解

农药在土壤中的降解作用包括光化学降解、化学降解和生物降解作用等。光化学降解是指土壤表层受太阳辐射而引起的农药分解。大部分除草剂、DDT 等都能发生光化学降解。化学降解可分为催化反应和非催化反应。非催化反应包括农药的水解、氧化、异构化、离子化等，其中以水解和氧化作用最重要。而农药的生物降解作用使有机农药最终分解为 CO_2 而消失，因而生物降解作用是土壤中农药的最重要的降解过程。土壤微生物的种类繁多，生理特性复杂，各种农药在不同的土壤环境下降解的形式和过程也不同，主要有氧化、还原过程、脱烃过程、水解过程、脱卤过程、芳环羟基化和异构化过程。

C 农药的吸附

土壤对化学农药的吸附交换作用有物理吸附和物理化学吸附。其中主要为物理化学吸附或离子交换吸附。对于带正电荷的离子型农药来说，土壤胶体对其吸附能力的大小顺序一般是有机胶体＞蛭石＞蒙脱石＞伊利石＞绿泥石＞高岭石。例如，有机胶体对马拉硫磷的吸附力较蒙脱石大 70 倍。土壤胶体的阳离子组成可对农药的吸附交换有一定的影响。如，被钠离子饱和的蛭石对农药的吸附力比钙离子饱和的蛭石要大。农药的物质成分和性质也对吸附交换有很大影响。如，带有—NH_2 官能团的农药都有较强的吸附能力。农药有时也可解离为阴离子，被带正电荷的土壤胶体所吸附，这在富铁铝土纲等酸性土壤中较普遍。化学农药被土壤吸附后，其迁移能力和生理毒性也随之发生变化。一般当其被土壤吸附后，其活性和毒性都有所降低，因而在某种意义上就是土壤对某些农药的缓冲和净化解毒作用，并对生物降低争取到缓冲时间；而当被吸附的农药又被其他阳离子交换重新回到土壤溶液中，则仍恢复其原有的活性和毒性。因此，吸附交换作用，只在一定条件下起到净化解毒作用。当加入土壤中的农药量超过土壤的吸附交换量时，土壤就失去了对农药的净化效果，使农药在土壤环境中逐渐积累。

6.2.5　化肥污染

6.2.5.1　概述

化肥是化学肥料的简称，是指由化学工业制造、能够直接或间接为作物提供养分，以增加作物产量、改善农产品品质或能改良土壤、提高土壤肥力的一类物质，往往被称为"农作物的粮食"。化肥是世界上用量最大、使用最广的农用化学物质。伴随着化学工业的不断发展及世界人口的持续增长、粮食需求幅度的增加，化肥生产和使用的数量逐年增加。2000 年世界化肥用量达到了 1.4 亿吨，其中我国化肥用量达到了 0.4 亿吨，占全世界的 25% 以上。

化肥的种类根据其有效成分为氮肥、磷肥、钾肥、复合肥料和其他中量、微量元素肥料。我国氮肥的主要品种是碳铵（约占氮肥总量的 54%）、尿素（占氮肥总量的 30.8%）和氨水（占氮肥总量的 15%），其他品种如硫铵只占总量的 0.2%。磷肥总产量为 300 万吨（P_2O_5），主要品种为过磷酸钙，占总产量的 70% 左右，钙镁磷肥占 30%。

化肥污染是指由于长期过量或盲目施用化肥致使土壤环境污染物积累、理化性质恶化，严重影响作物生长及农产品品质，或随灌溉淋入地下水或通过反硝化作用 N_2O 释放至大气中，进而污染环境。因此，科学合理施肥对确保作物增产、保护生态环境质量极为重要。

6.2.5.2　化肥对土壤环境的污染

A　土壤物理性状改变

长期过量使用单一的氮肥品种（如氯化铵或硫酸铵），会使土壤溶液中 NH_4^- 和 K^+ 的浓度过大，并和土壤胶体吸附的 Ca^{2+}、Mg^{2+} 等阳离子发生交换，使土壤胶体分散，土壤结构被破坏，发生板结。化肥使用过程中偏重氮磷肥或者钾肥用量少会使土壤中营养成分比例失调。如过量的氮肥使植物体内 NO_3^- 积累，进而影响作物产量及品质。

B　长期施氮肥会促进土壤酸化

氮肥施用量、累计年限与土壤 pH 值变化关系密切，其中生理酸性肥料如硫酸铵和氯化铵等，引起土壤酸化的作用最强，其次是尿素，硝酸盐类肥料的酸化作用相对较弱。例如，在我国的南方某地，由于连续十余年施用硫酸铵，导致土壤 pH 值降低至 4 以下。江西红壤丘陵试验的结果表明，当氯化铵和硫酸铵分别以相当于 $60kg/hm^2$ 的数量施用时，两年后表土的 pH 值从 5.0 分别降至 4.3 和 4.7，土壤进一步酸化。

C　引起土壤重金属污染

磷肥以及利用磷酸制成的一些复合肥料混杂有镉、汞、锌、铬、铜、砷、氟等多种重金属元素。多数磷矿石含镉为 5 ~ 100mg/kg，其中大部分的镉元素都进入肥料之中。由于镉元素在土壤中的移动性很小，不易淋失，也不为微生物所分解，易集中于施肥较多的耕作层，被作物吸收后很容易通过饮食进入并积累在人体内，是某些地区人类"痛痛病"、骨质疏松症等的重要病因之一。据测定，我国 67 个磷矿样品中镉的含量在 0.1 ~ 571mg/kg 之间，大部分为 0.2 ~ 2.5mg/kg，和其他国家相比，我国磷矿石中的镉含量属中低水平，但潜在的危险不容忽视。此外，磷肥还可能成为土壤中天然放射性重金属（U、Th 和 Ra）的污染源。

    D   降低土壤微生物活性

微生物具有转化有机质、分解复杂矿物和降解有毒物质的作用。研究表明，合理施用化肥对微生物活性有促进作用，过量则会降低其活性。

6.2.6　畜禽粪便污染

随着我国畜禽养殖业的迅猛发展，畜禽养殖业产生的污染已成为农村面源污染的主要来源之一。在一些地区，畜禽粪便污染已超过居民生活、农业、乡镇工业和餐饮业对环境的影响，严重污染着我国的土壤环境。

我国畜禽粪便产生量很大，据资料显示，1995 年全国畜禽粪便年产生量就已经高达 17.3 亿吨，是当年工业固体废物产生总量的 2.4 倍，在河南、湖南、江西等省份这一比例甚至超过 4 倍，除北京、天津、上海等少数工业发达的地区外，大多数地区都超过了一倍以上。其中规模化养殖场的粪便产生量约为工业固体废物产生总量的 27%，山东、广东、湖南等地区甚至超过了 40%。而且畜禽粪便含有极其复杂的有机污染物，仅 COD 含量一项就达 7188 万吨，远远超过工业废水与生活废水 COD 的排放量。

如此大量的畜禽粪便，如不经妥善处理就直接排入环境，将会对地表水、地下水、土壤和空气造成严重污染，并危及畜禽本身及人体健康。一些畜牧场的粪便因找不到合适的出路，长期堆放，任其日晒雨淋，致使空气恶臭，蚊蝇滋生，污染周围环境。

畜禽粪便对土壤环境的影响主要表现为以下几个方面：

（1）畜禽粪便中含有大量的污染物质。研究表明，禽畜粪便的生化指标极高，如猪粪尿混合排出物的 COD 值达 81000mg/L，牛粪尿混合排出物中 COD 值达 36000mg/L，笼养蛋鸡场冲洗废水的 COD 值达 43000 ~ 77000mg/L，BOD 为 17000 ~ 32000mg/L，$NH_4^+ - N$ 浓度为 2500 ~ 4000mg/L。将高浓度的畜禽粪便作为肥料施入土壤，会大大增加土壤氮含量，不仅造成土壤的"富营养化"现象，多余的氮和其他有毒成分还会迁移扩散到江河、湖泊及地下水中，成为新的污染源。

（2）未经处理过的畜禽粪便过量施入农田，可导致土壤空隙堵塞，造成土壤透气、透水性下降及板结，严重影响土壤质量；并可使作物倒伏、晚熟或不熟，造成减产，甚至使作物出现大面积腐烂。

（3）畜禽粪便中含有大量的致病菌、抗生素、化学合成药物、微量元素及重金属元素等，它们也是不容忽视的污染因子。在传统的配合饲料中，为了满足畜禽生长所需，人们通常不考虑饲料原料本身微量元素的含量，而额外大剂量地添加，这样极易导致配合饲料中微量元素过量；同时，为了提高畜禽的生产性能，增加产品产量，常常大剂量添加抗生素、化学合成药物，不仅对肉蛋奶等畜产品的质量、畜禽的安全和健康造成影响，而且直接影响人类的生命安全和身体健康。如长期使用高剂量的砷和铜制剂作添加剂，除引起畜禽中毒外，利用这些畜禽粪便作农田施肥会导致大量重金属元素在土壤表层聚集，从而影响植物生长，还容易造成因含砷、铜等成分对人体健康产生直接危害。

6.2.7 土壤污染的修复与综合防治

污染土壤修复的目的在于降低土壤中污染物的浓度，固定土壤污染物并将土壤污染物转化成毒性较低或无毒的物质，阻断土壤污染物在生态系统中的转移途径，从而减小土壤污染物对环境、人体或其他生物体的危害。欧美等发达国家已经对污染土壤的修复技术做了大量的研究，建立了适用于各种常见有机和无机污染物污染土壤的修复方法，并不同程度地应用于污染土壤修复的实践中。国内对污染土壤修复技术的研究始于 20 世纪 70 年代，当时以农业修复措施的研究为主。随着时间的推移，化学修复和物理修复等其他修复技术的研究也逐渐展开，到 20 世纪末，污染土壤的生物修复技术（包含植物修复技术和微生物修复技术等）的研究也迅速在国内开展起来。但总体而言，我国在土壤修复技术研究的广度和深度上与发达国家还有不小的差距，在工程修复方面的差距更大。

污染土壤修复技术根据其位置变化与否可分为原位修复技术（in-situ technologies）和异位修复技术（ex-situ technologies，又称易位或非原位修复技术）。原位修复技术指对未挖掘的土壤进行治理的过程，对土壤没有扰动，这是目前欧洲最广泛采用的技术。异位修复技术指对挖掘后的土壤进行处理的过程。按照操作原理，污染土壤修复技术可分为物理修复技术、化学修复技术、生物修复技术和植物修复技术等四大类。其中，生物修复技术具有成本低、处理效果好、环境影响小、无二次污染等优点，发展前景良好。

6.2.7.1 物理修复技术

物理修复技术作为一大类污染土壤修复技术，近年来在国内外（尤其是欧美发达国家）受到了前所未有的重视，也得到了全方位的发展。物理修复技术包括土壤蒸气提取技术、固化/稳定化修复技术、玻璃化技术、热处理技术、电动力学修复技术、稀释和覆土等。

A   土壤蒸气提取技术（soil vapor extraction，SVE）

土壤蒸气提取技术最早于 1984 年由美国 Terravac 公司研究成功并获取专利权。它是一种通过布置在不饱和土壤层中的提取井，利用真空向土壤导入空气，空气流经土壤时，挥发性和半挥发性有机物随空气进入真空井而排出土壤，土壤中的污染物浓度因而降低的技术。

该技术有时也被称为真空提取技术（vacuum extraction），属于一种原位处理技术，但在必要时，也可以用于异位修复。适用于去除不饱和土壤中挥发性有机组分（VOCs）污染的土壤，如汽油、苯和四氯乙烯等污染的土壤，也可以用于促进原位生物修复过程。土壤蒸气提取技术的特点是：可操作性强，设备简单，容易安装；对处理地点的破坏很小；处理时间较短，理想的条件下，通常 6~24 个月即可；可以与其他技术结合使用；可以处理固定建筑物下的污染土壤。该技术的缺点是：很难达到 90% 以上的去除率；在低渗透土壤和有层理的土壤上有效性不确定；只能处理不饱和带的土壤，要处理饱和带土壤和地下水还需要其他技术。

土壤蒸气提取技术的适用条件及其修复效果，取决于土壤的渗透性和有机污染物的挥发性等因素。土壤的渗透性与质地、裂隙、层理、地下水位和含水量都有关系。质地较细的土壤（黏土和粉砂土）的渗透性较低，而质地较粗的土壤渗透性较高。土壤蒸气提取技术用在砾质土和砂质土上效果较好，用在黏土和壤质黏土上的效果不好，用在粉砂土和壤土上的效果中等。裂隙多的土壤渗透性较高。有水平层理的土壤会使蒸气侧向流动,从而降低了蒸气提取效率。土壤蒸气提取技术不适于处理地下水位高于 0.9m 的受污染土壤。

B 固化/稳定化技术 (solidification/stabilization)

固化/稳定化技术是指通过物理的或化学的作用以固定土壤污染物的一组技术。固化技术 (solidification) 指向土壤添加黏结剂而引起石块状固体形成的过程。固化过程中污染物与黏结剂之间不一定发生化学作用,但有可能伴生土壤与黏结剂之间的化学作用。稳定化技术 (stabilization) 指通过化学物质与污染物之间的化学反应,使污染物转化成为不溶态的过程。稳定化技术不一定会改善土壤的物理性质。在实践上,商用的固化技术包括了某种程度的稳定化作用,而稳定化技术也包括了某种程度的固化作用,两者往往不易区分。固化/稳定化技术采用的黏结剂主要是水泥、石灰、热塑性塑料等,水泥可以和其他黏结剂共同使用。有的学者又基于黏结剂的不同,将固化/稳定化技术分为水泥和混合水泥固化/稳定化技术、石灰固化/稳定化技术和玻璃化固化/稳定化技术三类。

固化/稳定化技术可以被用于处理大量的无机污染物,也适用于部分有机污染物。固化/稳定化技术的优点是:可以同时处理被多种污染物污染的土壤,设备简单,费用较低。其最主要的问题在于这种技术既不破坏也未减少土壤中的污染物,而仅仅是限制污染物对环境的有效性。随着时间的推移,被固定的污染物有可能重新释放出来,对环境造成危害,因此它的长期有效性受到质疑。

固化/稳定化技术既可以原位处理也可以异位处理土壤。进行原位处理时,可以用钻孔装置和注射装置,将修复物质注入土壤,而后用大型搅拌装置进行混合。处理后的土壤留在原地,其上可以用清洁土壤覆盖。有机污染物不易固定化和稳定化,所以原位固化/稳定化技术不适合处理有机污染的土壤。

异位固化/稳定化技术指将污染土壤挖掘出来与黏结剂混合,使污染物固化的过程(见图 6-2)。处理后的土壤可以回填或运往别处进行填埋处理。许多物质都可以作为异位固化/稳定化技术的黏结剂,如水泥、火山灰、沥青和各种多聚物等。其中,水泥及相关的硅酸盐产品最为常用。异位固化/稳定化技术主要用于无机污染的土壤。

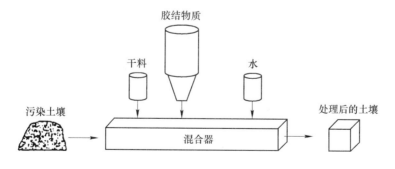

图 6-2 异位固化过程示意图

C 玻璃化技术 (vitrification)

玻璃化技术是指使高温熔融的污染土壤形成玻璃体或固结成团的技术。从广义上说,玻璃化技术属于固化技术范畴,土壤熔融后,土壤中污染物被固结于稳定的玻璃体中,不再对环境产生污染，但土壤也完全丧失生产力。玻璃化作用对砷、铅、硒和氯化物的固定效率比其他无机污染物低。该技术处理费用较高，同时还会使土壤彻底丧失生产力，一般用于处理污染特别严重的土壤。玻璃化技术既适用于原位处理，也适用于异位处理。原位玻璃化技术（in-situ vitrification, ISV）指将电流经电极直接通入污染土壤，使土壤产生1600~2000℃的高温而熔融。经过原位玻璃化处理后，无机金属被结合在玻璃体中，有机污染物可以通过挥发而被去除。处理过程产生的水蒸气、挥发性有机物和挥发性金属，必须设排气管道进行收集并加以处理。美国的 Battelle Pacific Northwest 实验室最先使用这一方法处理被放射性核素污染的土壤。原位玻璃化技术修复污染土壤大约需要6~24个月。影响原位修复效果及修复过程的因素有：导体的埋设方式、砾石含量、易燃易爆物质的累积、可燃有机质的含量、地下水位和含水量等。异位玻璃化技术（ex-site vitrification）是指将污染土壤挖出，采用传统的玻璃制造技术以热解和氧化或融化污染物以形成不能被淋溶的熔融态物质。加热温度大约1600~2000℃。有机污染物在加热过程中被热解或蒸发，有害无机离子被固定。融化的污染土壤冷却后形成惰性的坚硬玻璃体。

D　热处理技术（thermal treatment）

热处理技术就是利用高温所产生的挥发、燃烧、热解等物理或化学作用，将土壤中的有毒物质去除或破坏的过程。热处理技术常用于处理有机污染的土壤和部分重金属污染的土壤。挥发性金属（如汞）尽管不能被破坏，但可以通过热处理技术被去除。最早的热处理技术是一种异位处理技术，原位热处理技术目前正在发展中。

热处理技术可以使用热空气、明火以及可以直接或间接与土壤接触的热传导液体等多种热源。在美国，处理有机污染物的热处理系统非常普遍，有些是固定的，有些是可移动的。其中，移动式热处理工厂选址时须满足以下要求：要有1~2hm^{2}的土地安置处理厂和相关设备，存放待处理土壤、处理残余物及其他支持设施（如分析实验室），交通方便，水电和燃油有保证。热处理技术的主要缺点是难以处理黏粒含量高的土壤，处理含水量高的土壤电耗较高。

a　热解吸技术（thermal desorption）

热解吸技术包括两个过程：污染物通过挥发作用从土壤转移到蒸气中；以浓缩污染物或高温破坏污染物的方式处理第一阶段产生的废气中的污染物。使土壤污染物转移到蒸气相所需的温度取决于土壤类型和污染物存在的物理状态，通常在150~540℃之间。热解吸技术适用的污染物有挥发及半挥发有机污染物、卤化或非卤化有机污染物、多环芳烃、重金属、氰化物、炸药等，不适用于处理多氯联苯、二噁英、呋喃、除草剂和农药、石棉、非金属及腐蚀性物质等。热解吸技术不适用于处理泥炭土、紧密团聚的土壤和有机质含量高的土壤类型。

20世纪90年代，热解吸技术曾被用于处理美国密歇根州一块被 PAHs 和重金属污染的土壤，该土壤锰的含量高达100g/kg。处理过程主要是先将污染土壤挖掘、过筛、脱水。土壤在热反应器中处理90min（245~260℃），处理后的土壤用水冷却，然后堆置于堆放场。排出的废气先通过纤维筛过滤，然后通过冷凝器除去水蒸气和有机污染物。处理后的4，4-亚甲基双2-氯苯胺（MBOCA）含量低于1.6mg/kg。处理费用是130~230英镑/吨。

b 焚烧（incineration）

焚烧是指在高温条件下（800～2500℃），通过热氧化作用破坏污染物的异位热处理技术。典型的焚烧系统包括预处理系统、燃烧室、后处理系统等。可以处理土壤的焚烧器有直接或间接点火的 Kelin 燃烧器、液体化床式燃烧器和远红外燃烧器。其中 Kelin 燃烧器是最常见的。焚烧效率取决于燃烧室内的温度、废物在燃烧室中的滞留时间和废物的紊流混合程度。大多数有机污染物的热破坏温度在 1100～1200℃ 之间。大多数燃烧器的燃烧区温度在 1200～3000℃ 之间。固体废物滞留时间在 30～90min 之间，液体废物的滞留时间在 0.2～2s 之间。紊流混合十分重要，因为它能使废物、燃料和燃气充分混合。焚烧后的土壤要按照废物处置要求进行处置。

焚烧技术适用的污染物包括挥发及半挥发性有机污染物、卤化或非卤化有机污染物、多环芳烃、多氯联苯、二噁英、呋喃、除草剂和农药、氰化物、炸药、石棉、腐蚀性物质等，不适于处理非金属和重金属污染土壤。焚烧技术对土壤类型无选择性。

E 电动力学修复技术（electrokinetic technologies）

电动力学修复技术是指向土壤两侧施加直流电压形成电场梯度，土壤中的污染物在电解、电迁移、扩散、电渗透、电泳等作用的共同影响下，以离子形式向电极附近富集从而被去除的技术。

电迁移是指离子和离子型络合物在外加直流电场的作用下向相反电极的移动。电渗透是指土壤中的孔隙水在电场中从一极向另一极的定向移动。

电泳是指带电粒子或胶体在电场的作用下发生迁移的过程，牢固结合在可移动粒子上的污染物可利用该方法进行去除。

电极是电动力学修复中最重要的设备。适合于实验室研究的电极材料包括石墨、白金、黄金和银。但在田间试验中，可以使用一些由较便宜材料制成的电极，如钛电极、不锈钢电极或塑料电极。可以直接将电极插入湿润的土体中，也可以将电极插入一个电解质溶液体系中，由电解质溶液直接与污染土壤或其他膜接触。美国国家环保署（1998 年）推荐使用单阴极/多阳极体系，即在一个阴极的四周安放多个阳极，以提高修复效率。较高的电流强度和较大的电压梯度会促进污染物的迁移，一般采用的电流密度是 10～100mA/cm²，电压梯度是 0.5V/cm。

电动力学技术可以处理的污染物包括重金属、放射性核素、有毒阴离子（硝酸盐、硫酸盐）、氰化物、石油烃（柴油、汽油、煤油、润滑油）、炸药、有机/离子混合污染物、卤代烃、非卤化污染物、多环芳烃等，但最适合电动力学技术处理的污染物是金属污染物。

由于对于砂质污染土壤而言，已经有几种有效的修复技术，所以电动力学修复技术主要是针对低渗透性的黏质土壤。适合电动力学修复技术的土壤应具有如下特征：水力传导率较低、污染物水溶性较高、水中的离子化物质浓度相对较低。正常条件下，离子在黏质土中的迁移能力很弱，但在电场的作用下能得到增强。电动力学技术对低透性土壤（如高岭土等）中的砷、镉、铬、钴、汞、镍、锰、钼、锌、铅的去除效率可以达到85%～95%，但并非对所有黏质土的去除效率都很高。对阳离子交换量及缓冲容量高的黏质土而言，去除效率就会下降。要在这些土壤上达到较好的去除效率，必须使用较高的电流密度、较长的修复时间、较大的能耗和较高的费用。

发达国家利用电动力学技术处理污染土壤的费用为 50～120 美元/立方米。影响原位电动力学修复费用的主要因素是土壤性质、污染深度、电极和处理区设置的费用、处理时间、劳力和电费。

F　稀释（dilution）和覆土（covering with clean soil）

将污染物含量低的清洁土壤混合于污染土壤中，以降低土壤中污染物的含量，称为稀释作用。稀释作用可以降低土壤污染物浓度，因而可能降低作物对土壤污染物的吸收，减小土壤污染物通过农作物进入食物链的风险。在田间，可以通过将深层土壤犁翻上来与表层土壤混合，也可通过客土清洁土壤而实现稀释。

覆土也是客土的一种方式，即在污染土壤上覆盖一层清洁土壤，以避免污染土层中的污染物进入食物链。清洁土层的厚度要足够，以使植物根系不会延伸到污染土层，否则有可能因为促进了植物的生长、增强了植物根系的吸收能力反而增加植物对土壤污染物的吸收。另一种与覆土相似的改良方法就是换土，即去除污染表土，换上清洁土壤。

稀释和覆土措施的优点是技术性比较简单，操作容易。但缺点是不能去除土壤污染物，没有彻底排除土壤污染物的潜在危害；它们只能抑制土壤污染物对食物链的影响，并不能减少土壤污染物对地下水等其他环境部分的危害。这些措施的费用取决于当地的交通状况、清洁土壤的来源、劳动力成本等因素。

6.2.7.2　化学修复技术

污染土壤的化学修复技术就是利用加入到土壤中的化学修复剂与污染物发生一定的化学反应，从而使土壤中的污染物被降解、毒性被去除或降低。根据被污染土壤的特征和土壤中污染物的差异，采用的化学修复手段可以是将液体、气体或活性胶体注入土壤下表层或含水土层。注入的化学修复剂可以是氧化剂、还原剂/沉淀剂或解吸剂/增溶剂。实践中无论是传统的井注射技术，还是现代新创的土壤深度混合和液压破裂技术，目的都是为了将化学物质渗透到土壤表层以下。一般来说，当生物修复法在速度和广度上不能满足污染土壤修复的需要时才考虑选用化学修复技术。相对于其他污染土壤修复技术而言，化学修复技术的发展较早，也相对成熟。目前，化学修复技术主要有土壤淋洗技术、溶剂提取技术、化学氧化修复技术和土壤改良修复技术等。

A　土壤淋洗技术（soil flushing /washing）

土壤淋洗技术是指借助能促进土壤中污染物溶解或迁移作用的淋洗剂（水或酸或碱溶液、螯合剂、还原剂、络合剂以及表面活化剂溶液），通过水压将其注入被污染土壤中，然后再将包含污染物的液体从土层中抽提出来进行分离和污水处理的技术。土壤淋洗技术适用范围较广，可用来处理有机、无机污染物。目前，土壤淋洗技术主要围绕着用表面活性剂处理有机污染物，用螯合剂或酸处理重金属来修复被污染的土壤。土壤淋洗技术包括原位淋洗技术和异位淋洗技术两种。

原位淋洗技术（in-situ flushing）是指在田间直接将淋洗剂加入污染土壤，经过必要的混合，使土壤污染物溶解进入淋洗溶液，而后使淋洗溶液往下渗透或水平排出，最后将含有污染物的淋洗溶液收集、再处理的过程。原位淋洗技术是为数不多的可以从土壤中去除重金属的技术之一。影响原位淋洗技术有效性的重要因素是土壤的性质，其中最重要的是土壤质地和阳离子交换量。原位淋洗技术适合于粗质地的、渗透性较强的土壤，在这些土壤上容易达到预期目标，淋洗速度快、成本低。质地黏重的、阳离子交换量高的土壤对多数污染物的吸附较强，该技术的去除效果较差且成本较高，难以达到预期目标。原位淋洗技术处理污染土壤有很多优点，如长效性、易操作性、高渗透性、费用合理性，并且适合治理的污染物范围很广，既适合于无机污染物，也适合于有机污染物。其中，用来修复被有机物和重金属污染的土壤是最为实用的。原位淋洗技术的缺点是在去除土壤污染物的同时，也去除了部分土壤养分离子，还可能破坏土壤的结构，影响土壤微生物的活性，从而影响土壤整体的质量。如果操作不慎，还可能对地下水造成二次污染。1987～1988 年间，在荷兰曾采用原位淋洗技术对一个镉污染土壤进行了处理。他们用 0.001mol/L 的 HCl 对 6000m² 的土地上大约 3000m³ 的砂质土壤进行了处理。处理后的土壤镉含量从原来的大于 20mg/kg 降低到 1mg/kg 以下，处理费用大约 50 英镑/立方米。

异位淋洗技术（ex-situ flushing）又称土壤清洗技术（soil washing），是指将污染土壤挖掘出来，用水或其他化学试剂进行清洗，从而使污染物从土壤中分离出来的一种化学处理技术。土壤性质严重影响该技术的应用。质地较轻的土壤适合本技术，黏重的土壤处理起来比较困难。一般认为，黏粒含量超过 30%～50% 的土壤就不适合本技术。有机质含量高的土壤处理起来也很困难，因为很难将污染物分离出来。土壤清洗技术适用于各种污染物，如重金属、放射性核素、有机污染物等。土壤淋洗已经成为一个广泛采用的、修复效率较高的重金属和有机污染物污染土壤的修复技术。

利用土壤清洗技术进行土壤污染修复目前已有不少成功的实例。例如，美国的新泽西州曾对 19000t 重金属严重污染的土壤和污泥进行了异位清洗处理。处理前铜、铬、镍的含量超过 10000mg/kg，处理后土壤中镍的平均含量是 25mg/kg，铜的平均含量是 110mg/kg，铬的平均含量是 73mg/kg。

B 溶剂提取技术（solvent extraction）

溶剂提取技术，通常也称为化学浸提技术（chemical extraction），是一种利用溶剂将有害化学物质从污染土壤中提取出来使其进入有机溶剂中，然后分离溶剂和污染物的技术。溶剂提取技术属异位处理技术。

溶剂提取技术使用非水溶剂，因此不同于一般的化学提取和土壤淋洗。处理之前首先准备土壤，包括挖掘和过筛；过筛的土壤可能要在提取之前与溶剂混合，制成浆状。是否预先混合取决于具体处理过程。溶剂提取技术不取决于溶剂和土壤之间的化学平衡，而取决于污染物从土壤表面转移进入溶剂的速率。被溶剂提取出的有机物连同溶剂一起从提取器中被分离出来，进入分离器作进一步的分离。在分离器中由于温度或压力的改变，使有机污染物从溶剂中分离出来。溶剂进入提取器中循环使用，浓缩的污染物被收集起来进一步处理或被弃置。干净的土壤被过滤、干化，可以进一步使用或弃置。干燥阶段产生的蒸气应该收集、冷凝，进一步处理。溶剂提取技术适用于挥发和半挥发有机污染物、卤化或非卤化有机污染物、多环芳烃、多氯联苯、二噁英、呋喃、除草剂和农药、炸药等，不适合于氰化物、非金属和重金属、腐蚀性物质、石棉等。受污染的黏质土和泥炭土不宜采用该技术。

在含水量高的污染土壤上使用非水溶剂，可能会导致部分土壤与溶剂的不充分接触。此时需要对土壤进行干燥，因此会提高成本。使用二氧化碳超临界液体要求干燥的土壤，此法对小分子量的有机污染物最为有效。研究表明，PCBs 的去除取决于土壤中的有机质含量和含水量。高有机质含量会降低 DDT 的提取效率，因为 DDT 能强烈地被有机物吸附。处理后会有少量的溶剂残留在土壤中，因此溶剂的选择是十分重要的环节。最适合于处理的土壤条件是黏粒含量低于 15%，水分含量低于 20%。

美国加利福尼亚北部的一个岛上，曾采用此法对 PCBs 含量高达 17 ~ 640mg/kg 的污染土壤进行了处理。该处理系统采用了批量溶剂提取过程（batch solvent extraction process），使用的溶剂是专利溶剂，以分离土壤中的有机污染物。整个提取系统由五个提取罐、一个微过滤单元、一个溶剂纯化站、一个清洁溶剂存储罐和一个真空抽提系统组成。处理每吨土壤需要 4L 溶剂。处理后的土壤中 PCBs 的含量从 170mg/kg 降到大约 2mg/kg。

C　原位化学氧化修复技术（in-situ chemical oxidation）

原位化学氧化技术主要是通过混入土壤的氧化剂与污染物发生氧化反应，使污染物降解成为低浓度、低移动性产物的技术。化学氧化修复技术不需要将受污染土壤全部挖出来，只需在污染区的不同深度钻井，然后通过井中的泵将氧化剂注入土壤，使氧化剂与土壤中的污染物充分接触，发生氧化反应而被分解为无害成分。进入土壤的氧化剂可以从另外一个井内抽提出来。含有氧化剂的废液可以重复使用。原位化学氧化修复技术适用于被油类、有机溶剂、多环芳烃、农药以及非水溶性氯化物所污染的土壤。常用的氧化剂是 K_2MnO_4、H_2O_2 和臭氧（O_3），溶解氧有时也可以作为氧化剂。在田间最常用的是 Fenton 试剂，这是一种加入铁催化剂的 H_2O_2 氧化剂。加入催化剂可以提高氧化能力，加快氧化反应速率。进入土壤的氧化剂的分散是氧化技术的关键环节。传统的分散方法包括竖直井、水平井、过滤装置和处理栅栏等。土壤深层混合和液压破裂等方法也能够对氧化剂进行分散。

原位化学氧化修复技术的优点是可以对污染土壤进行原位治理。土壤的修复工作完成后，一般只在污染区留下了水、二氧化碳等无害的化学反应产物。通常，化学氧化技术用来修复处理其他方法无效的污染土壤。由于具有这些优点，在美国和英国等西方发达国家，已有许多尝试采用该技术修复污染土壤的实例。

原位化学氧化技术可以用于处理水、沉积物和土壤。从粉砂质到黏质的土壤都可以采用原位化学氧化技术。该技术已经被用于处理挥发性和半挥发性有机污染物污染的土壤。对于遭受高浓度有机污染物污染的土壤，这是一种很有前景的修复技术。

D　土壤改良修复技术（soil remediation）

土壤改良修复技术主要是针对重金属污染土壤而言，部分措施也适用于有机污染的土壤修复。该方法属于原位处理技术，不需要搭建复杂的工程设备，因此，是经济有效的污染土壤修复技术之一。

土壤改良措施包括施用改良剂和调节土壤氧化还原状况等方面。施用改良剂是指直接向污染土壤中施用改良物质以改变土壤污染物的形态，降低其水溶性、扩散性和生物有效性，从而降低它们进入植物体、微生物和水体的能力，减轻对生态环境的危害。这些技术包括向受污染土壤中添加石灰等无机材料、有机物和还原物质（如硫酸亚铁）。尽管向土壤施用改良剂并不能去除其中的污染物，但却能在一定时期内不同程度地固定土壤污染物，抑制其危害性。该技术方法简便，取材容易，费用低廉，是现阶段农村地区控制土壤污染物向食物链及周围环境扩散的一种实用技术。

a　中性化技术（neutralization）

中性化技术指利用中性化材料（如石灰、钙镁磷肥等）提高酸性土壤的 pH 值以降低重金属的移动性和有效性的技术。中性化技术在酸性土壤改良方面应用历史悠久，在重金属污染的酸性土壤治理方面也有十分广泛的应用。该法属于原位处理方法，其主要优点是费用低、取材方便、见效快，可接受性和可操作性都比较好。最大缺点是不能从污染土壤中清除污染物，而且其效果可能有一定时间性。需要注意的是，并非所有酸性土壤中的污染物的有效性都会随 pH 值的升高而降低。以金属污染物为例，铜、铅、锌、镍、镉等元素的有效性随 pH 值的升高而降低，而部分元素的可溶性和生物有效性随 pH 值的升高而升高，如砷。由于中性化技术通常要求将土壤 pH 值提高到中性附近，所以有可能对土壤质量带来负面影响，如土壤结构劣化、板结，降低部分土壤养分的有效性，加速有机质的分解，影响部分作物的正常生长及其品质等。另外，中性化技术在酸性土壤条件下的长期效应也有待进一步验证。

中性化作用的本质在于通过提高酸性土壤的 pH 值，促使一些金属污染物产生沉淀、降低有效性。因此，中性化作用属于沉淀作用的一种，但沉淀作用还包括中性化作用以外的作用。土壤中的重金属除因 pH 值的升高而产生沉淀以外，还可能与其他物质形成沉淀，如与钙、镁产生共沉淀，与磷酸根、碳酸根等形成沉淀，与土壤中的硫离子（S^{2-}）形成硫化物沉淀等。在实践上也可以利用这些沉淀作用来抑制土壤中重金属的有效性。

b　有机改良物料（organic amendments）

有机改良剂包括各种有机物料，如植物秸秆、有机肥、泥炭（或腐殖酸）、活性炭等。进入土壤的有机物分解后，大部分以固相有机物（solid organic matter）的形式存在，少部分以溶解态有机物（dissolved organic matter）形式存在。土壤有机质的这两种形态对重金属的有效性有着截然不同的影响，前者主要以吸附形式固定重金属、降低其有效性为主，而后者则以促进重金属溶解、提高有效性为主。有机物料的作用主要包括直接作用和间接作用两方面。直接作用指通过与重金属的配合作用而改变土壤重金属的形态，从而改变其生物有效性；间接作用指通过改变土壤的其他化学条件（如 pH 值、Eh、微生物活性等）来改变土壤重金属的形态和生物有效性。必须指出的是，有机物料绝对不是在任何情况下都能抑制土壤重金属的有效性。有机物料对土壤重金属形态及有效性的影响十分复杂，其最终效果不仅取决于有机物本身的性质，还取决于金属离子的状况（如重金属元素本身的性质、土壤中的离子浓度、赋存形态等）、土壤理化性状（质地、酸度、氧化还原状况等）、作物的种类及生长状况。有机物料可能抑制土壤重金属的有效性，也可能促进土壤重金属的有效性。有机物料对土壤重金属形态及有效性的影响还可能随时间而变，对比较容易分解的有机物料而言尤其如此。因此，有机物料作为土壤重金属污染的改良剂具有较大的不确定性和可变性，应用时必须根据具体条件灵活处理。有机物料的某些分解产物还可能对植物具有营养作用和生物刺激作用，从而间接影响土壤重金属的生物有效性。有机物料由于被普遍认为是改良土壤肥力、提高作物品质的材料，同时其费用低廉、来源方便，因此具有很好的可接受性和可操作性。

将有机改良方法与中性化技术结合在一起形成的有机–中性化技术，可以克服有机改良和中性化技术单独使用时所具有的不足，取长补短，既能迅速抑制土壤重金属的有效性，又可以减少中性化技术对土壤肥力可能的负面影响，取材方便，费用低廉，可望达到抑污、培肥双重效果，适用于大面积的、污染程度不很严重的酸性重金属污染土壤的治理。该技术如果与植物修复技术相结合，将会有更好的效果。

　　c　无机改良物料（inorganic amendments）

　　除石灰和钙镁磷肥等中性化材料以外，还可以使用其他无机改良剂来降低土壤重金属的有效性，抑制作物对土壤重金属的吸收。常用的无机改良剂包括石灰、钙镁磷肥、沸石、磷肥、膨润土、褐藻土、铁锰氧化物、钢渣、粉煤灰、风化煤等。不同的无机改良剂的作用机理也不同。如前所述，石灰和钙镁磷肥主要通过提高酸性土壤的 pH 值而降低酸性土壤重金属的活性与生物有效性。钢渣和粉煤灰对土壤重金属形态和有效性的影响，在很大程度上也是通过提高土壤 pH 值而实现的；沸石、膨润土、褐藻土等主要通过对重金属的吸附固定而降低土壤重金属的活性和生物有效性。铁锰氧化物直接作为重金属污染土壤的改良剂的报道较少，但也有一些研究表明铁锰氧化物在改良重金属污染土壤方面可能具有一定的潜力。无机改良剂的作用机理往往是多重的，可能同时包括中性化机制和吸附固定机制。无机改良剂与有机改良剂一样，也具有费用低廉、取材方便、可接受性和可操作性较好的优点。但这些无机材料中的大部分改良效果比较有限，要求的用量比较高。另一个问题是其本身可能含有较高的污染物，如钢渣、粉煤灰和风化煤等本身重金属的含量常常较高，如果大量施用，势必导致新的土壤污染。因此，当考虑采用上述材料时，除了应该针对目的地的污染状况检验其可行性以外，还应严格按照有关废物农用的污染物限量规定，不使用超标的废物，要在确保不对土壤造成新污染的前提下才能使用。

　　d　氧化还原技术（oxidation and reduction）

　　有些重金属元素本身会发生氧化态和还原态的转变（如 As、Cr、Hg 等），不同的氧化态有不同的溶解性及不同的生物有效性和毒性。有些重金属虽然本身不具有氧化还原状态的变化，但在不同的氧化还原环境中，其溶解性和生物有效性不同。因此在农业上可以利用这种性质，调控土壤重金属的有效性。土壤中 Cr^{3+} 绝大部分以固态存在，有效性很低；而 Cr^{6+} 则大部分溶解于土壤溶液中，有效性较高，毒性也较高。因此对铬而言，促进还原过程的发展，可以减少毒性较强的 Cr^{6+} 的比例，抑制土壤铬的有效性。土壤中的砷常以 +5 价或 +3 价存在，在氧化条件下，以砷酸盐占优势。从氧化条件转变为还原条件时，亚砷酸逐渐增多，对作物的毒性增强。因此促进氧化过程的发展，可以促使 As^{3+} 向毒性和溶解度更小的 As^{5+} 转化，从而减轻砷害。还原条件下土壤中所产生的硫化物有可能使多种重金属（如 Cu^{2+}、Cd^{2+}、Pb^{2+}、Zn^{2+} 等）形成难溶性的硫化物，从而降低其有效性。土壤氧化还原状态的控制，一般可以通过水分管理而实现。一般认为，镉污染的土壤可以采用淹水种稻的方法抑制其有效性，而且在种稻期间应尽可能避免落干和烤田。铜污染的土壤也可以采用淹水种稻的方式抑制铜的有效性。但对于土壤有机质含量高的土壤，如果淹水期间土壤 pH 值升得过高，可能会使有效铜含量反而升高，因此要十分注意，不可笼统对待。使用有机物料也可以在一定程度上影响土壤的氧化还原状况，但效果有限。

6.2.7.3　生物修复技术

　　生物修复是指利用天然存在的或特别培养的微生物，在可调控的环境条件下将污染土壤中的有毒污染物转化为无毒物质的处理技术。生物修复技术取决于生物过程或因生物而发生的过程，如降解、转化、吸附、富集或溶解等。其中生物降解是最主要的修复技术。

污染物的分解程度取决于它的化学成分、所涉及的微生物和土壤介质的物理化学条件等因素。

生物修复有时又被称为生物处理（biological treatment）。其新颖之处在于它精心选择、合理设计操作的环境条件，促进或强化在天然条件下本来发生很慢或不能发生的降解或转化过程。生物修复技术对污染土壤的修复能力主要取决于污染物种类和土壤类型。现有的生物修复技术只限于处理易分解的污染物：单核芳香烃（如苯、甲苯、乙苯、二甲苯）、简单脂肪烃（如矿物油、柴油）和比较简单的多环芳烃，随着技术的发展可处理的有机污染物也将更复杂。生物修复最初用于有机污染物的治理，近年来逐渐向无机污染物的治理领域扩展。

A　生物修复技术的分类

根据修复过程中人工干预的程度，污染土壤的生物修复技术可分为自然生物修复和人工生物修复两大类。

自然生物修复技术指完全在自然条件下进行的生物修复过程，在修复过程中不进行任何工程辅助措施，也不对生态系统进行调控，靠土壤中原有的微生物发挥作用。自然生物修复要求被修复土壤具有适合微生物活动的条件（如微生物必要的营养物、电子受体、一定的缓冲能力等），否则将影响修复速度和修复效果。

人工生物修复技术则是指当在自然条件下，生物降解速度很低或不能发生时，可以通过补充营养盐、电子受体、改善其他限制因子或微生物菌体等方式，促进生物修复，即人工生物修复。人工生物修复技术依其修复位置情况，又可以分为原位生物修复和异位生物修复两类。

（1）原位生物修复技术。不人为挖掘、移动污染土壤，直接在原污染位向污染部位提供氧气、营养物或接种，以达到降解污染物的目的。原位生物修复可以辅以工程措施。原位生物修复技术形式包括生物通气法（bioventing）、生物注气法（biosparging）、土地耕作法（land farming）等。

（2）异位生物修复技术。人为挖掘污染土壤，并将污染土壤转移到其他地点或反应器内进行修复。异位生物修复更容易控制，技术难度较低，但成本较高。异位生物修复包括生物反应器型（bioreactor）和处理床型（treatment bed）两类。处理床技术又可分为异位土地耕作、生物土堆处理（biopiles）和翻动条垛法（windrow turning）等。反应器技术主要指泥浆相生物降解技术（slurry phase biodegradation）等。

B　生物修复技术的特点

与物理的或化学的修复技术相比较，生物修复技术具有如下优点：

（1）可使有机污染物分解为二氧化碳和水，永久清除污染物，二次污染风险小。

（2）处理形式多样，可以就地处理。

（3）原位生物修复对土壤性质的破坏小，甚至不破坏或提高土壤肥力。

（4）降解过程迅速，费用较低。据估计，生物修复技术所需要的费用只是物理、化学修复技术的30%～50%。

生物修复技术的缺点包括：

（1）只能对可以发生生物降解的污染物进行修复，但有些污染物根本不会发生生物降解，因此生物修复技术有其局限性。

（2）有些生物降解产物的毒性和移动性比母体化合物更强，因此可能导致新的环境风险。

（3）其他污染物（如重金属）可能对生物修复过程产生抑制作用。

（4）修复过程的技术含量较高，修复之前的可处理性研究和方案的可行性评价费用较高。

（5）修复过程的监测要求较高，除了化学监测还要进行微生物监测。

C　生物修复主要技术简介

a　泥浆相生物反应器（slurry phase bioreactor）

溶解在水相中的有机污染物容易被微生物利用，而吸附在固体颗粒表面的则不易被利用，因此将污染土壤制成浆状更有利于污染物的生物降解。泥浆相处理在泥浆反应器中进行，泥浆反应器可以是专用的泥浆反应器，也可以是一般的经过防渗处理的池塘。将挖出的土壤加水制成泥浆，然后与降解微生物和营养物质在反应器中混合。添加适当的表面活性剂或分散剂可以促进吸附的有机污染物的解离，从而促进降解速度。降解微生物可以是原本存在于土壤的微生物，也可以是接种的微生物。要严格控制条件以利于泥浆中有机污染物的降解。处理后的泥浆被脱水，脱出的水要进一步处理以除去其中的污染物，然后可以被循环使用。

与固相修复系统相比，泥浆反应器的主要优点在于促进有机污染物的溶解，增加微生物与污染物的接触，加快生物降解速度。泥浆相处理的缺点是能耗较大，过程较复杂，因而成本较高；处理过程彻底破坏土壤结构，对土壤肥力有显著影响。泥浆相处理技术适用于挥发和半挥发有机污染物、卤化或非卤化有机污染物、多环芳烃、二噁英、呋喃、除草剂和农药、炸药等。泥炭土不适用于该技术。

在 1992 年到 1993 年间，美国得克萨斯州曾采用该技术处理了一处被多环芳烃、多氯联苯、苯和氯乙烯污染的土壤。共处理了大约 30 万吨土壤和污泥，每吨土壤的处理费用约 60 英镑。处理系统包括通气（泵）系统、液态氧供应系统、化学物质供应系统（供应氮、磷等营养物质和调节酸度的石灰水）、清淤与混合设备及生物反应器。经过 11 个月的处理，苯含量从 608mg/kg 降低到 6mg/kg，氯乙烯含量从 314mg/kg 降低到 16mg/kg。

b　生物堆制法（biopiles）

生物堆制法又称静态堆制法（static piles）。这是一种基于处理床技术的异位生物处理过程，通过使土堆内的条件最优化而促进污染物的生物降解。挖出的污染土壤被堆成一个长条形的静态堆（没有机械的翻动），添加必要的养分和水分于污染土堆中，必要时加入适量表面活性剂或在土堆中布设通气管网以导入水分、养分和空气。管网可以安放在土堆底部、中部或上部。最大堆高可以达到 4m，但随着堆高的增加，通气和温度的控制会越加困难。土堆上还可以安装喷淋营养物的管道。处理床底部应铺设防渗垫层以防止处理过程中从床中流出的渗滤液往地下渗漏，可以将渗滤液回灌于预制床的土层上。如果会产生有害的挥发性气体，在土堆上还应该有废气收集和处理设施。温度对生物降解速率有影响，因此季节性的气候变化可能阻碍或提高降解速率。将土堆封闭在温室状的结构中或对进入土堆的空气或水进行加热，可以控制堆温。通气土堆技术适用于挥发性和半挥发性的、非卤化的有机污染物和多环芳烃污染土壤的修复。通气土堆法的优点在于对土壤的结构和肥力有利，可以限制污染物的扩散，减少污染范围。缺点是费用高，处理过程中的挥发性气体可能对环境有不利影响。

加拿大魁北克省曾采用此法对有机污染的土壤进行了示范性处理。污染点为黏质土，土壤中矿物油和油脂含量为 14000mg/kg。约 500m³ 的污染土壤被转移到一个沥青台上，定期添加养分，由于土壤质地较黏，所以混入泥炭和木屑以改善通透性和结构。经常加入水分以保持 14% 左右的含水量。冬天时用电加热器以保持温度（20℃ 左右）。处理费用约为 3 英镑/立方米。经过 34 周的处理以后，72% 以上的石油烃被降解，添加泥炭和木屑显著提高了降解率。

c 土地耕作法（land farming）

土地耕作法又称为土地施用法（land application），包括原位和异位两种类型。原位土地耕作法指通过耕翻污染土壤（但不挖掘和搬运土壤），补充氧和营养物质以提高土壤微生物的活性，促进污染物的生物降解。在耕翻土壤时，可以施入石灰、肥料等物质，质地太黏重的土壤可以适当加入一些沙子以增加孔隙度，尽量为微生物降解提供良好的环境。采用土地耕作法时氧的补充靠空气扩散作用。该方法简单易行，成本也不高，主要问题是污染物可能发生迁移。原位土地耕作法适用于污染深度不大的表层土壤的处理。

异位土地耕作法是将污染土壤挖掘搬运到另一个地点，将污染土壤均匀撒到土地表面，通过耕作方式使污染土壤与表层土壤混合，从而促进污染物发生生物降解。必要时可以加入营养物质。异位土地耕作法需要根据土壤的通气状况反复进行耕翻作业。用于异位土地耕作的土地要求土质均匀、土面平整、有排水沟或其他控制渗漏和地表径流的方式。可以根据需要对土壤 pH 值、湿度、养分含量等进行调节并进行监测。异位土地耕作法适用于污染深度较大的污染土壤的处理。

土地耕作法的有效性取决于土壤特征、有机物组分特征和气候条件三类因素。要使土壤氧气的进入、养分的分布和水分含量维持在合适的范围内，就必须考虑土壤质地。黏质土和泥炭土不适用于土地耕作法。土地耕作法可用于挥发性、半挥发性、卤化和非卤化有机污染物、多环芳烃、农药和杀虫剂等污染土壤的处理。典型的土地耕作场地都是不覆盖、对气候因素开放的，降雨使土壤的水分超过必需的水分含量，而干旱又使土壤水分低于所需的最小含水量。寒冷的季节不适于土地耕作法的进行，如要进行可以对场地进行覆盖。温暖的地区一年四季都可以进行土地耕作法修复。

土地耕作法的优点是设计和设施相对简单、处理时间较短（在合适的条件下，通常需要 6～24 个月）、费用不高（每吨污染土壤 30～60 美元）、对生物降解速度小的有机组分有效。该方法的缺点是：很难达到 95% 以上的降解率，很难降解到 0.1mL/L 以下，当污染物含量过高时效果不佳（如石油烃含量超过 50000μL/L 时），当重金属含量超过 2500mg/kg 时会抑制微生物生长，挥发性组分会直接挥发出来而不是被降解，需要较大的土地面积进行处理，处理过程产生的尘埃和蒸气可能会引发大气污染问题，如果淋溶比较强烈的话需要进行下垫面处理。

在德国莱茵河附近的一个炼油厂，曾采用此法对污染的土壤进行了修复。该污染点内石油烃的污染深度达 6m，地表 2m 以内的石油烃含量为 10000～30000mg/kg，污染土壤被挖掘出来，铺在一个高密度聚乙烯下垫面上，形成一个长 45m、宽 8m、厚 0.6m 的处理床。处理床上覆盖了聚乙烯以保持土堆的温度和湿度。34 周以后，土壤中石油烃的含量从 12980mg/kg 降低至 1273mg/kg（降低了 90% 以上）。

d　翻动条垛法（windrow turning）

翻动条垛法是一种基于处理床技术的异位生物处理过程。将污染土壤与膨松剂混合以改善结构和通气状况，堆成条垛。条垛既可以堆在地面上，也可以堆在固定设施上。垛高1～2m。条垛的地面要铺设防渗底垫以防止渗漏液对土壤的污染。通常需要往土垛中添加木片、树皮或堆肥等物质，以改善条垛内的排水和孔隙状况。还可以设置排水管道以收集渗漏水并使条垛内土壤达到最佳含水量。用机械进行翻堆以提高均匀性，为微生物活动提供新鲜表面，促进排水，改善通气状况，从而促进生物降解。翻动条垛法可以用于挥发性、半挥发性、卤化和非卤化有机污染物、多环芳烃等污染土壤的处理。1992年5～11月间，美国俄勒冈州曾采用此法处理了被炸药（包括TNT）污染的土壤，共处理了大约240m³的污染土壤，土壤的质地从细砂土到壤质砂土。挖出的污染土壤先被过筛，然后与添加物混合。混合物中污染土壤30%、牛粪21%、紫云英18%、锯屑18%、马铃薯10%、鸡粪3%。每周翻堆3～7次，水分含量为30%～40%，pH值为5～9。40天以后，TNT含量从原来的1600mg/kg降低至4mg/kg。

e　生物通气法（bioventing）

生物通气法是一种利用微生物以降解吸附在不饱和土层的土壤上的有机污染物的原位修复技术。生物通气法通过将氧气流导入不饱和土层中，增强土壤中细菌的活性，来促进土壤中有机污染物的自然降解。在生物通气过程中，氧气通过垂直的空气注入井进入不饱和层。具体措施是向不饱和层打通气井，用真空泵使井内形成负压，让空气进入预定区域，促进空气的流通。与此同时，还可以通过渗透作用或通过水分通道向不饱和层补充营养物质。处理过程中最好在处理地面上加一层不透气覆盖物，以避免空气从地面进入，影响内部的气体流动。生物通气如发生在土壤内部的不饱和层中，可以通过人为降低地下水位的方法扩大处理范围。据报道，生物通气法最大的处理深度已经达到了30m。生物通气主要促进燃油污染物的降解，也可以促使挥发性有机物以蒸气的形式缓慢挥发。

生物通气的目的在于促进好氧降解过程最大化。操作过程中空气的流速比较低，目的在于限制污染物的挥发作用。生物降解和挥发作用之间的最佳平衡取决于污染物的种类、地点条件和处理时间。但无论如何，收集从土壤挥发出来的空气依然是必要的。生物通气法的效果对于土壤含水量的依赖性很强，饱和带土壤的处理首先必须降低地下水位。

生物通气系统通常用于那些挥发速度低于蒸气提取系统要求的污染物。生物通气法最适合于那些中等分子质量的石油污染物（如柴油和喷气燃料）的微生物降解。相对分子质量较小的化合物如汽油等，趋向于迅速挥发并可以通过更快的蒸气提取法而去除。生物通气法不太适用于分子质量更大的化合物（如润滑油），因为这些化合物的降解时间很长，生物通气不是一种有效的选择。

美国犹他州的一个空军基地曾采用生物通气法处理被喷气燃料污染的5000m³的土壤，该片土壤内石油烃含量高达10000mg/kg。处理从1988年开始，到1990年结束。首先进行蒸气提取，而后进行生物通气。在实施生物通气修复时，设立了4个深约16m、直径约0.2m的井。土壤的含水量控制在9%～12%之间，并添加必要的养分。在生物通气的部分地面上盖上了塑料覆盖物以防止废气的散发。处理后土壤石油烃的含量降低到6mg/kg，总费用约60万美元。

f 生物注气法（biosparging）

生物注气法又称空气注气法（air sparging）。生物注气法是一种原位修复技术，指通过空气注气井将空气压入饱和层中，使挥发性污染物随气流进入不饱和层进行生物降解，同时也促进饱和层的生物降解。在生物注气过程中，气泡以水平的或垂直的方式穿过饱和层及不饱和层，形成了一个地下的剥离器，将溶解态或吸附态的烃类化合物变成蒸气相而转移。空气注气井通常间歇运行，即在生物降解期大量供应氧气，而在降解停滞期通气量最小。当生物注气法与蒸气提取法联合使用时，气泡携带蒸气相污染物进入蒸气提取系统而被除去。生物注气法适用于被挥发性有机污染物和燃油污染土壤的处理。空气注气法更适用于处理被小分子有机物污染的土壤，对大分子有机物污染的土壤并不适宜。

6.2.7.4 植物修复技术

植物修复技术（phytoremediation）指利用植物及其根际微生物对土壤污染物的吸收、挥发、转化、降解、固定作用而去除土壤中污染物的修复技术。植物修复这一术语大约出现于 1991 年，是污染土壤修复技术中发展最快的领域。

A 植物修复技术的类别及作用机理

一般来说，植物对土壤中的无机污染物和有机污染物都有不同程度的吸收、挥发和降解等修复作用，有的植物甚至同时具有上述几种作用。但修复植物不同于普通植物的地方在于其在某一方面能表现出超强的修复功能，如超积累植物等。根据修复植物在某一方面的修复功能和特点，可将污染土壤修复技术分为植物提取作用（phytoextraction）、根际降解作用（rhizodegradation）、植物降解作用（phytodegradation）、植物稳定化作用（phystabilization）、植物挥发作用（phytovolatilization）等。

a 植物提取作用（phytoextraction）

植物提取就是指通过植物根系吸收污染物并将污染物富集于植物体内，而后将植物整体（包括部分根部）收获、集中处置，然后再继续种植以使土壤中重金属含量降低到可接受水平的过程。适于植物提取技术的污染物包括多种金属元素、放射性核素及非金属等。虽然各种植物都可能或多或少地吸收土壤中的重金属，但作为植物提取修复用的植物必须对土壤中的一种或几种重金属具有特别强的吸收能力，即所谓超富集植物（也称超累积植物，hyperaccumulator）。金属超富集植物最早发现于 20 世纪 40 年代，但直到 1977 年，才由 Brooks 等人提出超富集植物的概念。对于大多数金属（Cu，Pb，Ni，Co，Se）而言，超富集植物中金属元素的临界浓度是 1000mg/kg，但镉超富集植物体内镉的临界浓度仅为 100mg/kg。到 1998 年为止，世界上共发现金属超富集植物 430 余种，其中镍超富集植物多达 317 种，铜超富集植物为 37 种，钴超富集植物为 28 种，铅超富集植物为 14 种，镉超富集植物仅 1 种。其中部分超富集植物可以同时富集多种金属。我国在超富集植物的研究方面也取得了可喜的进展，近年来相继报道了在国内发现的砷超富集植物蜈蚣草、锌超富集植物东南景天和锰超富集植物商陆等。

植物提取土壤重金属的效率取决于植物本身的富集能力、植物可收获部分的生物量以及土壤条件（如土壤质地、土壤酸度、土壤肥力、金属种类及形态等）。超富集植物通常生长缓慢，生物量低，根系浅。因此尽管植物体内金属浓度可以很高，但从土壤中吸收走的金属总量却未必很多，这影响了植物提取修复的效率。为达到预期的净化目标，实际需要种植超富集植物的次数必定很多。所以寻找超富集植物品种资源，通过常规育种和转基因育种筛选优良的超富集植物，就成为植物提取修复的关键环节。优良的超富集植物不仅体内重金属含量要高，生物量也要高，抗逆、抗病虫害能力要强。通过转基因技术培育新的超富集植物也许是今后植物提取修复技术的重要突破点。植物提取修复是目前研究最多且最具发展前景的一种植物修复技术。

b　根际降解作用（rhizodegradation）

根际降解就是指土壤中的有机污染物通过根际微生物的活动而被降解的过程。根际降解作用是一个植物辅助并促进的降解过程，也是一种就地的生物降解作用。植物根际是由植物根系和土壤微生物之间相互作用而形成的距植物根系仅几毫米到几厘米的独特圈带。根际中聚集了大量的细菌、真菌等微生物和土壤动物，在数量上远远高于非根际土壤。根际土壤中微生物的生命活动也明显强于非根际土壤。根际中既有好氧环境，也有厌氧环境。植物在其生长过程中会产生根系分泌物，这些分泌物可以增加根际微生物群落并促进微生物的活性，从而促进有机污染物的降解。根系分泌物的降解会导致根际有机污染物的共同代谢。植物根系会通过增加土壤通气性和调节土壤水分条件而影响土壤条件，从而创造更有利于本地微生物的生物降解作用的环境。

根际降解作用的优点主要包括：污染物在原地即被分解；与其他植物修复技术相比，植物降解过程中污染物进入大气的可能性较小，二次污染的可能性较低；有可能将污染物完全分解；建立和维护费用比其他措施低。根际降解作用的缺点是：根系的发育需要较长的时间；土壤物理的或水分的障碍可能限制根系的深度；在污染物降解的初期，根际的降解速度高于非根际土壤，但根际和非根际土壤中的最后降解速度或程度可能是相似的；植物可能会吸收许多尚未被研究的污染物；为了避免微生物与植物争夺养分，植物需要额外的施肥；根际分泌物可能会刺激那些不降解污染物的微生物的活性，从而影响降解微生物的活性，植物来源的有机质，而不是污染物，也可以作为微生物的碳源，这样可能会降低污染物的生物降解量。

根际降解作用的机理主要包括好氧代谢、厌氧代谢和腐殖质化作用等过程。

c　植物降解作用（phytodegradation）

植物降解作用（又称植物转化作用）指被吸收的污染物通过植物体内代谢而降解的过程，或污染物在植物产生的化合物（如酶）的作用下在植物体外降解的过程。其主要机理是植物吸收和代谢。要使植物降解发生在植物体内，化合物首先要被吸收到植物体内。研究表明，70多种有机化合物可以被88种植物吸收。化合物的吸收取决于其憎水性、溶解性和极性。中等疏水的化合物最易被吸收并在植物体内运转，溶解度很高的化合物不易被根系吸收并在体内运转，疏水性很强的化合物可以被根表面结合，但难以在体内运转。植物对有机化合物的吸收还取决于植物的种类、污染物本身的特点及土壤的物化特征。很难对某一种化合物下确切的结论。

植物降解作用的优点是其有可能出现在生物降解无法进行的土壤条件中。其缺点是可能形成有毒的中间产物或降解产物；很难测定植物体内产生的代谢产物，因此污染物的植物降解也难以被确认。

d　植物稳定化作用（phystabilization）

植物稳定化作用指通过根系的吸收和富集、根系表面的吸附或植物根圈的沉淀作用而产生的稳定化作用或利用植物或植物根系保护污染物，使其不因风、侵蚀、淋溶以及土壤分散而迁移的稳定化作用。

植物稳定化作用主要通过根际微生物活动、根际化学反应、污染物的化学变化而起作用。根系分泌物或根系活动产生的 CO_2 会改变土壤 pH 值，植物固定作用可以改变金属的溶解度和移动性或影响金属与有机化合物的结合，受植物影响的土壤环境可以将金属从溶解状态变为不溶解状态。植物稳定化作用可以通过吸附、沉淀、络合或金属价态的变化而实现。结合于植物木质素之上的有机污染物可以通过植物木质化作用而被植物固定。在严重污染的土壤上种植抗性强的植物以减少土壤的侵蚀，防止污染物向下淋溶或往四周扩散。这种固定作用常被用于废弃矿山的植被重建和复垦。

植物稳定化作用的优点是不需要移动土壤，费用低，对土壤的破坏小，植被恢复还可以促进生态系统的重建，不要求对有害物质或生物体进行处置。其缺点是污染物依然留在原处，可能要长期保护植被和土壤以防止污染物的再释放和淋洗。

e　植物挥发作用（phytovolatilization）

植物挥发作用是指污染物被植物吸收后，在植物体内代谢和运转，然后以污染物或改变了的污染物形态向大气释放的过程。在植物体内，植物挥发过程可能与植物提取和植物降解过程同时进行并互相关联。植物挥发作用对某些金属污染的土壤有潜在修复效果。目前研究最多的是汞和硒的植物挥发作用，砷也可能产生植物挥发作用，某些有机污染物也可能产生植物挥发作用。

在土壤中，Hg^{2+} 在厌氧细菌的作用下可以转化为毒性很强的甲基汞。一些细菌可以将甲基汞和离子态汞转化成毒性小得多的可挥发的元素汞，这是降低汞毒性的生物途径之一。研究证明，将细菌体内对汞的抗性基因导入拟南芥属植物之中，植物就可能将吸收的汞还原为元素汞以利于其挥发。许多植物可从土壤中吸收硒并将其转化成可挥发状态。根际细菌不仅能促进植物对硒的吸收，还能提高硒的挥发率。

目前已经发现的可以产生挥发作用的植物有杨树、紫云英、黑刺槐、印度芥、芥属杂草等。

植物挥发作用的优点是污染物可以被转化成为毒性较低的形态；向大气释放的污染物或代谢物可能会遇到更有效的降解过程而进一步降解，如光降解作用。植物挥发作用的缺点是污染物或有害代谢物可能累积在植物体内，随后可能被转移到果实等其他器官中；污染物或有害代谢物可能被释放到大气中。

这一方法的适用范围很小，并且有一定的二次污染风险，因此它的应用有一定限制。

B　植物修复技术的优点和局限

污染土壤植物修复技术的优点很多，主要包括：可以将污染物从土壤中去除，永久解决土壤污染问题；修复植物的稳定作用可以固土，防止污染土壤因风蚀或水土流失而产生污染扩散问题；修复植物的蒸腾作用可以防止污染物对地下水的二次污染；植物修复不仅对修复场地的破坏小，对环境的扰动小，而且还具有绿化环境的作用，可减少来自公众的关注与担心；植物修复一般还会提高土壤的肥力；植物修复依靠植物的新陈代谢活动来治理污染土壤，技术操作比较简单，是可靠的、环境相对安全的技术；植物修复能耗和成本较低，可以在大面积污染土壤上使用。

植物修复技术的局限性主要体现在：一种植物往往只是吸收一种或两种重金属元素，

对土壤中其他含量较高的重金属则表现出某些中毒症状，从而限制了该技术在多种重金属污染土壤治理方面的应用前景；修复植物对土壤肥力、气候、水分、盐度、酸碱度、排水与灌溉系统等自然和人为条件有一定的要求；用于清洁重金属的超累积植物通常矮小、生物量低、生长缓慢、生长周期长，因而修复效率低，不易机械化作业；植物修复的周期相对较长，因此，不利气候或不良的土壤环境都会间接影响修复效果。

6.2.8　污染土壤修复技术的选择原则

在选择污染土壤修复技术时，必须综合考虑修复目的、社会经济状况、修复技术的可行性等方面。就修复目的而言，有的修复是为了使污染土壤能够安全地再利用，而有的修复则只是为了限制土壤污染物对其他环境组分（如水体和大气等）的污染，并不考虑修复后能否再被农业利用。不同的修复目的可以选用的修复技术不同。就社会经济状况而言，有的修复工作可以在充足的经费支持下进行，此时可供选择的修复技术就比较多；有的修复工作只能在有限经费支持下进行，这时候可供选择的修复技术就很有限。土壤是一个高度复杂的体系，任何修复方案都必须根据当地的实际情况而定，不可完全照搬其他国家、地区或其他土壤类型的修复方案。因此在选择修复技术和制定修复方案时应考虑如下原则：

（1）耕地保护原则。我国地少人多，耕地资源短缺，保护有限的耕地资源是头等大事。在进行修复技术选择时，应尽可能选用对土壤肥力负面影响小的技术，如植物修复技术、生物修复技术、电动力学技术、稀释、客土、冲洗技术等。有些技术处理后使土壤完全丧失生产力，如加玻璃化技术、热处理技术、固化技术等，只能在污染十分严重、迫不得已的情况下采用。

（2）可行性原则。修复技术的可行性主要体现在两个方面：一是经济方面的可行性，二是效应方面的可行性。所谓经济方面的可行性，即指成本不能太高，在我国农村现阶段能够承受、可以推广。部分发达国家目前实施的成本较高的技术，在我国现阶段恐难以实施。所谓效应方面的可行性，即指修复后能达到预期目标，见效快。一些需要很长周期的修复技术，必须在土地能够长期闲置的情况下才能实施。

（3）因地制宜原则。土壤污染物的去除或钝化是一个复杂的过程。要达到预期的目标，又要避免对土壤本身和周边环境的不利影响，对实施过程的准确性要求就比较高。不能简单搬用国外的或国内不同条件下同类污染处理的方式。在确定修复方案之前，必须对污染土壤做详细的调查研究，明确污染物种类、污染程度、污染范围、土壤性质、地下水位、气候条件等，在此基础上制定初步方案。一般应对初步方案进行小区预备研究，根据预备研究的结果，调整修复方案，再实施面上修复。

6.3　土壤生态保护与土壤退化的防治

6.3.1　土壤生态系统

土壤生态系统是指地球陆地地表一定地段的土壤生物与土壤及其他环境要素之间的相互作用、相互制约，并趋向于生态平衡的相对稳定的系统整体。它是具有一定组成、结构和功能的基本单位。

土壤生态系统中的生物组成部分，根据其在系统内物质与能量迁移转化中的作用，可分为第一性生产者、消费者及分解者。第一性生产者主要是指含有叶绿素能利用太阳辐射能和光能合成有机质的高等绿色植物；消费者是以生物有机体为食的异养性生物，包括土壤动物在内的所有食草动物和食肉动物；分解者则是土壤中依靠分解有机质维持生命的土壤微生物群。土壤生态系统的结构可依据地表和土壤环境条件的差异，以及与此相关联的生物群体及其作用划分为垂直与水平结构。如，土壤生态系统的垂直结构可分为以下三个主要层次：（1）地上生物群体层及地表绿色植物（包括乔木、灌木、草本植物等）组成的生物群体，是进行光合作用的主要场所；（2）土被生物群落层，它是土壤生物群体（土壤动物、微生物、藻类等）的主要聚积层，是土壤有机质分解转化最活跃的层次；（3）土被底层与风化壳生物群体层，该层中生物群体剧减，生物有机体少，是生态系统矿质元素补给基地。而土壤生态系统的功能则主要表现在运行于系统中的能量流、物质流和信息流等以维持土壤生态系统的生存、平衡和发展。

土壤生态系统平衡系指当系统的能量和物质输入、输出较均衡的情况下，系统中第一性生产者、消费者和分解者以及诸生物体与无机环境间都保持着相对稳定的平衡状态。但这只是一种动态平衡，若从外界环境不断输入土壤生态系统的能量流和物质流发生变化，必然引起土壤生态系统的成分、性质、结构与功能发生相应的改变；反之，当土壤生态系统向外界环境输出能量和物质流的变化，也会使陆地生态系统整体组成、结构和功能发生改变。两者相互促进，因此从生态角度，对土壤生态系统加以保护，防止土壤生态退化，对于农业生态系统以至全球陆地生态系统均具有非常重要的意义。

6.3.2 土壤退化及其成因

土壤退化即土壤衰退，又称土壤贫瘠化，是指土壤肥力衰退导致生产力下降的过程，也是土壤环境和土壤理化性状恶化、土壤生态遭受破坏的综合表征。土壤退化包括土壤有机质含量下降、营养元素减少，土壤结构遭到破坏，土壤侵蚀、荒漠化、盐渍化、酸化、沙化等。其中有机质下降是土壤退化的主要标志。在干旱、半干旱地区，由于原来稀疏的植被受到破坏，致使土壤沙化是严重的土壤退化现象。土壤退化既有着复杂的自然背景和原因（如全球环境变化，特别是全球气候变化），也有着人为活动影响的诸多直接和间接的原因（如土壤的不合理利用）。而社会经济的发展，人口的持续增长，又增加了土壤的压力。如过度放牧和耕种、大量砍伐森林、破坏植被而导致的水土流失以及大量排放污染物等都是造成土壤退化的原因。

6.3.3 土壤退化的类型及其防治

在第二次世界大战后几十年的时间内，全球十分之一以上的耕地发生不同程度的退化现象。受其影响的土地总面积约 $12 \times 10^8 hm^2$，这是令人震惊的数据。我国是土壤退化严重的国家和地区之一，如受水土流失危害的耕地面积占我国耕地总面积的三分之一；荒漠化土地面积约占我国土地总面积的 8%。

6.3.3.1 荒漠化和沙化

荒漠化是指因气候干旱或人为的不合理利用，如过度放牧、滥垦、灌溉不当及其他社会经济建设和开发活动，而使地表植被遭到破坏或覆盖度下降。风力侵蚀、土表或土体盐渍化加重等均属荒漠化表征。沙漠化和沙化是荒漠化最具代表性的表征之一。荒漠化和沙化主要发生在干旱、半干旱以至半湿润和滨海地区。全球沙漠面积占陆地面积的20%，荒漠化面积约为 $36 \times 10^8 hm^2$ ，占陆地总面积的28%。荒漠化是人类面临的最严重的威胁之一，为防治土地荒漠化，在1992年于巴西世界环境首脑会议上提出，1994年由115个国家签署、55个国家批准的联合国防治荒漠化公约生效。防治荒漠化主要措施有控制农垦、防止过度放牧、因地制宜营造防风固沙林、建立生态复合经营模式等。

6.3.3.2　土壤侵蚀（或水土流失）

土壤侵蚀系指主要在水、风等营力作用下，土壤及其疏松母质（特别是表土层）被剥蚀、搬运、堆积（或沉积）的过程。根据其营力作用，又将土壤侵蚀分为水蚀和风蚀两大类型。据估计世界每年土壤流失量为 $2.5 \times 10^{10} t$ ，相当于损失土地 $(6.0 \sim 7.0) \times 10^6 hm^2$ 。数十年来，世界可耕地由此而损失近三分之一。我国每年土壤流失量占世界总量的五分之一，相当于全国耕地削去10mm厚的肥土层，损失氮、磷、钾养分约相当于 $4000 \times 10^4 t$ 化肥。土壤侵蚀不仅使肥沃表土层减薄，养分流失，蓄水保水能力减弱，最终将使表土层直至全部土层被侵蚀，成为贫瘠的母质层，甚至成为岩石裸露的不毛之地。土壤侵蚀还使区域生态恶化，影响河流水质和水库的寿命。因而，土壤侵蚀也是一个全球规模的危害严重的土壤退化问题。防治土壤侵蚀的措施有：因地制宜开展植树造林，植灌和植草与自然植被保护和封山育林相结合；生物措施与工程措施相结合；水土保持与合理的经济开发相结合，并以小流域为治理单元逐步进行综合治理。根据我国《水土保持法》，凡坡度不小于25°的山地丘陵坡地严禁开垦，对已开垦的要逐步退耕还林还牧。对其他坡地要实行坡地梯田及等高种植等行之有效的防治土壤侵蚀的措施。

6.3.3.3　土壤盐渍化或盐碱化

土壤盐渍化或盐碱化作为一种土壤退化现象，系指由于自然的或人为的原因，使地下潜水水位升高、矿化度增加、气候干旱、蒸发增强而导致的土壤表层盐化或碱化过程增强，表层盐渍度或碱化度加重的现象。它主要发生在干旱、半干旱、半湿润和滨海平原的洼地区。实际上包括盐化土与盐土、碱化土与碱土两种盐碱土类型。盐化土与盐土指可溶性盐类（氯化物、硫酸盐、重碳酸盐和碳酸盐类）在土壤表层的积聚过程，当易溶盐类在土壤表层（0~20cm）累积量达到影响或危害作物生长发育时（0.2%），便称其为盐化土。当表土层含盐量达到1%时，严重危害作物，使其严重减产，甚至绝收，称之为盐土。而另一类碱化土和碱土的表土层含盐量并不高，但土壤胶体上的吸附性钠离子超过一定量（不小于5%吸附性阳离子总量），称为碱化土；吸附性钠离子与吸附性阳离子的总量比值不小于20%，称为碱土。吸附性钠离子含量较高的土层称碱化层，碱化层的pH值可达9或9以上。碱化层湿时黏重，干时坚硬，物理性状极差。

次生盐渍化是指在人为活动影响下，如灌溉、水库和渠道渗漏使灌区和邻近地区地下潜水水位升高到临界深度以上，使非盐碱土变为盐碱土，或使原生盐碱土盐渍化加重。次生盐渍化在全球范围内也是相当重要的土壤退化现象。据估算全球约有50%的耕地，因灌溉不当而受次生盐渍化和沼泽化危害。我国盐碱土总面积约为 $1 \times 10^8 hm^2$。可见，防治次生盐渍化已是当务之急。

盐碱土和次生盐渍化的防治措施有：实施合理的灌溉排水制度；调控地下水位，精耕细作；多施有机肥；改善土壤结构；减少地表蒸发；选择耐盐碱作物品种。此外，对碱土增施石膏等，不但可防治次生盐渍化，而且发挥盐碱土资源的潜力，扩大农用土地面积，改善盐碱地区的生态环境。

6.3.3.4 土壤沼泽化或潜育化

土壤沼泽化或潜育化是指土壤上部土层 $1m$ 内，因地表或地下长期处于浸润状态下，土壤通气状况变差，有机质因不能彻底分解而形成一灰色或蓝灰色潜育土层，称为沼泽化或潜育化，它是常发生于我国南方水稻种植地区的土壤退化现象。据估算，在 $400 \times 10^4 hm^2$ 的沼泽化稻田中，由于人为活动造成的次生潜育化约占 50%。特别是在排水不良、水稻种植指数较高（三季稻）、土壤质地黏重地区，更易发生次生潜育化。此外，当森林植被被砍伐或火灾之后，森林植被的蒸腾作用消失，因而破坏了地表的水分平衡，同时使地表温度增高，加速了冻土层的融化，导致次生沼泽化。土壤沼泽化降低了有机质的转化速度，使土壤中还原性有害物质增加，土壤湿度降低、通气性差，土壤微生物活性减弱等。

防治土壤沼泽化的途径，应首先从生态环境治理入手，如开沟排水、消除渍害；其次，多种经营，综合利用，因地制宜。其治理模式有稻田—水产养殖系统；水旱轮作；合理施用化肥，多施磷、钾、硅肥。

6.3.3.5 土壤酸化

土壤酸化系指由于人为活动使土壤酸度增强的现象，叫做土壤酸化。土壤中酸性物质可来源于：（1）长期施用酸性化肥；（2）酸性矿物的开采，如黄铜矿（CuS）废弃物的污染；（3）化石燃料（如煤、石油）燃烧排放的酸性物质（SO_2、NO_x），通过干、湿沉降进入土壤环境而产生的土壤酸化，其影响范围正在我国和全球逐步扩大，成为全球性环境问题。

土壤酸化的结果，首先是导致土壤溶液中 H^+ 浓度增加，土壤 pH 值下降，继而增强了钙、镁、磷等营养元素的淋溶作用；其次，随着溶液中 H^+ 数量增加，H^+ 开始交换吸附性 Al^{3+} 等，而使 Al^{3+} 等重金属离子的活性和毒性增加，导致土壤生态环境恶化。

对土壤酸化要针对原因进行防治，对施酸性肥料引起的酸化，要合理施肥，不偏施酸性化肥；对因矿山废弃物而引起的土壤酸化，要采取妥善处理尾矿，消灭污染源，以及施石灰中和等措施；对因酸沉降而引起的土壤酸化，要从根本上控制酸性物质的排放量，即控制污染源。对酸化土壤的重要改良措施是施加石灰、中和其酸性和提高土壤对酸性物质的缓冲性；水旱轮作、农牧轮作也是较好的生态恢复措施。

土壤退化类型除上述外，还有因固体废弃物堆积、非农业占用耕地、植被退化等而导致的土壤退化等。防治土壤退化的最重要的途径，是因地制宜地建立不同类型、不同规模的生态农业，形成农林牧副渔全面发展的格局。

复习思考题

6-1　土壤污染会在什么情况下发生？

6-2　我国当下的土壤污染有哪些特点？

6-3　土壤污染的危害主要包括哪些方面？

6-4　重金属污染土壤可以选择的修复技术有哪些？分别有什么特点？

6-5　什么是原位修复技术和异位修复技术？

6-6　植物提取技术的优点和缺点分别有哪些？

6-7　土壤改良技术能否彻底根治土壤污染？

6-8　土壤修复技术对土壤肥力分别有什么影响？哪些修复技术实施后会彻底破坏土壤肥力？

7 固体废物的处理、处置与利用

7.1 概　述

随着社会经济的飞速发展和科学技术的进步，现代工业生产得到迅猛发展，人类生活水平快速提高，但随之而来也出现了诸多重大的环境问题，而日益增多的固体废物排放便是其中之一。据统计，全球每年产生的垃圾已逾100亿吨，人均年垃圾产生量达2t左右。在我国，一个50万人口的中等城市，每天即可产生100t的生活垃圾，加上建筑垃圾、工业垃圾，每天垃圾的产生量不低于1500t。由此带来资源浪费、容纳场地短缺与环境污染严重等各种问题。所以，从保护环境和充分利用资源两方面考虑，都有必要研究固体废物的处理与资源化利用问题。

7.1.1 固体废物的概念及种类

（1）固体废物的概念。《中华人民共和国固体废物污染环境防治法》明确指出：固体废物，是指在生产、生活和其他活动中产生的丧失原有利用价值或者虽未丧失利用价值但被抛弃或者放弃的固态、半固态和置于容器中的气态的产品、物质以及法律、行政法规规定纳入固体废物管理的物品、物质。

这里所指的生产包括基本建设、工农业及矿山、交通运输、邮政电信等各种工矿企业的生产建设活动；所指的生活包括居民的日常生活活动及为保障居民生活所提供的各种社会服务及设施，如商业、医疗、园林等；其他活动则是指国家各级事业单位和管理机构、各级学校、各种研究机构等非生产性单位的日常活动。

应当强调的是，固体废物的"废"具有时间和空间的相对性。在此生产过程或此方面暂无使用价值的并非在其他生产过程或其他方面也无使用价值。在经济技术落后国家或地区抛弃的废物，在经济技术发达国家或地区可能是宝贵的资源。在当前经济技术条件下暂时无使用价值的废物，在发展了循环利用技术后可能就是资源。因此，固体废物常被看作是"放错了地点的原料"。

（2）固体废物的种类。固体废物的分类方案目前有很多种。按其化学特性，可将其分为无机废物和有机废物两大类。按固体废物的危害性，可分为一般固体废物和危险废物。按其来源不同，可分为矿业固体废物、工业固体废物、城市垃圾、农业固体废物和危险废物。我国现行的《中华人民共和国固体废物污染环境防治法》将固体废物分为以下几类：

1）工业固体废物。工业固体废物是指在工业生产、加工过程中产生的废渣、污泥和矿石。

2）生活垃圾。生活垃圾是指在城市日常生活或者为城市日常生活提供服务的活动中产生的固体废物以及被法律、行政法规视作城市生活垃圾的固体废物。

3）危险废物。危险废物是指列入国家危险废物名录或者国家规定的危险废物鉴别标准和鉴别方法认定的、具有危险特性的废物。危险废物的主要特征并不在于其相态，而在于其危险特性，即具有毒性、腐蚀性、传染性、反应性、浸出毒性、易燃性、易爆性等独特性质，对环境和人体会带来危害，需加以特殊管理。

7.1.2　固体废物的特点

（1）"资源"和"废物"的相对性。从固体废物定义可知，它是在一定时间和地点被丢弃的物质，是"放错地方的资源"。因此，此处的"废物"，具有明显的时间和空间的特征。

1）从时间方面看，固体废物仅仅相对于当前的科技水平还不够高、经济条件还不允许的情况下暂时无法加以利用。但随着时间的推移，科技水平的提高及经济的发展，资源滞后于人类需求的矛盾也日益突出，今天的废物势必会成为明日的资源。

2）从空间角度看，废物仅仅相对于某一过程或某一方面没有使用价值，但并非在一切过程或一切方面都没有使用价值，某一生产过程中的废物，往往会成为另一生产过程中的原料。例如，煤矸石发电、高炉渣生产水泥、电镀污泥中回收贵重金属等，都是此处产生的废物，彼处成为资源加以利用。

相对于日趋枯竭的不可再生资源，固体废物成为一类量大而源广的新资源将是必然趋势。"资源"和"废物"的相对性是固体废物最主要的特征。

（2）成分的多样性和复杂性。固体废物成分复杂、种类繁多、大小各异，既有无机物又有有机物，既有非金属又有金属，既有无味的又有有味的，既有无毒物又有有毒物，既有单质又有合金，既有单一物质又有聚合物，既有边角料又有设备配件，其构成可谓五花八门、琳琅满目。"垃圾为人类提供的信息几乎多于其他任何东西"，成分的多样性和复杂性决定了其处理、处置方法的多样性，增加了处理工作的难度。

（3）危害的潜在性、长期性和灾难性。固体废物对环境的污染不同于废水、废气和噪声。它呆滞性大、扩散性小，它对环境的影响主要是通过水体、大气和土壤进行的。其中污染成分的迁移转化，如浸出液在土壤中的迁移，是一个比较缓慢的过程，其危害可能在数年甚至数十年后才能发现。从某种意义上讲，固体废物，特别是危险废物对环境造成的危害可能要比废水、废气造成的危害严重得多。

（4）污染"源头"和"终态"的双重性。废水和废气既是水体、大气和土壤环境的污染源，又是接受污染物的环境。固体废物则不同，它们往往是许多污染成分的终极状态。例如，一些有害气体或飘尘，通过污染大气处理技术，最终富集成废渣；一些有害溶质和悬浮物，通过水处理技术，最终被分离出来成为污泥或残渣；一些含重金属的可燃固体废物，通过焚烧处理，有害金属浓集于灰烬中。但是，这些"终态"物质中的有害成分，在长期的自然因素作用下，又会流入水体、进入大气和渗入土壤中，成为水体、大气和土壤环境污染的"源头"。许多固体废物因毒性集中和危害性大，暂时无法处理，对环境污染和人类健康有很大潜在威胁。

固体废物的这些特点和特性决定了其对环境和人类的危害性及危害途径，并以此为依据对其进行有效的控制和管理。

7.1.3 固体废物的污染途径

固体废物在一定的条件下会发生化学的、物理的或生物的转化，对周围环境造成一定的影响，如果采取的处理方法不当，其中的有毒有害物质就会通过大气、土壤、地表或地下水等环境介质进入生态系统，破坏生态环境，甚至通过食物链等途径危害人体健康。

通常，工矿业固体废物和电子垃圾等所含化学成分能形成化学物质型污染；人畜粪便和有机垃圾是各种病源微生物的孳生地和繁殖场，能形成病原体型污染。化学物质型及病原体型污染的途径，分别如图 7-1 和图 7-2 所示。

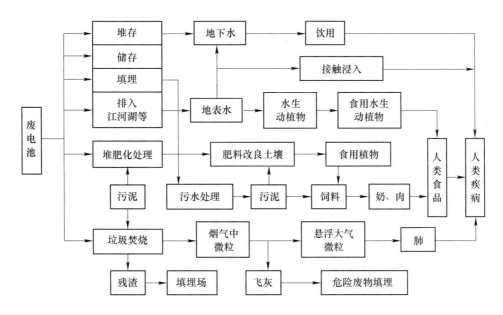

图 7-1　化学物质型固体废物污染途径

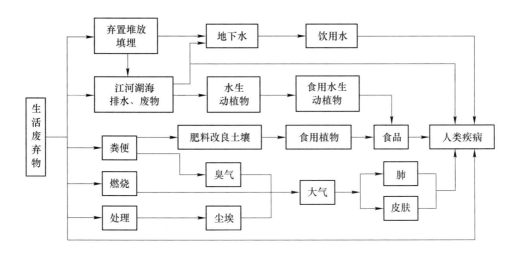

图 7-2　病原体型固体废物污染途径

7.1.4　固体废物的危害

固体废物对环境和生态的污染危害主要表现在以下几个方面：

（1）污染水体。不少国家把固体废物直接倾倒于河流、湖泊、海洋中，甚至以海洋投弃作为一种处置方法。固体废物进入水体，不仅减少江湖面积，而且严重影响水生生物的生存和水资源的利用，投弃在海洋的废物会在一定海域范围内造成生物的死区。

（2）污染大气。固体灰渣中的细粒、粉末经风吹日晒产生扬尘，污染周围大气环境。粉煤灰、尾矿堆放场在遭遇 4 级以上风力时，可剥离 1～41.5cm，灰尘飞扬高度达 20～50m，在多风季节平均视程降低 30%～70%。固体废物中的有害物质经长期堆放发生自燃，向大气中散发出大量有害气体。长期堆放的煤矸石中如含硫量达 1.5% 即会自燃，达 3% 以上即会着火，散发大量的二氧化硫。多种固体废物本身或在焚烧时会散发毒气和臭味，恶化环境。

（3）侵占土地。固体废物不加利用，需占地堆放，堆积量越大，占地越多。截至 2006 年，我国固体废物历年堆存量已达 80 亿多吨，占用和损毁土地 13.3 万公顷以上。我国许多城市利用四郊设置垃圾堆场，也侵占了大量农田。

（4）污染土壤。固体废物堆置或垃圾填埋处理，经雨淋渗出液及沥滤中含有的有害成分会改变土质和土壤结构，影响土壤中的微生物活动，妨碍周围植物的根系生长。一般受污染的土地面积往往大于堆渣占地的 1～2 倍。城市固体垃圾弃在城郊，使土壤碱度增高，重金属富集，过量施用后，会使土质和土壤结构遭到破坏。一般的有色金属冶炼厂附近的土壤里，铅含量为正常土壤中含量的 10～40 倍，铜含量为 5～200 倍，锌含量为 5～50 倍。这些有毒物质一方面通过土壤进入水体，另一方面在土壤中发生积累而被植物吸收，毒害农作物。

（5）影响环境卫生。我国城市粪便无害化处理率目前还不到 50%，大多数仅经过化粪池简单处理就被直接排放，粪便也得不到妥善处置。而且医院，传染病院的粪便、垃圾也混入普通粪便、垃圾之中，广泛传播肝炎、肠炎、痢疾以及各种蠕虫病（即寄生虫病）等等，成为严重的环境污染源。

（6）危害人体健康。生活在环境中的人，以大气、水体、土壤为媒介，可以将环境中的有害废物直接由呼吸道、消化道或皮肤摄入人体，使人致病。美国的腊芙运河(Love Canal)污染事件就是一个典型的事例。20 世纪 40 年代，美国一家化学公司利用腊芙运河废弃的河谷填埋生产有机氯农药、塑料等产生的残余有害废物 2 万吨。10 多年后在该地区陆续发生了一些如井水变臭、婴儿畸形、人患怪病等现象。经化验研究，当地空气、用作水源的地下水和土壤中都含有六六六、三氯苯、三氯乙烯、二氯苯酚等 82 种有毒化学物质，其中列在美国环保局优先污染清单上的就有 27 种，被怀疑是人类致癌物质的多达 11 种。许多住宅的地下室和周围庭院里渗进了有毒化学浸出液，于是迫使总统在 1978 年 8 月宣布该地区处于"卫生紧急状态"，先后两次近千户被迫搬迁，造成了极大的社会问题和经济损失。

7.2　固体废物污染的综合防治

7.2.1　控制固体废物污染的途径

固体废物对环境的污染主要是通过水、大气和土壤进行的。固体废物往往是许多污染成分的终极状态。一些有害气体或飘尘，通过治理最终富集成为废渣，一些有害物质和悬浮物，通过治理最终被分离出来成为污泥或残渣，一些含重金属的可燃固体废物，通过焚烧处理，有害金属浓集于灰烬中。这些"终态"物质中的有害成分，在长期的自然因素作用下又会转入大气、水体和土壤，故又成为大气、水体和土壤环境的污染"源头"。固体废物这一污染"源头"和"终态"的双重特性告诉我们，控制"源头"，处理好"终态物"是控制固体废物污染的关键。固体废物污染控制需从两方面着手，一是综合利用资源，减少固体废物的排放量，即"源头控制"；二是防治固体废物污染。主要控制措施有：

（1）采用清洁生产工艺。生产工艺落后是产生固体废物的主要原因，采用无废或少废的清洁生产技术，从发生源消除或减少污染物的产生。"清洁生产"是指将综合预防的环境保护策略持续应用于生产过程和产品中，以期减少对人类和环境的风险。该定义包含了两个全过程控制：生产全过程和产品整个生命周期全过程。

对生产过程而言，清洁生产包括采用精料、节约原材料和能源，淘汰有毒有害的原材料，并在全部排放物和废物离开生产过程以前，尽最大可能减少它们的排放量和毒性。如无氰电镀工艺取代氰化物电镀工艺，从源头淘汰有毒氰化物的使用；流化床气化加氢制苯胺工艺代替铁粉还原工艺，避免了铁泥废渣的产生，固体废物排出量减少 99.8%，还大大降低了能耗，真正实现节能减排。

对产品而言，清洁生产旨在减少产品整个生命周期过程中从原料的提取到产品的最终处置对人类和环境的影响。通过采用清洁生产工艺，选用可再生材料，生产质量高和使用寿命长的产品来实现。

（2）发展物质循环利用工艺。传统的物质生产是一种"原材料－产品－污染排放"单向流动的线性过程，其特征是高开采、低利用、高排放。这种工艺中，对物质的利用是粗放的和一次性的，经过一次生产过程就成为废物被抛弃，进入环境中。与此不同，物质循环利用倡导的是一种与环境和谐的生产模式。它要求生产过程组成一个"原材料－产品－再生资源"的反馈式流程。第一种产品的废物，可以被资源化利用成为第二种产品的原料，第二种产品的废物又可成为第三种产品的原料，以此类推。经过多个流程，最后只剩下少量废物进入环境，其特征是低开采、高利用、低排放。所有物质和能源都能在这个不断进行的物质循环中得到合理和持久的利用，该生产工艺对自然环境的影响可以降低到尽可能小的程度。

（3）开发资源综合利用技术。固体废物是"放错地方的资源"。开发废物资源的综合利用技术，具有很重要的战略意义。高炉水渣制水泥和混凝土，高炉重矿渣作骨料和路材，利用磷膏石制造半水石膏和石膏板，粉煤灰制备化肥，煤矸石发电等等，都是废物资源化利用的典型例子。再如，硫铁矿烧渣、废胶片、废催化剂中含有 Au、Ag、Pt 等贵金属，只要采取适当的物理、化学熔炼等加工方法，就可以将其中有价值的物质回收利用。

（4）进行无害化处理与处置。有害固体废物，通过焚烧、热解、氧化－还原等方式或利用改进技术等，改变废物中有害物质的性质，可使之转化为无害物质或使有害物质含量达到国家规定的排放标准。

塑料在传统的焚烧处理过程中会产生大量有毒气体，污染环境。而利用现有成熟的焦化工艺和设备大规模处理废塑料，使废塑料在高温、全封闭和还原气氛下，转化为焦炭、焦油和煤气，使废塑料中有害元素氯，以氯化铵可溶性盐方式进入炼焦氨水中，不产生剧毒物质二噁英（Dioxin）和腐蚀性气体，不产生二氧化硫、氮氧化物及粉尘等常规燃烧污染物，彻底实现废塑料大规模无害化处理和资源化利用。目前该技术已实现商业化。

7.2.2　控制固体废物污染的技术政策

20世纪60年代中期开始，环境保护在国际上开始受到重视，污染治理技术迅速发展，开发了一系列处理方法。20世纪70年代以后，一些工业发达国家开始出现废物处置场地紧张，处理费用浩大，资源短缺等一系列问题。此刻为寻求一条可持续发展的道路，提出了"资源循环"口号，着手开发从固体废物中回收资源和能源的技术，逐步发展成为控制废物污染的途径——"资源化"。

我国固体废物污染控制工作起步较晚，开始于20世纪80年代初期。由于技术力量和经济实力有限，近期内还不可能在较大的范围内实现"资源化"。因此，必须寻找一条适合我国国情的固体废物处理的途径。为此，我国于20世纪80年代中期提出了以"资源化"、"无害化"、"减量化"，作为控制固体废物污染的技术政策，并确定今后较长一段时间内应以"无害化"为主。

我国固体废物处理利用和污染控制的发展趋势必然是从"无害化"走向"资源化"，"资源化"是以"无害化"为前提的，"无害化"和"减量化"则应以"资源化"为条件。进入20世纪90年代以后，面对我国经济建设的巨大需求与资源供应严重不足的紧张局面，已把回收利用再生资源作为重要的发展战略。《中国21世纪议程》指出："中国认识到固体废物问题的严重性，认识到解决该问题是改变传统发展模式和消费模式的重要组成部分……，总目标是完善固体废物法规体系和管理制度；实施废物最少量化；为废物最少量化、资源化和无害化提供技术支持。"

7.2.2.1　减量化

目前，固体废物排放量日趋增多，对环境造成巨大压力。以我国为例，随着城市化步伐的加快和城市人口的增加，城市排放垃圾量2003年已达1.5亿吨之多，并以每年10%左右的速度增加，使不少城市出现了"垃圾围城"的现象。工业固体废物的排放量则更为可观。因此减少固体废物排放量极为重要。

"减量化"是指通过适宜的手段减少固体废物的容积。一般是通过两条途径来实现：一是对已产生的固体废物通过压缩、打包、焚烧和处理利用来减少其容积；二是通过工艺改革、产品设计或社会消耗结构和废物发生机制的改变来减少废物的产生量，从生产源头上将废物"减量化"。

对固体废物进行处理利用，属于物质生产过程的末端，即通常人们所理解的"废物综合利用"，我们称之为"固体废物资源化"。例如，生活垃圾采用焚烧法处理后，体积可减少80%～90%，余烬则便于运输和处置。固体废物采用压实、破碎等方法处理也可以达到减量并方便运输和处理处置的目的。

减少固废的产生属于物质生产过程的前端，需从资源的综合开发和生产过程中物质资料的综合利用着手。当今世界各国都面临"资源不足"和"垃圾过剩"两大问题，越来越重视资源的合理利用。人们对综合利用范围的认识，已从物质生产过程的末端（废物利用）向前延伸了，即从物质生产过程的前端（自然资源开发）起，就考虑和规划如何全面合理地利用资源。把综合利用贯穿于自然资源的综合开发和生产过程中物质资料与废物综合利用的全程，我们称之为"资源综合利用"，亦即"废物最小化"与"清洁生产"。实现固体废物"减量化"，必须从"固体废物资源化"延伸到"资源综合利用"上来。其工作重点包括采用经济合理的综合利用工艺和技术，制定科学的资源消耗定额等。

7.2.2.2 无害化

固体废物的"无害化"处理是指通过工程技术处理，将固体废物中有害成分转变为不损害人体健康，不污染周围环境的无害物质。目前，废物"无害化"处理工程已经发展成为一门崭新的工程技术。诸如，垃圾的焚烧、卫生填埋、堆肥、粪便的厌氧发酵，有害废物的热处理和解毒处理等。其中，"高温快速堆肥处理工艺"、"高温厌氧发酵处理工艺"，在我国都已达到实用程度，"厌氧发酵工艺"用于废物"无害化"处理工程的理论也已经基本成熟，具有我国特点的"粪便高温厌氧发酵处理工艺"，在国际上一直处于领先地位。

然而，各种"无害化"处理工程技术的通用性有限，这往往不是由技术、设备条件本身所决定的。以生活垃圾处理来说，焚烧处理确实是一种较理想的"无害化"处理方法，但是它必须以垃圾含有高热值和可能的经济投入为条件，否则，便失去引用意义。我国大多数城市生活垃圾平均可燃成分偏低，在近期内，着重发展卫生填埋和高温堆肥处理技术是适宜的。特别是卫生填埋，处理量大，投资少，见效快，可以迅速提高生活垃圾处理率，以解决当前带有"爆炸性"的垃圾出路问题。总之，卫生填埋和堆肥是必不可少的方法，具有一定的长远意义。至于焚烧处理方法，只能有条件地采用。

7.2.2.3 资源化

固体废物的"资源化"是指通过各种方法从固体废物中回收有用组分和能源，达到提高资源利用率，减少资源消耗，保护环境的目的。"资源化"是固体废物的主要归宿。

自然资源并非取之不尽，用之不竭。一经用于生产和消费，将从生物圈中永久消失。固体废物具有两重性，它虽占用大量土地，污染环境，但本身又含有多种有用物质，是一种资源。相对自然资源来说，固体废物属于二次资源或再生资源范畴，虽然它一般不具有原使用价值，但是通过回收、加工等途径，可以获得新的使用价值。

固体废物资源化是应对"资源短缺"和"垃圾过剩"两大世界性难题的重要渠道之一。20世纪70年代以前，世界各国对固体废物的认识还只是停留在处理和防止污染上。20世纪70年代以后，由于能源危机和资源短缺，以及对环境问题认识逐步加深，人们已经增强了对固体废物资源化的紧迫感和重要性。欧洲国家把固体废物资源化作为解决固体废物污染和能源紧张的方式之一。日本由于资源贫乏，将固体废物资源化列为国家的重要政策，当作紧迫课题进行研究。日本科技人员从含油量为2%的下水道污泥中回收油。德国拜尔公司每年焚烧2.5万吨工业固体废物，产生蒸汽。利用有机垃圾、植物秸秆、人畜粪便中的碳化物、蛋白质、脂肪等，经过发酵可生成可燃性的沼气，其原料广泛、工艺简单，是从固体废物中回收生物能源、保护环境的重要途径。

资源有限，再生无限。从资源开发过程看，再生资源和原生资源相比，可以省去开采、选矿、富集等一系列复杂程序，保护和延长原生资源寿命，弥补资源不足，保证资源永续，且可以节省大量的投资，降低成本，减少环境污染，保持生态平衡，具有显著的社会效益。以开发1t有色金属为例：我国每获得1t有色金属，平均要开采出33t矿石，剥离出26.6t围岩，消耗成百吨水和8t左右的标煤，产生几十吨的固体废物以及相应的废气和废水。据统计，目前我国废有色金属积蓄量超过两亿吨，已成为一座储有优质矿产资源的"城市矿山"。如将这些废有色金属加以利用，"变废为宝"，大力发展再生金属产业，就可以节约大量的资源和能源。

据报道，与利用矿产资源相比，2001~2008年，我国再生金属产业相当于节能2.02亿吨标准煤、节水93亿吨、减少固体废物排放56亿吨、减少SO_2排放255万吨。再生有色金属产业的发展，直接推动了有色金属工业节能减排和循环经济发展。

7.3   固体废物的处理技术

7.3.1   焚烧法

固体废物的焚烧处理就是将其进行高温分解和深度氧化的过程。在这一过程中，具有强烈的放热效应，并有基态和激发态自由基生成，并伴随着光辐射。通过对固体废物进行焚烧可以实现"三化"：

（1）减量化。固体废物经过焚烧可以减重80%以上，减容90%以上，与其他处理技术比较，减量化效果最为显著。

（2）无害化。与卫生填埋和堆肥存在的潜在环境危害相比，焚烧处理的无害化特性具有明显优势。固体废物经过焚烧，可以破坏其组成结构，杀灭病原菌，达到解毒除害的目的。

（3）资源化。固体废物含有潜在的能量，通过焚烧可以回收热能，并以电能的形式输出。

由于具有上述诸多优点，焚烧处理（尤其是高温焚烧）已成为城市生活垃圾和危险废物的基本处理方法，同时在对其他固体废物的处理中，也得到了越来越广泛的应用。例如，日本目前约有数千座垃圾焚烧炉、数百座垃圾发电站，垃圾发电量达到2000MW以上，其中，垃圾日处理能力为1000t以上（最大为日处理1800t）的垃圾发电站有8座。美国的垃圾焚烧率高达40%以上，垃圾发电容量也达到了2000MW以上，近年建设的垃圾电站，日处理垃圾2000t，发电量高达85MW。英国最大的垃圾电站位于伦敦，有5台滚动炉排式焚烧炉，年处理垃圾40万吨。法国现有垃圾焚烧炉300多台，可处理40%以上的城市垃圾。德国建有世界上效率最高的垃圾发电厂，新加坡垃圾100%进行高温焚烧处理。

我国对生活垃圾和危险废物焚烧技术的研究和应用，开始于20世纪80年代，虽然受技术、经济、垃圾性质等因素的影响，起步较晚，但发展却非常迅速。目前我国主要城市均已建设了生活垃圾焚烧处理场。许多小城镇、医院等，也建有相应的固体废物焚烧处理设施。现在我国生活垃圾虽然仍以卫生填埋为主，但生活垃圾的焚烧处理，呈快速增长的良好发展势头。

7.3.2   热解法

热解是将有机废物在无氧或缺氧的状态下加热，并由此产生热作用引起化学分解使之成为气态、液态或固态可燃物质的化学分解反应。

热解是一种传统的生产工艺，大量应用于木材、煤炭、重油、油母页岩等燃料的加工处理，已经具有非常悠久的历史。20 世纪 70 年代初期，随着能源危机的加剧，热解被应用于城市固体废物，固体废物经过这种热解处理后不但可以得到便于储存和运输的燃料和化学产品，而且在高温条件下所得到的炭渣还会与物料中某些无机物与重金属成分构成硬而脆的惰性固态产物，使其后续的填埋处置作业可以更为安全和便利地进行。随着现代工业的发展，热解处理已经成为了一种很有发展前景的固体废物处理方法。它可以处理城市垃圾、污泥、废塑料、废橡胶等工业以及农林废物、人畜粪便等在内的具有一定能量的有机固体废物。

固体废物的热解是一个复杂连续的化学反应过程，它包含了大分子键的断裂，异构化和小分子聚合等反应，最后生成较小分子。在热解的过程中，其中间产物存在两种变化趋势，一是由大分子变成小分子的裂解过程；二是由小分子聚合成大分子的聚合过程。这些反应没有明显的阶段性，许多反应是交叉进行的。

热解与焚烧都是固体废物的热化学转化过程，但它们又是完全不同的两个过程，其主要区别体现在：焚烧是放热反应，而热解是吸热反应；二者产物不同，焚烧的结果是产生二氧化碳和水，而热解主要产生可燃的低分子量化合物。热解的产物由于分解反应的操作条件不同而有所不同，主要有：（1）以氢气、一氧化碳、甲烷等低分子碳氢化合物为主的可燃性气体；（2）以乙酸、丙酮、甲醇等化合物为主的燃料油；（3）以纯碳与金属、玻璃、砂土等混合形成的炭黑。

热解法与其他固体废物处理技术相比具有如下优点：（1）热解可将固体废物的有机物转化为以燃气、燃油和炭黑为主的储存性能源；（2）热解是缺氧分解，因此产生的氮氧化物、硫氧化物和盐酸等较少，排气量小，可减轻对大气环境的二次污染；（3）热解时废物中的硫、金属等有害成分大部分被固定在炭黑中；（4）因为热解反应是还原环境，三价铬不会被转化为高毒性的六价铬；（5）热解残渣无腐败性有机物，能防止填埋场的公害，而且灰渣熔融能防止金属类物质溶出。

7.3.3 分选法

分选法是将固体废物中的可回收利用或不利于后续处理、处置的物料用人工或机械方法分门别类地分离出来，并加以综合利用的过程。根据物料的物理或化学性质（包括粒度、密度、磁性、导电性和弹性），可采用不同的分选方法。分选方法包括人工拣选和机械分选，其中机械分选包括筛分、重力分选、磁力分选、电力分选和光电分选等。

筛分是利用筛子将粒度范围较宽的颗粒群分成窄级别的作业。该分离过程可看作是由物料分层和细粒过筛两个阶段组成。为了使粗细物料通过筛面分离，必须使物料和筛面之间保持适当的相对运动，先使物料分层，细物料处于下层，进而通过筛面。筛分不适于分离粘性较大的物料。

重力分选是根据不同物质颗粒间的密度差异，在运动的介质中利用重力、介质动力和机械力的作用，使颗粒群产生松散分层和迁移分离，从而得到不同密度产品的分选过程。重力分选是在活动或流动的介质中按颗粒的相对密度或粒度进行颗粒混合物的分选过程。重力分选的方法很多，按作用原理可分为气流分选、重介质分选、摇床分选及跳汰分选等。气流分选又称风力分选，是指在气流作用下，利用固体废物颗粒的密度和粒度差别进行分选的方法，主要适用于密度差异较大的废物之间的分离。图 7-3 所示是风力分选机的构造和工作原理示意图。

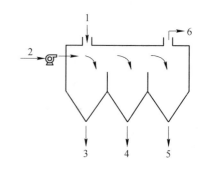

跳汰分选则是在垂直脉冲介质中颗粒群反复交替地膨胀收缩，按密度分选固体废物的一种方法。如分选介质是水，则称为水力跳汰。水力跳汰分选设备称为跳汰机。跳汰分选固体废物的过程如图 7-4 所示。跳汰分选时，将固体废物给入跳汰机的筛板上，形成密集的物料层，从下面透过筛板周期性地给入上下交变的水流，使床层松散并按密度分层，如图 7-5 所示。

图 7-3   风力分选机工作原理示意图
1—给料；2—空气；3—重质组分；4—中重质
组分；5—轻质组分；6—接除尘器

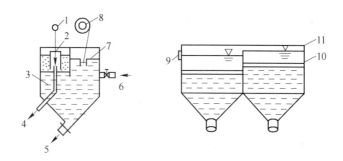

图 7-4   隔膜跳汰机分选示意图
1—锥形阀；2—外套筒；3—内套筒；4—筛上重产物；5—筛下重产物；6—筛下水；7—隔膜；
8—偏心机构；9—轻产物；10—筛板；11—入料

磁力分选是利用固体废物中各种物质的磁性差异，在不均匀磁场中进行分选的一种处理方法，如图 7-6 所示。将固体物料送入磁选设备后，磁性颗粒在不均匀磁场的作用下磁化，从而受到磁场作用力，使磁性颗粒吸附在磁选机上，最终完成磁性物质的分离。磁选只适用于分离出铁磁性物质，一般用于回收黑色金属。

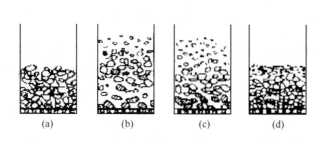

图 7-5   颗粒在跳汰时的分层过程
（a）分层前颗粒混杂堆积；（b）上升水流将床层抬起；（c）颗粒在
水流中沉降分层；（d）下降水流，床层紧密，重颗粒进入底层

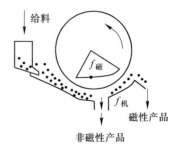

图 7-6   颗粒在磁选机中
分离示意图

电力分选是利用固体废物中的各种组分在高压电场中的电性差异实现分离的一种方法；而光电分离则是利用光敏元件对物料颜色反应不同，产生不同电信号，控制分离机构执行任务，完成物料分离。

7.3.4　固化法

废物的固化法处理是利用物理或化学的方法将有害的固体废物与能聚结成固体的某种惰性基材混合，从而使固体废物固定或包容在惰性固体基材中，使其具有化学稳定性或密封性的一种无害化处理技术。固化所用的惰性材料称为固化剂，经固化处理后的固化产物称为固化体。固化处理的目的是将有毒废物固化为化学或物理上稳定的物质，因此要求处理后所形成的固化体应有良好的抗渗透性、抗浸出性、抗冻融性，并具有一定的机械强度和稳定的物理、化学性质。

标准的固化过程主要由以下几个步骤组成：（1）废物的预处理。对收集到的固体废物必须进行预处理，如分选、干燥、中和等物理的和化学的处理过程，因为废物中的许多化合物都会干扰固化过程。例如，用水泥为固化剂时，锰、锡、铜、铝的可溶性盐类会延长凝固时间并降低固化体的物理强度。（2）加入填充剂及固化剂，其用量一般根据试验结果确定。（3）混合和凝固。将废物和固化剂在混合设备中均匀混合，然后送到硬化池或处置场地中放置一段时间，使其凝固，完成硬化过程。（4）固化体的处理。根据所处理的废物的特性将固化体填埋或加以利用（如做建筑材料等）。

根据固化处理中所用固化剂的不同，固化技术可分为水泥固化、石灰固化、沥青固化、热塑性材料固化、热固性材料固化、玻璃固化（熔融固化）、自胶结固化和大型包封固化等。

7.3.5　生物法

生物法处理技术是利用微生物对固体废物中可降解的有机物进行分解，从而达到无害化和综合利用。固体废物经过生物法处理，在容积、形态、组成等方面均发生重大变化，因而便于运输、储存、利用和处置。生物法处理在经济上一般比较便宜，应用也相当普遍，但处理过程所需时间较长，处理效率有时不够稳定。生物法处理技术可以分为堆肥处理、厌氧消化（发酵）处理和细菌浸出等。

7.3.5.1　堆肥处理

堆肥技术是一种最常用的固体废物生物转换技术，它是对固体废物进行稳定化、无害化处理的重要方式之一，也是实现固体废物资源化、能源化的系统技术之一。其原理是利用自然界广泛存在的细菌、放线菌和真菌等微生物，人为地促进可生物降解的有机物向稳定的腐殖质转化的过程，其产物被称为堆肥。这是一种具有改良土壤结构，增大土壤透水性、减少无机氮流失、促进难溶磷转化为易溶磷、增加土壤缓冲能力，提高化学肥料的肥效等多种功效的廉价、优质的土壤改良肥料。根据在堆肥化过程中起作用的微生物对氧气需求的不同，可将其划分为厌氧堆肥和好氧堆肥两种方法。其中好氧堆肥因具有堆肥温度高、基质分解比较彻底、堆肥周期短、异味小等优点而被广泛采用。按照堆肥方法不同，好氧堆肥又可分为露天堆肥和快速堆肥两种方式。现代化堆肥生产通常由前处理、主发酵（一次发酵）、后处理、后发酵（二次发酵）、脱臭、储存等六个工序组成。其中，主发酵是整个生产过程的关键，应控制好通风、温度、水分、碳氮比、碳磷比以及 pH 值等发酵条件。

7.3.5.2　厌氧消化（发酵）

厌氧消化（发酵）又称为沼气化或甲烷发酵，是固体废物中的碳水化合物、蛋白质和脂肪等有机物在人为控制的温度、湿度、酸碱度的厌氧环境中，经多种微生物的作用生成甲烷等可燃气体的过程。该技术具有过程可控、降解速度快、资源化效果好、易操作、产物可再利用等优点，已经在污水厂污泥、农业固体废物和粪便处理中得到广泛应用。它不仅对固体废物起到稳定无害的作用，更重要的是可以生产一种便于储存和有效利用的能源。据估计，我国农村每年约有农作物秸秆 5 亿吨，若用其中的一半制取沼气，每年便可生产沼气 50 多亿立方米的沼气，除满足农村地区生活用燃料之外，还可节余不少于 6 亿多立方米的可燃气体。由此可见，沼气化技术是控制污染、改变农村地区能源结构的一条重要途径。

7.3.5.3　细菌浸出

化能自养细菌将低价的亚铁氧化为高价铁、将硫和还原性硫化物氧化为硫酸从而取得能源，从空气中摄取二氧化碳、氧及水中其他微量元素（如氮、磷等）合成细胞质。这类细菌可生长在简单的无机培养基中，并能耐受较高金属离子和氢离子浓度。利用化能自养菌的这种独特生理特性，从矿物原料中将某些金属溶解出来，然后从浸出液中提取金属的过程，通称为细菌浸出。该法主要用于处理铜的硫化物和一般氧化物为主的铜矿和铀矿废石，回收铜和铀，对锰、砷、镍、锌、钼及若干种稀有元素也有应用前景。目前，细菌浸出在国内外已得到大规模工业应用。

7.4　常见固体废物的综合利用方式

7.4.1　高炉渣的综合利用

高炉渣是冶炼生铁时从高炉中排放出的废渣。炼铁的主要原料有助熔剂、铁矿石和焦炭。当炉温达到 1400～1500℃ 时，炉料熔融，助熔剂与铁矿石发生高温反应生成铁和矿渣。而矿石中的脉石、焦炭中的灰分、助熔剂和其他不能进入生铁的杂质形成以硅酸盐和铝酸盐为主的熔渣，称为高炉渣。

由于炼铁原料品种和成分的变化及操作等工艺因素的影响，高炉渣的组成和性质也有所不同。按冶炼生铁的品种分为铸造生铁渣、炼钢生铁渣以及特种生铁渣。

高炉渣的化学成分中的碱性氧化物之和与酸性氧化物之和的比值称为高炉渣的碱度或碱性率，用 R 表示，即：

$$R = \frac{CaO + MgO}{SiO_2 + Al_2O_3}$$

按 $R > 1$，$R = 1$，$R < 1$，高炉渣分为碱性渣、中性渣和酸性渣。

碱性率比值较直观地反映了重矿渣中碱性氧化物和酸性氧化物含量的关系。

高炉渣的主要化学成分是二氧化硅、三氧化二铝、氧化钙、氧化镁、氧化锰、氧化铁和硫等。此外，某些矿渣还含有微量的氧化钛、氧化钒、氧化钠、氧化钡、五氧化二磷、三氧化二铬等。在高炉渣中氧化钙、二氧化硅、三氧化二铝占90%以上（质量分数）。

（1）高炉渣的加工和处理。在利用之前，需要进行加工处理。国内通常把高炉渣加工成水淬渣、矿渣碎石、膨胀矿渣和矿渣珠等形式加以利用。1）水淬处理工艺。就是将热熔状态的高炉渣置于水中急速冷却的处理方法。2）矿渣碎石处理工艺。矿渣碎石是高炉渣在指定的渣坑或渣场自然冷却或淋水冷却形成较为致密的矿渣后，再经过挖掘、破碎、磁选和筛分而得到的一种碎石材料。3）膨胀矿渣和膨胀矿渣珠生产工艺。膨胀矿渣是用适量冷却水急冷高炉熔渣而形成的一种多孔轻质矿渣。

（2）生产矿渣水泥。熔渣经水淬急冷，阻止了矿物结晶，形成大量无定形玻璃体结构。它具有潜在活性，在激发剂作用下，与水化合可生成具有水硬性的胶凝材料。

（3）生产矿渣砖。用水加入一定量的胶凝材料如水泥等，经过搅拌、成型和蒸汽养护而成的砖叫做矿渣砖。其工艺流程如图7-7所示。

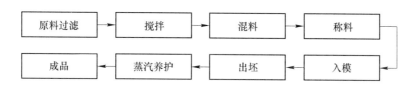

图7-7　高炉渣生产矿渣砖工艺流程

参考配比为：高炉水渣85%～90%，磨细生石灰10%～15%。矿渣砖的性能如表7-1所示。

表7-1　矿渣砖性能

规格 长×宽×厚 /mm	抗压 强度 /MPa	抗折强度 /MPa	容重 /kg·m⁻³	吸水 率/%	导热系数 /kJ·m⁻¹·h⁻¹·℃⁻¹	磨损 系数	抗冻性	适用范围
240×115×53	10～20	2.4～3.0	2000～2100	7～10	2.09～2.508	0.94	经过25次冻融循环强度合格	适用于地下和水下建筑，不适宜用于250℃以上部位

7.4.2　煤矸石的综合利用

煤矸石是采煤过程和洗煤过程中排出的固体废物，是在成煤过程中与煤层伴生的一种含碳量较低，比煤坚硬的黑灰色岩石。一般每采1t原煤排除矸石0.2t左右。

煤矸石的化学成分较复杂，所包含的元素多达数十种。氧化硅和氧化铝是主要成分，另外还有数量不等的氧化钙、三氧化二铁、氧化镁、氧化钠、氧化钾以及磷、硫的氧化物（P_2O_5、SO_3）和微量的稀有元素（钛、钒、钴、镓等），煤矸石的烧失量一般大于10%。其化学成分如表7-2所示。

表7-2　煤矸石的化学组成

成分	SiO_2	Al_2O_3	Fe_2O_3	CaO	MgO	TiO_2	P_2O_5	K_2O+Na_2O	V_2O_5
质量分数/%	51～65	16～36	2.28～14.63	0.42～2.32	0.44～2.41	0.90～4	0.078～0.24	1.45～3.9	0.008～0.01

（1）煤矸石制烧结砖。

用煤矸石代替黏土作原料，经过粉碎、成型、干燥、烧结等工序加工而成。其工艺流程如图 7-8 所示。

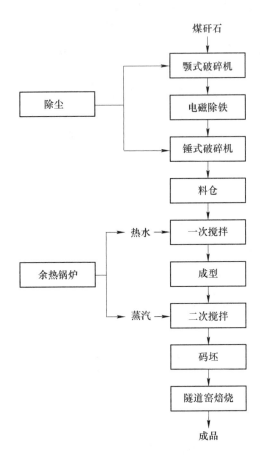

图 7-8　煤矸石烧结砖生产工艺流程图

煤矸石烧结砖质量较好，颜色均匀，其抗压强度一般为 9.8～14.7MPa，抗折强度为 2.5～5MPa，抗冻、耐火、耐酸、耐碱等性能较好，可用来代替黏土砖。利用煤矸石代替黏土制砖可化害为利，变废为宝，节约能源，节省土地，改善环境，创造利润，具有一定的环保、经济和社会效益。

（2）煤矸石生产微孔吸音砖。

首先将粉碎好的各种干料同白云石、半水石膏混合，然后将混合物与硫酸溶液混合，约 15s 后，将配制好的泥浆注入模。在泥浆中由于白云石和硫酸发生化学反应而产生气泡，使泥浆膨胀，并充满模具。最后，将浇注料经干燥、焙烧而制成成品。工艺流程图如图 7-9 所示。

这种微孔吸音砖具有隔热、保温、防潮、防火、防冻及耐化学腐蚀的特点，其吸声系数及其他性能均达到了吸声材料的要求，其取材容易，生产简单，施工方便，价格便宜。

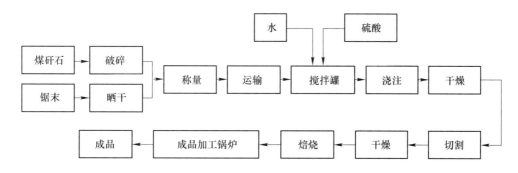

图 7-9   微孔吸音砖生产工艺流程

7.4.3   铬渣的综合利用

铬盐生产的固体废物主要是指在重铬酸钠生产过程中，铬铁矿经过焙烧，用水浸取重铬酸钠后的残渣，通称铬渣。

铬渣是属剧毒、危险性质的废渣，其外观有黄、黑等颜色。铬渣中常含有钙、镁、铁、铝等氧化物，及三氧化二铬、水溶性铬酸钠（Na_2CrO_4）、酸溶性铬酸钙（$CaCrO_4$）等。铬的毒性主要是 Cr^{6+}，Cr^{6+} 毒性来源于其强氧化性引起对有机体的腐蚀与破坏。

由于所用原料、生产工艺及配方不同，铬渣的产生量和组成也不同。国内铬渣的组成如表 7-3 所示。

表 7-3   铬渣的组成

组　成	Cr_2O_3	CaO	MgO	Al_2O_3	SiO_2	水溶性 Cr^{6+}	酸溶性 Cr^{6+}
质量分数/%	2.5 ~ 4.0	29 ~ 36	20 ~ 33	5 ~ 8	8 ~ 11	0.28 ~ 1.34	0.9 ~ 1.4

7.4.3.1   用铬渣作水泥矿化剂

目前国内铬渣的处理和利用方法有很多，如干法和湿法解毒、制钙镁磷肥、生成玻璃着色剂、制钙铁粉等。但这些方法都不同程度地存在着解毒不彻底、成本过高或铬渣使用量小等问题。

A   工艺原理

如表 7-4 所示为某厂铬渣与硅酸盐水泥熟料的主要成分和含量。可知，铬渣中含有熟料 CaO、SiO_2、Al_2O_3、Fe_2O_3 四种主要成分。这四种成分在水泥熟料中以硅酸二钙、硅酸三钙、铝酸三钙和铁铝酸四钙等矿物形式存在；在铬渣中主要以硅酸二钙和铁铝酸四钙的形式存在。

表 7-4   铬渣与硅酸盐水泥熟料的主要成分和含量　　　　　　　　　　（%）

成　分	CaO	SiO_2	Al_2O_3	Fe_2O_3	MgO	Cr_2O_3	水溶性 Cr^{6+}
铬渣	31 ~ 35	6 ~ 8	7 ~ 9	10 ~ 13	20 ~ 23	3 ~ 5	0.28 ~ 0.5
水泥熟料	62 ~ 76	20 ~ 24	4 ~ 7	2.5 ~ 6.0	1.5	—	—

铬渣在立窑生产水泥过程中，由于焙烧中始终保持在不完全燃烧而产生 CO，使铬渣

中 Cr^{6+} 在 CO 的作用下形成了还原环境，使 Cr^{6+} 还原为 Cr^{3+}，以达到解毒的目的。其化学反应为

$$2Na_2CrO_4 + 3CO \Longrightarrow Cr_2O_3 + 2Na_2O + 3CO_2 \uparrow$$

$$2CaCrO_4 + 3CO \Longrightarrow Cr_2O_3 + 2CaO + 3CO_2 \uparrow$$

由于铬渣中会有水泥熟料的成分，同时在立窑生产过程中将 Cr^{6+} 进行解毒，因此用铬渣作水泥矿化剂理论上是可行的。

B 生产控制条件

本工艺用铬渣做水泥矿化剂的控制参数：铬渣的掺加量为 1.5% ~ 3.5%，适宜的掺和量为 2.0%；熟料的配热量为 (3975 ± 210) kJ/kg；温度控制为 1300 ~ 1400℃；熟料三率值为：石灰石饱和系数 $KH = 0.94 \pm 0.02$；硅率 $n = 2.0 \pm 0.1$；铝率 $p = 1.3 \pm 0.1$；黑生料细度（通过 0.08mm 方孔筛）控制在 7.0% ~ 8.0% 之间，采用成球焙烧工艺，球径 5 ~ 8mm，水分 12% ~ 14%；采用浅暗火或暗火，大风量操作方式；立窑湿料层厚度为 300 ~ 400mm。

C 产品质量

用铬渣作水泥矿化剂在立窑水泥生产过程中可将 Cr^{6+} 还原为 Cr^{3+}，还原率 96.4%，达到解毒目的。制得的水泥经检测表明，该水泥所有技术指标均符合并优于国家标准 GB 175—1992。水泥中以铬渣为矿化剂，给生料中带入硅酸二钙和铁铝酸四钙两种矿物，起到晶种作用；另外，铬渣带入的 MgO，起到助熔作用，有利于产品质量和生产过程。

7.4.3.2 用铬渣作水泥早强剂

此法由黑龙江低温建筑科学研究所开发，还将造纸废液（碱法或酸法造纸）和化工生产中副产物硫酸与铬盐生产过程中的铬渣，经过络合反应，生成改性铁铬盐，使铬渣中 Cr^{6+} 还原为 Cr^{3+}，达到无毒化。经过处理后的铬渣研制水泥早强剂。早强剂对混凝有早强、减水、防冻作用，其解毒作用优于 Na_2S 或 $FeSO_4$ 等湿法解毒。

A 络合法铬渣解毒机理

酸法造纸废液络合解毒机理。在酸性介质中，重铬酸根发生如下反应，即

$$Cr_2O_7^{2-} + 6Fe^{2+} + 14H^+ \longrightarrow 2Cr^{3+} + 6Fe^{3+} + 7H_2O$$

此法主要是利用铬渣中重铬酸根与木质素磺酸盐以及 $FeSO_4$ 经过络合反应，生成改性铁络盐，在铁络盐中铁主要为三价铁，没有六价铬存在。

碱性造纸废液络合解毒机理。在碱性介质中，铬酸根可发生如下反应，即

$$CrO_4^{2-} + 3FeSO_4 + 4H_2O \longrightarrow Cr(OH)_3 \downarrow + 3Fe(OH)_3 + 2OH^-$$

由于本体系中含有大量碱木素，在上述反应中，一旦有三价铬产生，就可与碱木素进行络合，实现无毒化。

B 络合法工艺流程

络合法工艺流程如下：（铬渣、造纸废液·$FeSO_4$）→混匀→粉碎→络合反应→喷雾干燥→产品。为了反应进行得彻底，并适应喷雾干燥工艺，要求铬渣粉碎粒度必须达到 0.104 ~ 0.088mm，筛余量不得超过 15%。络合反应用蒸汽加热，控制反应温度在 90℃ 以上，络合反应时间 1h。反应完成后送去喷雾干燥，得到成品水泥早强剂。

通过处理后铬渣进行酸、碱性介质中铬渣六价铬检测试验，常温或低温稳定性试验，均证明造纸废液和 $FeSO_4$ 对铬渣进行络合反应，达到无害化处理目的、技术可行。

7.4.3.3 铬渣制铸石

将铬渣、硅砂和粉煤灰等按辉绿岩铸石成分进行配料,在1500℃的炉中熔融,然后在1300℃浇铸成型并退火冷却,制得铸石成品。该法解毒彻底,效果较好。

另外,用铬渣可做铸石的结晶剂、催化剂、燃煤固硫剂和生产耐火材料等。

A 工艺过程

铬渣制铸石工艺流程如图7-10所示。

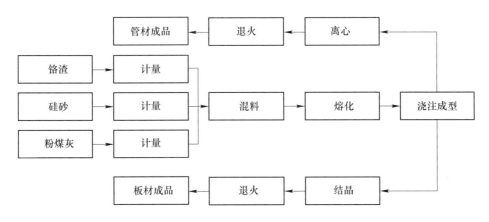

图7-10 铬渣制铸石工艺流程

B 工艺控制条件

两种不同原料的化学成分及配方如表7-5和表7-6所示。

表7-5 原料化学组成 （质量分数,%）

原料 \ 成分	SiO_2	Al_2O_3	CaO	MgO	$Fe_2O_3 + FeO$
铬渣	9.47	4.82	29.24	30.19	8.46
粉煤灰	55.60	26.06	0.73	1.68	12.98
铝渣	13.86	43.23	2.22	1.06	0.75
砂子	84.25	6.89	1.08	0.39	0.62

表7-6 原料配方及化学组成

原 料	百分比	$w(SiO_2)$ /%	$w(Al_2O_3)$ /%	$w(CaO)$ /%	$w(MgO)$ /%	$w(Fe_2O_3 + FeO)$ /%	$w(水分)$ /%	干质百分比
铬渣	29.5	2.5	1.27	7.73	7.96	2.24	10	23.5
粉煤灰	31.5	13.56	6.4	0.17	0.41	3.16	22.5	24.4
铝渣	9.0	0.62	1.95	0.09	0.04	0.03	50	4.5
砂子	30	22.7	1.85	0.27	0.11	0.15	10	27
含水炉料成分		39.38	11.47	8.28	8.48	5.42	17.60	82.40
干基炉料成分		47.80	13.95	10.03	10.3	6.59		
成品计算成分		53.59	14.99	11.09	10.68	7.53		

C　工艺控制条件

具体参数如下：

熔化温度：1520～1550℃，结晶时间：30min；

浇注温度：1250℃，退火起点温度：700℃；

结晶温度：880～920℃，成品率：70%～80%。

D　处理效果

铬渣铸石产品经中国科学院地质研究所的研究及晶格常数的测试认为：铬渣中可溶性 Cr^{6+} 在高温下分解，被还原为 Cr^{3+}（Cr_2O_3），并与铬浆中的铁结合形成铬铁矿。铬渣铸石的抗击强度高于一般辉绿岩铸石，也就是说其质量优于辉绿岩铸石。

7.4.4　污泥的综合利用

污泥是污水处理厂对污水进行处理过程中产生的沉淀物质以及由污水表面飘出的浮沫形成的残渣。污泥的性质取决于污水水质、处理工艺和工业废水密度等多种因素。一般来说，污泥具有以下性质：有机物含量较高（一般为固体量的 60%～80%），容易腐化发臭，颗粒细，密度小，含水率高且不易脱水；污泥的碳氮质量比较为适宜，对消化有利；污泥具有燃料价值，可以燃烧；污泥中含有大量的细菌、寄生虫卵和多种重金属离子。由上可见，污泥是一种利用价值较高的潜在资源。为减轻公害，充分利用资源，世界各国都在大力发展污泥处理处置和资源化利用的各种技术，取得了良好的经济效益和社会效益。

（1）污泥的农田林地利用。污泥中含有的氮、磷、钾、微量元素等是农作物生长所需的营养成分；有机腐殖质（初沉池污泥含 33%，消化污泥含 35%，活性污泥含 41%，腐殖污泥含 47%）是良好的土壤改良剂；蛋白质、脂肪、维生素是有价值的动物饲料成分。利用污泥的上述特性可将其与调理剂及膨胀剂混合起来进行好氧堆沤以生产堆肥。其过程相对较为复杂，主要包括：1）调节污泥堆料的含水率和适当的 C/N 比；2）选择填充料以改变污泥的物理性状；3）建立合适的通风系统；4）控制适宜的温度和 pH 值。污泥堆肥产品还可与市售的无机氮、磷、钾化肥配合生产有机无机复混肥，它集生物肥料的长效、化肥的速效和微量元素的增效于一体，在向农作物提供速效肥源的同时，还能向农作物根系引植有益微生物，充分利用土壤潜在肥力，并提高化肥利用率；另外，还可根据不同土壤的肥力和不同作物的营养需求，合理设计复混肥各组分的比例，生产通用复混肥及针对不同作物的专用复混肥。

（2）回收能源。污泥的主要成分是有机物，其中一部分能被微生物分解，产物是水、甲烷及二氧化碳；另外干污泥具有热值，可以燃烧，所以可以通过直接燃烧、制沼气及制燃料等方法，回收污泥中的能量。

（3）建材利用。污泥中的无机成分和有机成分可以分别被利用制造建筑材料。

1）污泥制砖。污泥制砖的方法包括干污泥直接制砖和污泥焚烧灰制砖两种。

当用干污泥直接制砖时，应该在成分上做适当调整，使其成分与制砖黏土的化学成分相当。当污泥与黏土按质量比 1：10 配料时，污泥砖基本上与普通红砖的强度相当。将污泥干燥后，对其进行粉碎以达到制砖的粒度要求，掺入黏土与水，混合搅拌均匀，制坯成型焙烧。污泥砖的物理性能如表 7-7 所示。

表 7-7　污泥砖的物理性能

污泥：黏土（质量比）	平均抗压强度/MPa	抗折强度/MPa	成品率/%
0.5：10	8.2	2.1	83
1：10	10.6	4.5	90

当采用污泥焚烧灰制砖时，一般情况下，焚烧灰的成分与制砖黏土成分接近。制坯时只要添加适量黏土与硅砂，适宜的配料质量比焚烧灰：黏土：硅砂 = 100：50：（15 ~ 20）。

2）生产水泥。水泥熟料的煅烧温度为 1450℃。生产水泥时，污泥中的可燃物在煅烧过程中产生的热量，可以在煅烧水泥熟料时得到充分利用。污泥焚烧灰的成分与水泥原料接近，可作为生产水泥原料加以利用。污泥中的重金属元素在熟料烧成过程中参与了熟料矿物的形成反应，被结合进熟料晶格中。因此，用污泥作为原料生产水泥，除了可以实现资源、能源的充分利用，还可将其中的有毒有害物质中和吸收，使危害尽可能减少，近年来受到广泛关注。

3）生产陶粒。污泥制陶粒的方法按原料不同可以分为两种：一是用生污泥或厌氧发酵污泥的焚烧灰造粒后烧结，该方法在 20 世纪 80 年代已趋于成熟并投入使用。但利用焚烧灰制作陶粒需要单独建设焚烧炉，污泥中的有机成分没有得到有效利用。二是近年来开发了直接用脱水污泥制陶粒的新技术。轻质陶粒一般可作路基材料、混凝土骨料或花卉覆盖材料使用，但由于成本和商品流通上的问题，还没有得到广泛的应用。近年来日本将其作为污水处理厂快速滤池的滤料，代替目前常用的硅砂、无烟煤，取得了良好的效果。轻质陶粒作为快速滤池填料时，孔隙率大，不易堵塞，反冲次数少、由于其相对密度较大，反冲洗时流失量少，滤料补充量和更换次数也比普通滤料少。

7.4.5　粉煤灰的综合利用

粉煤灰是煤粉经高温燃烧后形成的一种似火山灰质的混合材料。它是燃烧煤发电厂将煤磨成 100μm 以下的煤粉，是从煤燃烧后的烟气中捕收下来的细灰。

粉煤灰的化学组成与黏土类似，主要成分为二氧化硅（SiO_2）、三氧化二铝（Al_2O_3）、三氧化二铁（Fe_2O_3）、氧化钙（CaO）和未燃炭，其余为少量 K、P、S、Mg 等化合物和 As、Cu、Zn 等微量元素。我国一般低钙粉煤灰的化学组成如表 7-8 所示。

表 7-8　我国一般低钙粉煤灰的化学成分

成　分	SiO_2	Al_2O_3	Fe_2O_3	CaO	MgO	SO_3	$K_2O + Na_2O$	烧失量
质量分数/%	40 ~ 60	7 ~ 35	2 ~ 15	1 ~ 10	0.5 ~ 2	0.1 ~ 2	0.5 ~ 4	1 ~ 26

粉煤灰的矿物组成十分复杂，主要有无定形相和结晶两类。无定形相主要为玻璃体，占粉煤灰总量的 50% ~ 80%，此外，未燃尽的炭粒也属于无定形相。结晶相主要有莫来石、云母、长石、石英、磁铁矿、赤铁矿和少量钙长石、方镁石、硫酸盐矿物、石膏、金红石、方解石等。但结晶相往往被玻璃相包裹，因此，粉煤灰中以单体存在的结晶体较为少见，单独从粉煤灰中提纯结晶相非常困难。

粉煤灰是灰色或黑色的粉状物，含大量水的粉煤灰为黑色，它具有较大内表面积的多孔结构，多半呈玻璃状，其物理性质有密度、堆密度、孔隙率和细度等。粉煤灰的活性是指当粉煤灰与石灰、水泥熟料等碱性物质混合加水后所显示的凝结硬化性能。

粉煤灰的活性物质含有较多的活性氧化物（SiO_2、Al_2O_3），它们分别能与氢氧化钙在常温下起化学反应，生成较硬的水化硅酸钙和水化铝酸钙。因此，当粉煤灰与石灰、水泥熟料等碱性物质混合加水拌和成胶泥状态后，能凝结、硬化并具有一定的强度。粉煤灰的活性不仅决定于它的化学组成，而且与它的物相组成和结构特征有关，高温熔融并经过骤冷的粉煤灰含有大量的表面光滑的玻璃微珠。这些玻璃微珠含有较高的化学内能，是粉煤灰具有活性的主要矿物相。玻璃体中含的活性 SiO_2 和活性 Al_2O_3 含量越多，活性越高。

（1）粉煤灰代替黏土原料生产水泥。由硅酸盐熟料和粉煤灰加入适量石膏磨细制成的水硬性胶凝材料，成为粉煤灰硅酸盐水泥，简称煤灰水泥。粉煤灰的化学组成同黏土类似，可用它来代替黏土配制水泥生料。水泥工业采用粉煤灰配料可利用其中未燃尽的炭。如果粉煤灰中含10%的未燃尽炭，则每采用10万吨粉煤灰，相当于节约了1万吨燃料。另外，粉煤灰在熟料烧成窑的预热分解带中不需要消耗大量的热量，而很快就会生成液相，从而加速熟料矿物的形成。试验表明，采用粉煤灰代替黏土原料生产水泥，可以增加水泥窑的产量，降低燃料消耗量的16% ~ 17%。

（2）粉煤灰作水泥混合材料。粉煤灰是一种人工火山灰质材料，它本身加水虽不硬化，但能与石灰、水泥熟料等碱性激发剂发生化学反应，生成具有水硬性胶凝性能的化合物，因此可用作水泥的活性混合材料。许多国家都制定了用作混合材料的粉煤灰品质标准。在配置粉煤灰水泥时，对于粉煤灰掺量的选择，应根据粉煤灰细度质量情况，以控制在20% ~ 40%为宜。一般地，当粉煤灰掺量超过40%时，水泥的标准稠度需水量显著增大，凝结时间较长，早期强度过低，不利于粉煤灰水泥的质量与使用效果。用粉煤灰作混合材料时，其与水泥熟料的混合方法有两种，即可将粗粉煤灰预先磨细，再与波特兰水泥混合，也可将粗粉煤灰与熟料、石膏一起粉磨。矿渣煤灰硅酸盐水泥是将符合质量要求的粉煤灰和粒化高炉渣两种活性混合材料按一定比例复合加入水泥熟料中，并加入适量石膏共同磨制而成，这种水泥的后期强度、干燥收缩、抗硫酸盐等性能均比矿渣水泥和粉煤灰水泥优越。

（3）粉煤灰生产低温合成水泥。我国科技工作者研究表明，共用粉煤灰和生石灰生产低温合成水泥的生产工艺，其生产原理是将配合料先蒸汽养护（常压水热合成）生成水化物，然后经脱水和低温固相反应形成水泥矿物。低温合成水泥在煅烧过程中未产生液相，物相未被烧结。其生产工业过程如下：

第一步是石灰与少量晶种粉磨后与一定比例的粉煤灰混合均匀。配合料中石灰的加入量以石灰和粉煤灰中所含的有效氧化钙计算，以（22±2）%为宜。配合料有效氧化钙含量过低，形成的水泥矿物相应减少，水泥强度下降；有效氧化钙含量过高，不能完全化合，形成游离氧化钙过多，对水泥强度不利。在配合料中加入少量晶种，在蒸汽养护过程中可促使水化物的生成和改变水化物的生成条件，对提高水泥的强度有一定作用，晶种可以采用蒸汽硅酸盐碎砖或低温合成水泥生产过程中的蒸汽物料，加入量为2%左右。

第二步是石灰、粉煤灰混合料加水成型，进行蒸汽养护。蒸汽养护是低温合成水泥的关键工序之一，在蒸汽养护过程中，生成一定量的水化物，以保证在低温煅烧时形成水泥矿物，一般蒸汽养护时间为7 ~ 8h为宜。

第三步是将蒸汽养护料在适宜温度下煅烧，并在该温度下保持一定时间。燃烧温度以700～800℃为宜，煅烧时间随蒸汽物料的形状、尺寸、含碳量以及煅烧设备而异。

第四步是将煅烧好的物料加入适量石膏，共同研磨成水泥。低温合成水泥具有块硬，强度大的特点，可制成喷射水泥等特种水泥，也可制作用于一般建筑工程的水泥。

（4）粉煤灰制作无熟料水泥。用粉煤灰制作无熟料水泥包括石灰粉煤灰水泥和纯煤灰水泥。石灰粉煤水泥是将干燥的粉煤灰掺入10%～30%的生石灰或消石灰和少量石膏混合粉磨，或分别磨细后再混合均匀制成的水硬性凝胶材料。其主要用于制造大型墙板、砌块和水泥瓦等；适用于农田水利基本建设和底层的民用建筑工程，如基础垫层、砌筑砂浆等。纯粉煤灰水泥是指在燃煤发电的火力发电厂中，采用炉内增钙的方法获得的一种具有水硬性能的凝胶材料。该水泥可用于配置砂浆和混凝土，适用于地上、地下的一般民用、工业建筑和农村基本建设工程；由于该水泥耐蚀性、抗渗性较好，因而也可用于一些小型水利工程。

（5）粉煤灰作砂浆或混合土的掺合料。在混凝土中掺加粉煤灰代替部分水泥或细骨料，不仅能降低成本，而且能提高混凝土的易和性、提高不透水性和不透气性、抗硫酸盐性能和耐化学腐蚀性能、降低水化热、改善混凝土的耐高温性能、减轻颗粒分离和析水现象。

（6）蒸制粉煤灰砖。蒸制粉煤灰砖是以电厂粉煤灰和生石灰或其他碱性激发剂为主要原料，也可掺入适量的石膏，并加入一定量的煤渣或水淬矿渣等骨料，经加工、搅拌、消化、轮碾、压制成型、常压或高压养护后制成的一种墙体材料。

复习思考题

7-1 简述固体废物污染环境的途径及其对环境的危害。

7-2 固体废物的处理和处置方法有哪些？

7-3 固体废物是如何进行资源化与综合利用的？请举例说明。

7-4 危险废物有哪些特点？我国的危险废物共有多少类？常见的危险废物有哪些？

7-5 生活垃圾焚烧需要具备哪些条件？如何实现生活垃圾减量化、资源化和无害化？

7-6 用焚烧法处理固体废物有哪些优缺点？

8 其他环境污染防治

8.1 噪声污染及防治

8.1.1 概述

随着工业、交通和城市的飞速发展，噪声已经成为一种重要的环境公害，噪声污染与水污染、大气污染和固体废物污染等共同构成了当代四种最为主要的污染形式。截至2003年，我国城市噪声基本得到控制。在监测的城市中，一半以上的城市区域噪声环境质量较好，近80%的城市道路交通噪声环境质量较好，但噪声污染仍是居民反映最为强烈的环境问题之一。

一般来说，凡是不需要的、使人厌烦并干扰人的正常生活、工作、学习和休息的声音都可以统称为噪声。当噪声超过人们的生活和生产活动所能容许的程度，就形成了噪声污染。噪声不仅取决于声音的物理性质，而且和人的生活状态有关。对于同一种声音，不同的时间、地点、条件和不同的人，会有不同的判断。如一个"发烧友"在家中尽情欣赏摇滚乐，常常陶醉于其中，而对于一个十分疲倦的邻居而言，此时播放的这种音乐就成了噪声。

根据噪声的来源可将其划分为四类，即交通噪声、工业噪声、建筑施工噪声和社会噪声。

与其他污染相比，噪声污染具有以下特点：

（1）噪声污染是局部的、多发性的，影响范围也具有局限性。除飞机噪声等特殊情况外，一般从声源到受害者的距离很近，不会影响很大的区域。以汽车噪声污染来看，是以城市街道和公路干线两侧为最严重。

（2）噪声污染是物理性污染，没有污染物，也没有后效作用。一旦声源停止发声，噪声污染便立即消失。

（3）噪声的再利用问题很难解决。目前所能做到的是利用机械噪声进行故障诊断。如通过对各种运动机械产生噪声的水平和频谱的测量和分析，作为评价机械机构完善程度和制造质量的指标之一。

噪声是影响面最广的一种环境污染，它广泛地影响着人们的生活，如影响睡眠和休息、干扰工作、妨碍谈话、使听力受损害，甚至引起心血管系统、神经系统和消化系统等方面的疾病。大多数国家规定，噪声的环境卫生标准为40dB，超过这个标准即为有害噪声。归纳起来，噪声污染对人体的危害主要体现在以下几个方面：

（1）损伤听力。人们在高噪声环境中暴露一定时间后，听力会下降，离开噪声环境到安静的场所休息一段时间，听觉就会恢复，这种现象称为暂时性听阈迁移，又称听觉疲劳。但长期暴露在强噪声环境中，听觉疲劳就不能恢复，而且内耳感觉器官会发生器质性病变，由暂时性听阈迁移变成永久性听阈迁移，即噪声性耳聋。噪声是造成人们听力减退甚至耳聋的一个重要原因。85dB 是听觉细胞不会受到损害的极限，因此目前大多数国家规定 85dB 为人耳的最大允许噪声值。

（2）干扰睡眠。睡眠是人消除疲劳、恢复体力和维持健康的一个重要条件。但噪声会影响人的睡眠质量和数量，老年人和病人对噪声的干扰更为敏感。研究表明，连续噪声可以加快熟睡到轻睡的回转，使人多梦，熟睡时间缩短；突然噪声可使人惊醒。当睡眠受干扰而辗转不能入睡时，就会出现呼吸频繁、脉搏跳动加剧，神经兴奋等现象，第二天会觉得疲倦易累，从而影响工作效率。久而久之，就会引起失眠、耳鸣多梦、疲劳无力、记忆力衰退，在医学上成为神经衰弱症候群。在高噪声环境下，这种病的发病率达 50% ~ 60% 以上。

（3）对人体的生理影响。实验证明，噪声会引起人体紧张的反应，刺激肾上腺素的分泌，引起心率改边和血压升高。可以说，生活中的噪声是心脏病恶化和发病率增加的一个重要原因。

噪声会使人的唾液、胃液分泌减少，胃酸降低，从而易患胃溃疡和十二指肠溃疡。研究表明，在吵闹的工业企业里，溃疡症的发病率比在安静环境中高 5 倍。

噪声对人的内分泌机能也会产生影响，导致机能紊乱。近年还有人指出，噪声是刺激癌症的病因之一。

（4）对儿童和胎儿的影响。噪声会影响少年儿童的智力发展。有人做过调查，吵闹环境下儿童智力发育比安静环境中的低 20%。

噪声对胎儿也会造成有害影响。研究表明，噪声会使母体产生紧张反应，引起子官血管收缩，以致影响供给胎儿发育所必需的养料和氧气。对机场附近居民的初步研究发现，噪声与胎儿畸形、婴儿体重减轻有密切关系。

（5）对动物的影响。噪声对动物的影响十分广泛，包括听觉器官、内脏器官和中枢神经系统的病理性改变和损伤。有关资料认为，120 ~ 130dB 的噪声可引起动物听觉器官的病理性变化；130 ~ 150dB 的噪声会引起动物视觉器官的损伤和非听觉器官的病理性变化；150dB 以上的噪声能使动物的各类器官发生损伤，严重的可能导致死亡。强噪声会使鸟类的羽毛脱落，不下蛋，甚至内出血，最终死亡。20 世纪 60 年代初期，美国空军的喷气飞机在俄克拉荷马市上空作超声速飞行试验。飞行高度为 10000m，每天飞越 8 次，共飞行了 6 个月。结果一农场的 10000 只鸡中有 6000 只死亡。

（6）对建筑物的损害。随着超音速飞机、火箭和宇宙飞船的发展，噪声对建筑物的损坏也引起了人们的注意。研究表明，140dB 的噪声对轻型建筑物开始有破坏作用，尤具在低频范围内的危害更大。在美国统计的 3000 件喷气飞机使建筑物受损害的事件中，抹灰开裂的占 43%，窗户损坏的占 32%，墙体开裂的占 15%，瓦损坏的占 6%。

8.1.2 噪声的评价度量

（1）声压和声压级。声波的强弱用声压表示，由于声波的存在而产生的压力增值即为声压，反映人耳对声音强度的感觉，单位是帕（Pa）。声波在空气中以纵波的形式传播时形成使空气介质发生时而密集、时而稀疏的交替变化，所以空气介质的压力增值也会随之发生正负交替的变化。

声压越大，对人听觉系统的刺激就越强，声音也就越强；声压越小，声音就越弱。正常人耳能听到的声音的声压是 0.00002Pa，常用来作为基准声压。当声压高于 20Pa 时能使人耳产生疼痛感。在生活环境中遇到的声音其声压差别悬殊，从听阈到痛阈声压的绝对值相差 100 万倍。这样大的范围用声压表示声音的大小的计量很不方便，为方便起见，人们把声压换算成声压级，把声压分成不同等级，声压级的计量单位是分贝（dB）。分贝是相对单位，声压与基准声压（以 1000Hz 的听阈声压 0.00002Pa）之比，取 10 为底的对数，再乘以 20，就是声压级的分贝数。声压与声压级之间的关系可用下式表示，即一个声压的声压级是：

$$L_p = 10 \lg p^2 / p_0^2 = 20 \lg p / p_0$$

式中　L_p——对应声压 p 的声压级，dB；

　　　p——声压，Pa；

　　　p_0——基准声压，等于 0.00002Pa，是 1000Hz 的听阈声压。

如一个声音的声压是 20Pa，则对应的声压级就是 120dB。

声压是噪声的基本物理参数，但人耳对声音的感受不仅和声压有关，而且也和频率有关。声压级相同而频率不同的声音听起来很可能是不一样的。如大型离心压缩机的噪声和活塞压缩机的噪声，声压级都是 90dB，可是前者是高频率，后者是低频率，听起来前者比后者响很多。因此人们就把这两个因素结合起来，根据人耳的这种特性，人们仿照声压级这个概念，引出了一个与频率有关的响度级。就是选取 1000Hz 的纯音作为基准声音，其噪声听起来与该纯音一样响，该噪声的响度级就等于这个纯音的声压级（分贝值）。如果噪声听起来与声压级 85dB、频率 1000Hz 的基准声音一样响，则该噪声的响度级与声压级一致。

（2）声强和声强级。声强是指单位时间内，声波通过垂直传播方向单位面积的声能量，通常用 I 表示，单位是瓦/米^2，记作 W/m^2。声强级的数学表达式为

$$L_1 = 10 \lg I / I_0$$

式中　L_1——对应于声强 I 的声强级，dB；

　　　I_0——基准声强，$I_0 = 10^{-12}$ W/m^2。

（3）声功率和声功率级。声功率是指声源在单位时间内声波通过某指定面积的声能量，单位是瓦，记作 W。声功率是从能量角度描述噪声特性的重要物理量。一个声源声功率级的数学表达式为

$$L_W = 10 \lg W / W_0$$

式中　L_W——对应于声功率 W 的声功率级，dB；

　　　W_0——基准声功率，$W_0 = 10^{-12}$ W。

（4）等效连续 A 声级。A 声级适于评价一个连续的稳态噪声，但如果在某一受声点观测到的 A 声级是随时间变化的，例如交通噪声随车流量和种类变化，又如一个间歇工作的机器，其在某时间段内的 A 声级有高有低。在这种情况下，用某一瞬间的 A 声级去评价一段时间内的 A 声级是不准确的。因此，人们引入了等效连续 A 声级作为评价量，即在规定的时间内某一连续稳态声的 A（计权）声压具有与时间变化的噪声相同的均方 A（计权）声压级，则这一连续稳态声的声级就是此时间变化噪声的等效声级。

（5）统计声级。统计声级是指某点噪声级有较大波动时，用于描述该点噪声随时间

变化状况的统计物理量，一般用 L_{10}、L_{50}、L_{90} 表示，它们表示 A 声级超过某一百分数的值。其中 L_{10} 表示在取样时间内 10% 的时间超过的噪声级，相当于噪声平均峰值；L_{50} 表示在取样时间内 50% 的时间超过的噪声级，相当于噪声平均中值；L_{90} 表示在取样时间内 90% 的时间超过的噪声级，相当于噪声平均底值。其计算方法是将测得的 100（或 200）个数据按大小顺序排列，第 10（或第 20）个数据即为 L_{10}，第 50（或第 100）个数据即为 L_{50}，第 90（或第 180）个数据即为 L_{90}。

8.1.3 噪声污染控制技术

声学系统通常由声源、传播途径和接收器 3 个部分组成。因此对噪声的污染控制也可以从这 3 个环节分别采取措施：一是噪声源的控制。这是最根本的措施，包括降低声源激发力、改进结构和改造工艺、降低高速气流的压差和流速、提高机械加工和装配精度等；二是传播途径的控制。这是噪声控制中的普遍技术，包括隔声、吸声、消声、阻尼减振等措施；三是对接收者的保护。对受音者或受音器官采取防护措施，减少在噪声环境下的暴露时间，同时对于长期职业性噪声暴露的工人可以戴耳塞、耳罩或头盔等护耳器，对于精密仪器设备，可安置在隔声间或隔振台上。

在实践中，由于技术或经济等原因，直接从声源降低噪声的可能性较小，因此主要从噪声的传播途径上采取吸声、隔声、消声、隔振、阻尼等几种常用的噪声控制技术。

8.1.3.1 吸声

在噪声控制中常用吸声材料和吸声结构来降低室内噪声，尤其在体积较大、混响时间较长的室内空间，应用非常普遍。按照吸声的机理可以将吸声材料分为多孔性吸声材料和共振性吸声材料两大类。

（1）多孔性吸声材料。多孔性吸声材料的物理结构特征是材料内部有大量的、互相贯通的、向外敞开的微孔，即材料具有一定的透气性。工程上广泛使用的有纤维材料和灰泥材料两大类。前者包括玻璃棉和矿渣棉或以此类材料为主要原料制成的各种吸声板材或吸声构件等；后者包括微孔砖和颗粒性矿渣吸声砖等。吸声机理是当声波入射到多孔材料时，引起孔隙中的空气振动。由于摩擦和空气的黏滞阻力，使一部分声能转变成热能。此外，孔隙中的空气与孔壁、纤维之间的热传导，也会引起热损失，使声能衰减。

（2）共振性吸声材料。由于多孔性材料的低频吸声性能差，为解决中、低频吸声问题，往往采用共振吸声结构，其吸声频谱以共振频率为中心出现吸收峰，当远离共振频率时，吸声系数就很低。常见的共振吸声结构包括穿孔板共振吸声结构、微穿孔板吸声结构、薄膜和薄板共振吸声结构等。

8.1.3.2 隔声

隔声是在噪声控制中最常用的技术之一。隔声是指声波在空气中传播时，一般用各种易吸收能量的物质消耗声波的能量，使声能在传播途径中受到阻挡而不能直接通过的措施。隔声的具体形式包括隔声罩、隔声间、隔声屏障等。

（1）隔声罩。隔声罩是一种可取的有效降噪措施，它把噪声较大的装置（如空压机、水泵、鼓风机等）封闭起来，可以有效地阻隔噪声的外传，减少噪声对环境的影响，但会给维修、监视、管路布置等带来不便，并且不利于所罩装置的散热，有时需要通风以冷却罩内的空气。隔声罩的隔声量主要是由罩壁的面密度与吸声材料的吸声系数、吸声量、噪声频率所确定。罩壁材料可采用铅板、钢板、铜板，壁薄、密度大的板材，一般采用2～3mm 的钢板即可。也可以通过加筋或涂贴阻尼层，以抑制和避免钢板之类的轻型结构与罩壁发生共振和吻合效应，减少声波的辐射。同时为了提高隔声效果，可在罩内用50mm 厚的多孔吸声材料进行处理，吸声系数一般不应低于0.5。

（2）隔声间。隔声间是为了防止外界噪声入侵，形成局部空间安静的小室或房间。隔声间主要有两种形式：一种是在高噪声环境下建造一个具有良好隔声性能的控制室，能有效地减少噪声对操作人员的干扰；另一种是声源较多、采取单一噪声控制措施不易见效，或者采用多种措施治理成本较高，就把声源围蔽在局部空间内，以降低噪声对周围环境的污染。

隔声间的形式应根据需要而定。常用的有封闭式、三边式和迷宫式。隔声间的大小以能符合工作需要的最小空间为宜。隔声间的墙体和顶棚材料可采用木板、砖料、混凝土预制板或薄金属板等。

隔声间在设计时应注意的是：隔声间的内表面，应覆以吸声系数高的材料作为吸声饰面；隔声间门的面积应尽量小些，密封应尽量好些，可以采用橡皮条、毡条等作为密封材料。

（3）隔声屏障。在声源与接收点之间设置障板，阻断声波的直接传播，使声波传播有一个显著的附加衰减，从而减弱接收者所在的一定区域内的噪声影响，这种结构称为声屏障。噪声在传播途中遇到障碍物，若障碍物尺寸远大于声波波长时，大部分声能被反射和吸收，一部分绕射，于是在障碍物背后一定距离内形成“声影区”。声影区的大小与声音的频率和屏障高度等有关，频率越高，声影区的范围越大。声屏障将声源和保护目标隔开，使保护目标落在屏障的声影区内。隔声屏障主要用于室外，随着公路交通噪声污染日益严重，有些国家大量采用各种形式的屏障来降低交通噪声。在建筑物内，如果对隔声的要求不高，也可采用屏障来分隔车间与办公室。另外，为了保护工作人员免受强烈噪声的直接辐射，可采用屏障隔成工作区。屏障的拆装和移动都比较方便，又有一定的隔声效果，因而应用较广。

8.1.3.3　消声

消声是指消除空气动力性噪声的方法。消声器是一种既能允许气流顺利通过，又能有效地阻止或减弱声能向外传播的装置。但消声器只能用来降低空气动力设备的进、排气口噪声或沿管道传播的噪声，而不能降低空气动力设备本身所辐射的噪声。消声器被广泛使用于发电、化工、冶金、纺织等工业厂矿中各种型号锅炉、风机、安全门等设备的消声降声。

8.1.3.4　隔振

声波起源于物体的振动，物体的振动除了向周围空间辐射噪声外，还可通过与其相连的固体结构传播声波。固体声波在传播过程中会向周围空气辐射噪声，尤其当引起物体共振时，产生的噪声会更强烈。

隔振的影响，主要是通过振动传递来达到的，减少或隔离振动的传递，振动就能得以控制。控制共振的主要方法包括：改变设施的结构和总体尺寸或采用局部加强法等，以改变机械结构的固有频率；改变机器的转速或改换机型等以改变振动源的振动频率；将振动源安装在非刚性的基础上以降低共振响应；对于一些薄壳机体或仪器仪表柜等结构，用粘贴弹性高阻尼结构材料增加其阻尼，以增加能量逸散，降低其振幅。在设备下安装隔振元件——隔振器是目前工程上应用最为广泛的控制振动的有效措施，广泛采用钢弹簧、橡胶、软木、毛毡、玻璃纤维板和气垫等进行隔振。

8.2 放射性污染及防治

8.2.1 放射性污染的特点及来源

1896 年，法国科学家贝克勒尔首先发现了某些元素的原子核具有天然的放射性，能自发地放出各种不同的射线。在科学上，把不稳定的原子核自发地放射出一定动能的粒子（包括电磁波），从而转化为较稳定结构状态的现象称为放射性。我们通常所说的放射性是指原子核在衰变过程中放出 α、β、γ 射线的现象，放射性 α 粒子是高速运动的氦原子核，在空气中射程只有几厘米，β 粒子是高速运动的负电子，在空气中射程可达几米，但 α、β 粒子不能穿透人的皮肤；而 γ 粒子是一种光子，能量高的可穿透数米厚的水泥混凝土墙，它轻而易举地射入人体内部，作用于人体组织中原子，产生电离辐射。除这几种放射线外，常用的射线还有 X 射线和中子射线。这些射线各具特定能量，对物质具有不同的穿透能力和间离能力，从而使物质或机体发生一些物理、化学、生化变化。放射性来自于人类的生产活动，随着放射性物质的大量生产和应用，就不可避免地会给我们的环境造成放射性污染。

和人类生存环境中的其他污染相比，放射性污染具有以下特点：

（1）一旦产生和扩散到环境中，就不断对周围发出放射性，永不停止。只是遵循内在固定速率不断减少其活性，其半衰期即活度减少到一半所需的时间从几分钟到几千年不等。

（2）自然条件的阳光、温度无法改变放射性物质的放射性活度，人们也无法用任何化学或物理手段使放射性物质失去放射性。

（3）放射性污染对人类作用有累积性。

（4）人类的感官对放射性污染无任何直接感受。

放射性污染主要来自于放射性物质。这些物质可来自天然，如岩石和土壤中的放射性物质；也可来自于人为的因素。就人为因素而言，目前放射线污染主要有以下来源：

（1）核工业。核工业的废水、废气、废渣的排放是造成环境放射性污染的重要原因。此外，铀矿开采过程中的氡和氡的衍生物以及放射性粉尘造成对周围大气的污染，放射性矿井水造成水质的污染，废矿渣和尾矿造成了固体废物的污染。

（2）核试验。核试验造成的全球性污染要比核工业造成的污染严重得多。由全世界的大气层核试验进入大气平流层的放射性物质最终要沉降到地面，因此全球严禁一切核试验和核战争的呼声也越来越高。

（3）核电站。目前全球正在运行的核电站有 400 多座，还有几百座正在建设中。核电站排入环境中的废水、废气、废渣等均具有较强的放射性，会造成对环境的严重污染。

（4）核燃料的后处理。核燃料后处理厂是将反应堆废料进行化学处理，提取钚和铀再度使用，但后处理厂排出的废料依然含有大量的放射性核素，仍会对环境造成污染。

（5）人工放射性核素的应用。人工放射性同位素的应用非常广泛。在医疗上，常用

"放射治疗"以杀死癌细胞；有时也采用各种方式有控制地注入人体，作为临床上诊断或治疗的手段；工业上可用于金属探伤；农业上用于育种、保鲜等。但如果使用不当或保管不善，也会造成对人体的危害和对环境的污染。

8.2.2　放射性污染的防治

放射性废物不像一般的工业废物和垃圾等极易被发现和预防其危害。它是无色无味的有害物质，只能靠放射性测试仪才能够探测到。因此，对放射性废物的管理、处理和最终处置必须按照国际和国家标准进行，以期能够把对人类的危害降到最低水平。

8.2.3　放射性废物的处理与处置

对放射性废物中的放射性物质，现在还没有有效的办法将其破坏，以使其放射性消失。因此，目前只是利用放射性自然衰减的特性，采用在较长的时间内将其封闭，使放射强度逐渐减弱的方法，达到消除放射污染的目的。

（1）放射性废液的处理。对不同浓度的放射性废水可采用不同的方法处理。处理方法包括如下：

1）稀释排放。对符合我国《辐射防护规定》中规定浓度的废水，可以采用稀释排放的方法直接排放，否则应经专门净化处理。

2）浓缩储存。对半衰期较短的放射性废液可直接在专门容器中封装储存，经过一段时间，待其放射强度降低后，可稀释排放；对半衰期长或放射强度高的废液，可使用浓缩后再储存的方法。常用的浓缩手段有共沉淀法、离子交换法和蒸发法。共沉淀法所得的上清液、蒸发法的二次蒸汽冷凝水以及离子交换出水，可根据它们的放射性强度或回用，或排放，或进一步处理。用上述方法处理时，分别得到了沉淀物、蒸渣和失效的树脂，其放射性物质将被浓集到较小的体积中。对这些浓缩废液，可用专门容器储存或经固化处理后埋藏。对中、低放射性废液可用水泥、沥青固化；对高放射性的废液可采用玻璃固化。固化物可深埋或储存于地下，使其自然衰变。

3）回收利用。在放射性废液中常含有许多有用物质，因此应尽可能回收利用。这样做既不浪费资源，又可减少污染物的排放。可以通过循环使用废水，回收废液中某些放射性物质，并在工业、医疗、科研等领域进行回收利用。

（2）放射性固体废物的处理处置。放射性固体废物主要是指铀矿石提取铀后的废矿渣；被放射性物质玷污而不能再用的各种器物；上述浓缩废液经固化处理后所形成的固体废弃物。

1）对废弃铀矿渣的处置。目前对废弃铀矿渣主要采用土地堆放或回填矿井的处理方法。这种方法不能根本解决污染问题，但目前尚无其他更有效的可行办法。

2）对被玷污器物的处置。这类废弃物所包含的品种繁多，根据受玷污的程度以及废弃物的不同性质，可以采用不同方法进行处理：①去污。对于被放射性物质玷污的仪器、设备、器材及金属制品，用适当的清洗剂边行擦拭、清洗，可将大部分放射性物质清洗下来。清洗后的器物可以重新使用，同时减小了处理的体积。对大表面的金属部件还可用喷镀方法去除污染。②压缩。对容量小的松散物品用压缩处理减小体积，便于运输、储存及焚烧。③焚烧。对可燃性固体废物可通过高温焚烧来大幅度减容，同时使放射性物质聚集在灰烬中。焚烧后的灰烬可在密封的金属容器中封存，也可进行固化处理。④再熔化。对无回收价值的金属制品，还可在感应炉中熔化，使放射性被固封在金属块内。经压缩、焚烧减容后的放射性固体废物可封装在专门的容器中固化在沥青、水泥、玻璃中，然后将其埋藏于地下或储存于设在地下的混凝土结构的安全储库内。

（3）放射性废气的处理。对低放射性废气，特别是含有短半衰期放射性物质的低放射性废气，一般可以通过高烟囱直接稀释排放。对含粉尘或长半衰期放射性物质的废气，则需经过一定的处理，如用高效过滤的方法除去粉尘，碱液吸收去除放射性碘，用活性炭吸附碘、氪、氙等。经处理后的气体，仍需通过高烟囱稀释排放。

8.3　电磁辐射污染及防治

8.3.1　电磁辐射的来源

信息化时代的到来给人类物质文化生活带来了极大的便利，并促进了社会的进步。无线电广播、电视、无线通信、雷达、计算机、微波炉、超高压输电网、变电站等电器、电子设备等在使用过程中，都会不同程度地产生不同波长和频率的电磁波。这些电磁波无色、无味、看不见、摸不着、穿透力强，且充斥整个空间，能悄无声息地影响着人体的健康，引起了各种社会文明病。电磁辐射已成为当今危害人类健康的致病源之一。

由振荡电磁波产生，在电磁振荡的发射过程中，电磁波在自由空间以一定速度向四周传播，这种以电磁波传递能量的过程或现象称为电磁波辐射，简称电磁辐射。

电磁辐射污染源主要包括天然电磁辐射污染源和人工电磁辐射污染源两大类。天然产生的电磁辐射来自于地球热辐射、太阳热辐射、宇宙射线、雷电等，是由自然界的某些自然现象引起的。在天然的电磁辐射中，以雷电所产生的电磁辐射最为突出。人工产生的电磁辐射主要来源于广播、电视、雷达、通信基站及电磁能在工业、科学、医疗和生活中的应用设备。根据产生频率的不同可以将人工电磁辐射源分为工频场源和射频场源。工频场源（数十至数百赫兹）中，以大功率输电线路所产生的电磁污染为主，同时也包括若干种放电型场源。射频场源（0.1～3000MHz）主要指由于无线电设备或射频设备工作过程中产生的电磁感应与电磁辐射。射频电磁辐射频率范围宽、影响区域大，对近场区的工作人员能产生危害，是目前电磁辐射污染环境的重要因素。

8.3.2　电磁辐射的危害

电磁辐射对生物体的作用机制，主要可分为热效应、非热效应和累积效应几大类。

（1）热效应。人体中70%以上是水，水分子受到电磁辐射后相互摩擦，引起机体升温，从而影响到体内器官的正常工作。体温升高引发各种症状，如心悸、头涨、失眠、心动过缓、白细胞减少、免疫功能下降、视力下降等。产生热效应的电磁波功率密度在$10mW/cm^2$；微观致热效应$1～10mW/cm^2$；浅致热效应在$1mW/cm^2$以下。当功率为$1000W$的微波直接照射人时，可在几秒内致人死亡。

（2）非热效应。人体的器官和组织都存在微弱电磁场，它们是稳定和有序的，一旦受到外界电磁场的干扰，处于平衡状态的微弱电磁场将遭到破坏，人体也会遭受损害。这主要是低频电磁波产生的影响，即人体被电磁辐射照射后，体温并未明显升高，但已经干扰了人体固有的微弱电磁场，使血液、淋巴液和细胞原生质发生改变，对人体造成严重危害，可导致胎儿畸形或孕妇自然流产；影响人体的循环、免疫、生殖和代谢功能等。

（3）累积效应。热效应和非热效应作用于人体后，对人体的伤害尚未自我修复之前，如再次受到电磁波辐射的话，其伤害程度就会发生累积，久之会成为永久性病态，危及生命。对于长期接触电磁波辐射的群体，即使功率很小，频率很低，也可能会诱发意想不到的病变，应引起警惕。

8.3.3　电磁辐射的防治

控制电磁污染的手段应从两方面进行考虑：一是将电磁辐射的强度减小到容许的强度；二是将有害影响限制在一定的空间范围。为了减小电子设备的电磁泄漏，必须从产品设计、屏蔽及吸收等角度入手，采取标本兼治的方案防止电磁辐射污染与危害。

（1）加强电磁兼容性设计审查与管理。无论是工厂企业的射频应用技术，还是广播、通信、气象、国防等领域内的射频发射装置，其电磁泄漏与辐射，除技术原因外，主要问题就是设计与管理方面的责任。因此，加强电磁兼容性设计审查与管理是极为重要的一环。

（2）认真做好模拟预测与危害分析。在产品出厂前，均应进行电磁辐射与泄漏状态的预测与分析，实施国家强制性产品认证制度，大中型系统投入使用前，应当对周围环境电磁场进行模拟预测，以便对污染危害进行分析。

（3）电磁屏蔽。在电磁场传播的途径中安设电磁屏蔽装置，可使有害的电磁场强度降到容许范围以内。电磁屏蔽装置一般为金属材料制成的封闭壳体。频率越高，壳体越厚，材料导电性能越好，屏蔽效果就越大。

（4）接地导流。有电磁辐射的设施必须有很好的接地导流措施，接地导流的效果与接地极的电阻值有关，使用电阻值越低的材料，其导电效果越好。

（5）合理规划。在城市规划中应注意工业射频设备的布局，对集中使用辐射源设备的单位划出一定的范围，并确定有效的防护距离，同时加强无线电发射装置的管理，对电台、电视台、雷达站等的布局及选址必须严格按照相关规定执行，以免居民受到电磁辐射污染。

8.4　热污染及防治

随着社会生产力的发展和人们生活水平的不断提高，热污染已经成为另一种污染，对环境和人体健康造成越来越明显的影响，从而引起了人们的关注。热污染是指由于人类某些活动，使局部环境或全球环境发生增温，并可能形成对人类和生态系统产生直接或间接、即时或潜在危害的现象。

造成热污染最根本的原因是能源未能被最有效、最合理地利用。工厂或发电厂使用水作为冷凝剂，用完后排到海洋或河道。虽然这些水未必含有害物质，并未造成水污染，但其高温却会影响水中的生态。随着现代工业的发展和人口的不断增长，环境热污染将日趋严重。

8.4.1　热污染概述

（1）水体热污染。火力发电厂、核电站和钢铁厂的冷却系统排出的热水以及石油、化工、造纸等工厂排出的生产性废水中均含有大量废热。这些废热排入地面水体后，能使水温升高。在工业发达的美国，每天所排放的冷却用水达 $4.5 \times 10^8 m^3$，接近全国用水量的 1/3；废热水的含热量约 $2500 \times 10^8 kcal$（$1kcal = 4.1868$），足够 $2.5 \times 10^8 m^3$ 的水温度升高 10℃。局部水温升高对水质产生影响，当水温升高时水的黏度降低，密度减小，从而可使水中沉淀物的空间位置和数量发生变化，导致污泥沉积量增多，同时也会引起水中溶解氧的降低并导致缺氧现象发生，使水质恶化。水温的升高也会影响渔业生产，因为水温升高使水中溶解氧减少。另一方面又使鱼类的代谢率增高而需要更多的氧，鱼在热应力作用下发育受到阻碍，甚至很快死亡。为了减少这种热污染的危害，美国环境保护机构建议控制废热的排放，并提出废热水进入水体经混合后温度升高不得大于下列数值：河水 2.83℃，湖水 1.66℃，海水冬季 2.2℃，海水夏季 0.83℃。

（2）大气热污染。随着人口和耗能量的增长，城市排入大气的热量日益增多。按照热力学定律，人类使用的全部能量终将转化为热，传入大气，逸向太空。这样使地面反射太阳热能的反射率增高，吸收太阳辐射热减少，沿地面空气的热减少，上升气流减弱，阻碍云雨形成，造成局部地区干旱，影响农作物生长。近一个世纪以来，地球大气中的 CO_2 不断增加，气候变暖，冰川积雪融化，使海水水位上升，一些原本十分炎热的城市，变得更热。专家预测，如按现在能源消耗的速度计算，每 10 年全球温度会升高 $0.1 \sim 0.26℃$；一个世纪后即为 $1.0 \sim 2.6℃$，而两极温度将上升 $3 \sim 7℃$，对全球气候会有重大影响。

8.4.2 热污染的防治

对于水体的热污染可以通过以下几种措施来进行防治：

（1）改进冷却方式，减少温排水产生量。产生温排水的企业，应根据自然条件，结合经济和可行性两方面的因素采取相应的防治措施。以对水体热污染最严重的发电行业为例，其产生的冷却水不具备一次性直排条件的，应采用冷却池或冷却塔，使水中废热逸散，并返回到冷凝系统中循环使用，以提高水的利用率。从长远来看，减少温排水问题及充分回收温排水中热能的技术将是治理水体热污染的根本途径。

（2）综合利用废热水。利用温热水进行水产品养殖，在国内外都取得了较好的试验成果。农业是温热水有效利用的一个重要途径，在冬季用热水灌溉能促进种子发芽和生长，从而延长了适于作物种植的时间。利用温热排水在冬季供暖、在夏季作为吸收型空调设备的能源已成功实现。温热水的排放在高纬度寒冷地区可以预防船运航道和港口结冰，从而节约运费。适量的温热水在冬季时排入污水处理系统有利于提高活性污泥的活性，提高污水处理效果。

（3）制定废热水的排放标准。为防止废热水污染，尽可能利用废水中的余热，除了要大力发展废热水热能回收技术外，还要充分了解废水排放水域的水文、水质及水生生物的生态习性，以便综合治理。同时应在经济合理的条件下，制定废热水的排放标准。

8.5 光污染及防治

8.5.1 光污染概述

光污染问题最早于 20 世纪 30 年代由国际天文界提出，他们认为光污染是城市的室外照明使天空发亮，造成对天文观测的负面影响。后来英美等国称之为"干扰光"，在日本则将这种现象称为"光害"。现在一般认为，光污染泛指影响自然环境，对人类正常生活、工作、休息和娱乐带来不利影响，损害人们观察物体的能力，引起人体不舒适感和损害人体健康的各种光造成的污染。全国科学技术名词审定委员会审定公布光污染的定义为：过量的光辐射对人类生活和生产环境造成不良影响的现象，包括可见光、紫外线和红外线造成的污染。

（1）可见光污染。可见光是波长为 $390 \sim 760$ nm 的电磁辐射体。当可见光亮度过高或过低，对比过强或过弱时均可引起视觉疲劳，导致工作效率降低。

眩光是光污染的一种形式，当汽车夜间行驶时照明用的头灯、企业厂房中不合理的照明布置等都会造成眩光。长期在强光条件下工作的工人，会由于强光而使眼睛受害。

杂散光也是光污染的一种形式，当太阳光照射强烈时，城市里建筑物的玻璃幕墙、釉面砖墙、磨光大理石和各种涂料等装饰反射光线，明晃白亮、炫眼夺目。据光学专家研究，镜面建筑物玻璃的反射光比阳光照射更强烈，其反射率高达 82% ~ 90%，光线几乎全被反射，大大超过了人体所能承受的范围。长时间在白色光亮污染环境下工作和生活的人，视网膜和虹膜都会受到程度不同的损害，视力急剧下降，白内障的发病率高达 45%；还会使人头昏心烦，甚至发生失眠、食欲下降、情绪低落、身体乏力等类似神经衰弱的症状。

夏天，玻璃幕墙强烈的反射光进入附近居民楼房内，使室温平均升高 $4 \sim 6$℃，影响正常生活。有些玻璃幕墙是半圆形的，反射光汇聚还容易引起火灾。烈日下驾车行驶的司机会出其不意地遭到玻璃幕墙反射光的突然袭击，眼睛受到强烈刺激，很容易诱发车祸。

（2）紫外线污染。紫外线辐射是波长范围为 $10 \sim 390$ nm 的电磁波。自然界中的紫外线来自于太阳辐射。人工紫外线最早是应用于消毒以及某些工艺流程。近年来它的使用范围不断扩大，如用于人造卫星对地面的探测。

波长在 $220 \sim 320$ nm 的紫外线对人体有损伤作用。紫外线对人体主要是伤害眼角膜和皮肤。紫外线对角膜的伤害作用表现为一种叫做畏光眼炎的极痛的角膜白斑伤害，除了剧痛外，还导致流泪、眼睑痉挛、眼结膜充血和睫状肌抽搐。紫外线对皮肤的伤害作用主要是引起红斑和小水疱，严重时会使表皮坏死和脱皮。

紫外线还可与大气中的氮氧化物产生光化学反应导致烟雾污染，即光化学烟雾污染。

（3）红外线污染。红外线辐射是波长为 $760 \sim 10^6$ nm 的电磁辐射，亦称为热辐射。红外线近年来在军事、人造卫星以及工业、卫生、科研等方面的应用日益广泛，因此红外线污染问题也随之产生。

较强的红外线可造成皮肤伤害，其情况与烫伤相似，最初是灼痛，然后是造成烧伤。当过量的红外线透入皮下组织时，可使血液和深层组织加热，当照射面积大且受热时间长时，则会出现中暑症状。红外线对眼睛造成的伤害表现为当过量过强的红外线被眼角膜吸收和透过时，可造成眼底视网膜的伤害，人眼如果长期暴露于红外线可能引起白内障。

8.5.2　光污染的防治

光污染已经成为现代社会的公害之一，应引起政府、专家及民众的足够重视，积极控制和预防光污染，改善城市环境。为避免光污染的产生，可从以下几方面着手：

（1）加强城市规划和管理。在建筑物和娱乐场所的周围作合理规划，进行绿化并减少反射系数大的装饰材料的使用，以减少光污染源。

（2）加强法律法规的建设。环保和卫生等相关部门应制定相关的光污染技术标准和法律法规并采取综合防治措施。

（3）加大宣传工作，加强科学研究。一方面，教育人们科学合理地使用灯光，注意调整亮度，不可滥用光源，不再扩大光污染，白天提倡使用自然光；另一方面，科研部门要研究光污染对人群健康影响的科学调查，让广大民众对光污染有一定的了解。

（4）强化市民保护意识。注意工作环境中的紫外线、红外线及高强度眩光的损伤，劳逸结合，夜间尽量少到强光污染的场所活动；如果不能避免长期处于光污染的工作环境中，应考虑到防止光污染的问题，采用个人防护措施：戴防护镜和防护面罩、穿防护服等，把光污染的危害消除在萌芽状态。已出现症状的应定期去医院眼科作检查，及时发现病情，以防为主，防治结合。

复习思考题

8-1 什么是噪声？美妙动听的音乐可能成为噪声吗？

8-2 电磁污染的来源和危害分别有哪些？

8-3 简述放射性污染的主要来源。

8-4 放射性废物如何进行处理与处置？

8-5 简述我国光污染的现状及污染控制措施。

8-6 简述热污染的来源、危害和防治措施。

9 环境监测与评价

环境资源是人类生存和发展的一种基础资源。环境监测是为环境管理服务，它是环境管理的耳与目。从宏观上说，在科学制定可持续发展的具体方针和有效的环境污染防治措施前，必须先了解环境质量和环境污染状况。环境质量评价是指对某一指定区域的要素和环境整体的优劣程度进行定性和定量的描述和评定，根据需要评价的时间段的不同，环境质量评价可分为回顾评价、现状评价和预测评价三种。环境影响评价是一项控制环境影响的制度，旨在减少项目开发导致的污染，维护人类健康与生态平衡。

9.1 环 境 监 测

9.1.1 环境监测的作用和目的

9.1.1.1 环境监测的概念

环境监测是指测定代表环境质量的各种标志数据的过程，是环境监测机构按照有关的法律、法规和技术规定、程序的要求，运用科学的、先进的技术方法，对代表环境质量及其发展趋势的各种环境要素进行间接地或连续地监视、测试和解释的科学活动。

环境监测的过程一般包括接受任务、现场调查、收集资料、监测计划设计、优化布点、样品采集、样品运输及保存、样品的预处理、分析测试、数据处理和综合评价等。

环境监测的对象有自然因素、人为因素和污染组分。环境检测包括化学监测、物理监测、生物监测和生态监测。环境监测可分为常规环境监测、研究型环境监测和应急环境监测。

环境监测的工作内容不仅包括生态环境、大气环境、水环境、声环境和辐射环境等环境质量的监测，还涉及各行各业众多企业的污染源监测。因此，环境监测具有监测面广、对象复杂等特点。

9.1.1.2 环境监测的作用与目的

环境监测是环境保护工作的重要组成部分，是环境保护的"耳目与哨兵"。通过长期大范围的对环境质量、污染源的定期跟踪监测，取得大量科学的数据，研究环境质量和污染物变化规律，考察对环境生态的影响，为社会经济的可持续发展、为政府环境管理决策和制定法规标准提供依据。

环境监测的作用与目的可归纳如下：

（1）提供代表环境质量现状的数据，判断环境质量是否符合国家制定的环境质量标准，评价当前主要环境问题。

（2）找出环境污染最严重的区域和区域上重要的污染因子，作为主要管理对象，评价该区域环境污染综合防治对策和措施的实际效果。

（3）评价环保设施的性能，为污染源管理提供基础数据。

（4）追踪污染物的污染路线和污染源，判断各类污染源所造成的环境影响，预测污染的发展趋势和当前环境问题的可能趋势。

（5）验证和建立环境污染模式，为新污染源对环境的影响进行预断评价。

（6）积累长期监测资料，为研究环境容量、实施总量控制提供基础数据。

（7）通过累计大量不同地区的环境监测资料，并结合当前和今后一段时期中国科学技术和经济发展水平，制定切实可行的环境保护法规和环境质量标准。

（8）不断揭示新的污染因子和环境问题，研究污染原因、污染物迁移和转化，为环境保护科学研究提供可靠的数据。

总之，环境监测的作用与目的是及时、准确、全面地反映环境质量现状及其发展趋势，为环境管理、环境规划和环境科学研究提供依据。

9.1.2 环境监测的程序与方法

9.1.2.1 环境监测程序

环境监测的程序因监测目的不同而有所差别，但其基本程序是一致的。

（1）现场调查与资料收集。主要调查收集区域内各种污染源及其排放规律和自然与社会环境特征。自然与社会环境特征包括：地理位置、地形地貌、气象气候、土壤利用情况以及社会经济发展状况。

（2）确定监测项目。监测项目主要根据国家规定的环境质量标准、本地主要污染源及其排放物的特点来选择，并结合优先监测选择，同时还要测定一些气象及水文项目。

（3）确定监测点布置及采样时间和方式。采样点布置是否合理、是否获得有代表性样品的前提，应在调查研究和对相关资料进行综合分析的基础上，根据监测对象和监测项目，并考察人力、物力、财力等因素确定监测点和采样时间。

（4）选择和确定环境样品的保存方法。环境样品存放过程中，由于吸附、沉淀、氧化还原、微生物作用等影响，样品的成分可能发生变化，引起较大误差。因此，从采样到分析测定的时间间隔应尽可能缩短，如不能及时运输和分析测定的样品，需采取适当的方法存放样品。较为普遍的保存方法有冷藏冷冻法和加入化学药剂法。目前认为冷藏温度接近冰点或更低是最好的保存技术，因为冷冻对以后的分析测定无妨碍。

（5）环境样品的分析测试。环境样品试样数量大，试样组成复杂而且污染物含量差别很大。因此，在环境监测中，要根据样品特点和待测组分的情况，权衡各种因素，有针对性地选择最适宜的测定方法。

（6）数据处理与结果上报。由于监测误差存在于环境监测的全过程，只有在可靠采样和分析测试的基础上，运用数理统计的方法处理数据，才可能得到符合客观要求的数据，处理得出的数据应经仔细复核后才能上报。

9.1.2.2 环境监测方法

环境监测方法从技术角度来看，多种多样，大体可分为化学方法、物理方法和生物方法。

（1）化学监测方法。对污染物的监测，目前使用较多的是化学方法，尤其是分析化学的方法在环境监测得到广泛应用。例如，容量分析、重量分析、光化学分析、电化学分析和色谱分析等。

（2）物理监测方法。物理方法在环境监测中的应用也很广泛，例如，遥感技术在大气污染监测、水体监测以及植物生态调研等方面显示出其优越性，是地面逐点定期测定所无法相比的。

（3）生物监测方法。生物监测方法主要包括大气污染的生物监测和水体污染的生物监测两大类。

大气污染物的生物监测方法有：利用指示植物的伤害症状对大气污染做出定性、定量的判断；测定植物体内污染物的含量；观察植物的生理生化反应，如酶系统的变化、发芽率的变化等，对大气污染的长期效应做出判断；测定数目的生长量和年轮，估测大气污染的现状；利用某些敏感植物，如地衣、苔藓等作为大气污染的植物监测器。

水体污染的生物监测方法有：利用指示生物监测水体污染状况；利用水生物群落结构变化进行监测，同时可引用生物指数和生物种的多样性指数等数学手段；水污染的生物测试，即选用水生物收到污染物的毒害作用所产生的生理机能变化，测定水质的污染状况。

9.1.3　环境监测中污染物分析方法简介

目前环境监测中污染物分析方法大致可以分为五类，即化学分析方法、光学分析方法、电化学分析方法、色谱分析方法和中子活化分析方法。

9.1.3.1　化学分析方法

化学分析方法是以化学反应为基础确定待测物质含量的方法。化学分析方法分类如下：

$$
\text{化学分析方法}\begin{cases}
\text{重量法（测大气颗粒状物质，水中油和悬浮物等）}\\[4pt]
\text{容量法}\begin{cases}
\text{络合滴定法（测水中的钙、镁、总硬度、氰化物等）}\\
\text{氧化还原滴定法（测水中的溶解氧、高锰酸盐指数等）}\\
\text{酸碱滴定法（测水中的酸度、碱度等）}\\
\text{沉淀滴定法（测水中卤素化合物等）}
\end{cases}\\[4pt]
\text{目视比色法（测水中氟化物等）}
\end{cases}
$$

化学分析方法的主要特点有：

（1）准确度高，相对误差一般小于 0.2%。

（2）仪器设备简单，价格便宜。

（3）灵敏度低，适用于常量组分测定，不适用于微量组分测定。

9.1.3.2　光学分析方法

光学分析法是以待测物质对光的吸收、辐射、散射等性质为基础确定其含量的方法。光学分析方法分类如下：

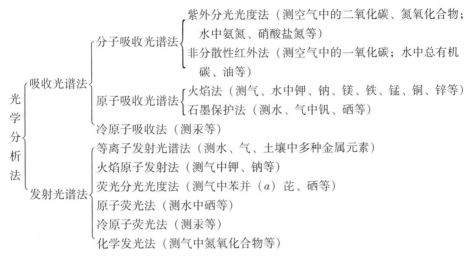

9.1.3.3　电化学分析方法

电化学分析方法是以利用物质的电化学性进行定量分析的方法。电化学分析方法分类如下：

$$
电化学分析法\begin{cases}电位法（测气、水中氟化物；水中氯化物、氨氮等）\\电导法（测水中电导率、溶解氧，气中二氧化硫等）\\库仑法（测水中化学需氧量，气中二氧化硫）\\极谱法\begin{cases}高波极谱法（测水中硝酸苯、铜、镉、铅等）\\阳极溶出法（测水中铜铅、锌、镉等）\end{cases}\end{cases}
$$

9.1.3.4　色谱分析方法

色谱分析方法是根据被分析物质在固定相和移动相中的分配系数的不同，而进行的定量分析方法。色谱分析方法分类如下：

$$
色谱分析法\begin{cases}气相色谱法（测气中丙酮、甲醛、苯系列物；水中卤代烃、烷基汞、吡啶等）\\液相色谱法\begin{cases}高效液相色谱法（测气、水中多环芳烃等）\\离子色谱法（测水、气中氯化物、氟化物等）\\纸层析和波层层析法（分离、测定气、水中多环芳烃；\\粮食中黄曲霉素、有机磷农药等）\end{cases}\end{cases}
$$

9.1.3.5　中子活化分析方法

中子活化分析方法是利用中子照射待测物质，使其发生核反应从而进行定量分析的方法，它主要用于无机元素的痕量分析。

9.1.4　环境监测的质量控制

环境监测对象成分复杂，在时间、空间、量级上分布广泛且多变，不易准确测定。特别在大规模的环境调查中，常需要在同一时间内由多个实验室同时参加、同时测定。这就要求各个实验室从采样到监测结果所提供的数据有规定的准确性和可比性，以便得出正确的结论。环境监测常由多个环节组成，只有保证了各个环节的质量，才能获得代表环境质量的各种标志数据，才能反映真实的环境质量。因此，必须加强环境监测过程的质量控制。

9.1.4.1　质量控制的目的

质量控制的目的是为了使监测数据达到以下五个方面的要求：

（1）准确性，测量数据的平均值与真实值的接近程度。

（2）精确性，测量数据的离散程度。

（3）完整性，测量数据与预期的或计划要求的符合。

（4）可比性，不同地区、不同时期所得的测量数据与处理结果要能够进行比较研究。

（5）代表性，要求所监测的结果能表示所测的要素在一定的空间内和一定时期中的情况。

9.1.4.2 质量控制的内容

（1）采样的质量控制。采样的质量控制主要包括以下几方面的内容：审查采样点的布设和采样时间、时段选择；审查样品数量的总量；审查采样仪器和分析仪器是否合乎标准和经过校准，运转是否正常。

（2）样品运送和储存中的质量控制。样品运送和储存中的质量控制主要包括：样品的包装情况、运输条件和运输时间是否符合规定的技术要求。防止样品在运输和保存过程中发生变化。

（3）数据处理的质量控制。数据处理的质量控制主要包括：数据分析、数据精确、数据提炼、数据表达等一系列过程是否符合技术规范要求。

9.1.4.3 实验室的质量控制

监测的质量控制从大的方面可分为采样系统和测定系统两部分。实验室质量控制是测定系统中的重要部分，它分为实验室内质量控制和实验室间质量控制，目的是保证测量结果有一定的精密度和准确度。实验室质量控制必须建立在完善的实验室基础工作之上，实验室的各种条件和分析人员需符合一定要求。

（1）实验室内质量控制。实验室内部质量控制是实验室分析人员对分析质量进行的自我控制的过程。一般通过分析和应用某种质量控制图或其他方法来控制分析质量。

（2）实验室间质量控制。实验室间质量控制是针对使用同一种分析方法时，由于实验室与实验室之间条件不同（如试剂、蒸馏水、玻璃器皿、分析仪器等）以及操作人员不同而引起测定误差而提出的。进行这类质量控制通常采用测定标准样品或统一样品、测定加标样品、测定空白平行等方法。

9.2 环境质量评价

9.2.1 环境质量评价的意义及类型

环境质量评价是对环境品质的优劣给予定量或定性的描述，分为自然环境质量评价和社会环境质量评价。鉴于我国环境污染现状和经济实力，目前我国环境质量评价以自然环境质量评价为主，而社会环境质量评价才刚刚起步。

（1）环境质量评价的概念。环境科学的核心是环境质量。环境质量评价是认识环境质量的一种手段和工具。因此，环境质量评价是环境科学中的一个重要分支科学。

环境质量评价是人们认识环境质量、找出环境质量存在的主要问题必不可少的手段和工具。通过环境质量评价可找出评价地区的主要污染源和主要污染物，解决防治什么污染物和在哪防治的问题；定量评价环境质量的水平；通过技术、经济比较，提出技术上合理、经济上可行的防治污染途径和方法；为新的开发计划保护环境做出可行性研究；为环境工程、环境管理、环境污染综合防治和环境规划提供基础数据；为国家制定环保政策提供信息。因此，环境质量评价是环境保护的一项基础工作。

（2）环境质量评价的类型。环境质量评价类型主要包括下面三种方式：

1）按评价的时序分类。可分为回顾评价、现状评价和未来评价三种类型：

① 环境质量回顾评价。根据一个地区历年积累的环境资料进行评价，据此可以回顾一个地区环境质量的发展演变过程。

② 环境质量现状评价。根据近期的环境监测资料，对一个地区或一个生产单位的环境质量现状进行评价。

③ 环境质量未来评价。根据一个地区的经济发展规划或一个建设项目的规模，预测该地区或建设项目将来环境质量变化情况，并做出评价，也称环境影响评价或环境预断评价。

2）按评价的要素分类。可分为单要素评价和综合评价两种类型。单要素环境质量评价包括大气环境质量评价、水环境质量评价（包括地表水环境质量评价、地下水环境质量评价、海洋环境质量评价）、土壤环境质量评价噪声环境质量评价、生态环境质量评价等。对一个地区的各个环境要素进行综合评价，称为区域环境质量综合评价。

3）按评价的区域分类。可分为城市环境质量评价、流域环境质量评价、海域环境质量评价以及风景游览区环境质量评价。环境影响评价也可分为建设项目环境影响评价和开发区环境影响评价。建设项目环境影响评价分为新建项目环境影响评价和扩建、技改项目环境影响评价；开发区环境影响评价分为一个城市新开发小区环境影响评价和几个城市联合开发区的环境影响评价。

9.2.2 环境质量评价的程序

环境质量评价工作是一项复杂的系统工程，所涉及的工作环节很多。由于评价项目的规模不同、所处的环境不同、评价目的不同、评价项目选定的评价要素不同，所以在具体执行环境质量评价的程序上会略有差异。但由于所有的环境评价项目都是把污染源、环境及对环境的影响作为三大要素进行调查和研究，所以，环境质量评价的基本程序如下：

（1）组织筹备阶段。环境质量评价工作在筹备阶段首先做好评价工作组织准备、资金准备，应该根据评价项目的具体情况首先确定评价工作的目的、范围和方法，制定评价工作日程表和工作计划。下发工作计划及任务通知书，统筹组织各专业部门分工协作。调阅有关资料，并对已掌握资料分析研究，初步确定主要污染源和主要污染因子。

（2）环境数据监测阶段。环境质量评价进入实质性工作阶段后，第二步工作主要是根据本地区的环境特点确定主要污染源和主要污染因子，开展监测工作。在监测工作中要注意监测数据的科学性、代表性、可比性和准确性。数据监测所使用的采样、测定、计算等方法应严格按国家规定的标准执行。在监测数据采集过程中，应特别注意采样点的分布与设置、采样时间间隔、气候与风向的变化、旱季与雨季的影响等技术细节。如果时间允许可以坚持数年。

（3）评价分析结果及结果应用阶段。评价阶段是指当数据监测阶段的工作完成以后，根据环境监测所得到的具体数据，通过环境指数和指标（大气环境指数、水质指数、土壤污染指数、环境噪声指数、生物指标和生物指数等）的计算得到各单项指标数据。这些数据可被用来对被评价地区不同污染因子对环境的污染程度进行定量和定性的判断和描述。分析阶段是指根据环境指数和指标，分析造成环境污染的主要原因、污染发生的条件以及污染对人与动物的影响程度。

环境质量评价的结果不仅被用来衡量一个地区环境质量的优劣，其结果对于环境质量管理部门、规划部门都是很具价值的基础资料。结果应用阶段是指环境保护部门可根据环境质量评价的结果找出环境污染的成因、发生条件，制定控制和减轻环境污染的具体措施。规划部门可以通过制定合理的经济发展计划，调整产业结构，调整工业布局来控制和减少环境污染。

9.2.3   环境质量现状评价的内容和方法

（1）环境质量现状评价的内容。环境质量评价的内容随不同的研究对象和不同的类型而有所区别。其基本内容包括如下几个方面：

1）污染源的调查与评价。通过对各类污染源的调查、分析和比较，研究污染的数量、质量特征，研究污染源的发生和发展规律，找出主要污染源和污染物，为污染治理提供科学依据。

2）环境质量指数评价。用无量纲指数表征环境质量的高低，是目前最常用的评价方法。包括单因子和多因子评价及多要素的环境质量综合评价。当所采用的环境质量标准一致时，这种环境质量指数具有时间和空间上的可比性。

3）环境质量功能评价。环境质量标准是按功能分类的，环境质量功能评价就是要确定环境质量状况的功能属性，为合理利用环境资源提供依据。

（2）环境质量现状评价的方法。环境质量评价实际上是对环境质量优劣的评定过程。环境质量现状评价方法主要有调查法、监测法和综合分析法等。

1）调查法。调查法是对评价地区内的污染源（包括排放的污染种类、排放量和排放规律）、自然环境特征进行实地考察，取得定性和定量的资料，以评价区域的环境背景作为标准来衡量环境污染的程度。

2）监测法。监测法是按评价区域的环境特征布点采样，进行分析测定，取得环境现状的数据，根据环境质量标准或背景值来说明环境质量变化的情况。

3）综合分析法。综合分析法是环境现状评价的主要方法。这种方法根据评价目的、环境结构功能的特点和污染源评价的结论，并根据环境质量标准，参考污染物之间的协同作用和拮抗作用以及背景值和评价的特殊要求等因素来确定评价标准，说明环境质量变化状况。

9.3   环境影响评价

9.3.1   环境影响评价概述

9.3.1.1   环境影响

环境影响是指人类活动（经济活动、政治活动和社会活动）导致环境变化，以及由此引起的对人类社会的效应。人类活动对环境产生的影响可以是有害的，也可以是有利的；可以是长期的，也可以是短期的；可以是潜在的，也可以是现实的。要识别这些影响，并制定出减轻对环境不利影响的对策措施，是一项技术性极强的工作。

9.3.1.2 环境影响评价及其类型

环境影响评价是指对拟议中的建设项目、区域开发计划和国家政策实施后可能产生的影响（后果）进行的系统性识别、预测和评估。其根本目的是鼓励在规划和决策中考虑环境因素，使得人类活动更具环境相容性。根据目前人类开发建设活动的类型及其对环境的影响程度，可以将环境影响评价分为四种类型。

（1）单个建设项目的环境影响评价。单个建设项目的环境影响评价是为某个建设项目的优化选址和设计服务的，主要对某一建设项目的性质、规模等工程特性及所在地区自然环境和社会环境的影响进行评估，提出环境保护对策建设与要求，进行简要的环境经济损益分析等。

（2）多个建设项目的环境影响联合评价。多个建设项目的环境影响联合评价指的是在同一地区或统一评价区域内进行两个以上建设项目的整体评价，即将多个项目作为整体视若一个建设项目进行环境影响评价。所得预测结果能比较确切地反映出各单个建设项目对环境的综合影响，便于实行环境总量控制的对策。

（3）区域开发项目的环境影响评价。区域环境影响评价指的是对区域内（如经济开发区、高科技开发区、旅游开发区等）拟议的所有开发建设行为进行的环境影响评价。评价的重点是论证区域内未来建设项目的布局、结构和时序，提出经济上可行、经济布局合理、对全区环境影响较少的整体优化方案，促使区域内人口、环境与开发建设之间协调发展。可为开展环境容量分析，进行环境污染总量控制，提出区域环境管理及环境保护机构设置意见。

（4）战略及宏观活动的环境影响评价。战略及宏观活动的影响评价指的是对人类环境质量有重大影响的宏观认为活动，如国家的计划（规划）、立法、政策方针（或建议案）等进行环境影响分析。着眼于全国的、长期的环境保护战略，考虑的是一项政策、一个规划可能造成的影响。这类评价所采用的方法多是定性和半定量的预测方法和各种综合判断、分析的方法，是为最高层次的开发建设决策服务的。

9.3.1.3 环境影响评价的意义及作用

长期以来，人们对于人类活动所造成的环境影响，只能进行被动的防治，也就是在环境被污染之后，再去采取补救措施。这种途径就是通常所说的"先污染、后治理"。实践表明，这种做法造成了严重的环境污染，"公害"事件泛滥，使人们付出了很大代价，这才逐步认识到经济发展、大型建设项目和环境的相互影响。有些能够事后得到恢复。有些则属于不可逆变化，事后很难挽救，于是人们便开始积极探索事先预防的途径。环境影响评价正是适应这一需要而探索出来的一种实用技术，它的意义和作用表现在以下几个方面：

（1）环境影响评价是经济建设实现合理布局的重要手段。经济的合理布局又是保证经济持续发展的前提条件，也是充分利用物质资源和环境资源防止局部地区因工业集中、人口过密、交通拥挤而造成环境严重污染的有力措施。因此，环境影响评价在经济建设中具有重要的作用。

（2）开展环境影响评价是对传统工业布局做法的重大改革。它可以把经济效益与环境效益统一起来，使经济与环境协调发展。进行环境影响评价的过程，也就是认识生态环

198

境与人类经济活动相互依赖、相互制约的过程。在这个过程中，不但要考虑资源、能源、交通、技术、经济、消费等因素，还要分析环境现状，阐明环境承受能力和防治对策。

（3）环境影响评价为制定防治污染对策和进行科学管理提供必要的依据。在开发建设活动中，唯一正确的途径就是努力实现经济与环境保护协调发展，使经济活动既能得到发展，又能把开发建设活动对环境带来的污染与破坏限制在符合环境质量标准要求的范围内。环境影响评价是实现这一目标必须采用的方法，因为环境影响评价能指导设计，使建设项目的环保措施建立在科学、可靠的基础上，从而保证环保设计得到优化，同时还能为项目建成后实现科学管理提供必要的数据。

（4）通过环境影响评价还能为区域经济发展方向和规模提供科学依据。进行环境综合分析与评价后可以减少由于盲目地确定该地区经济发展方向和规模所带来的环境问题。

总之，环境影响评价是正确认识经济、社会和环境之间相互关系的科学方法；是正确处理经济发展与环境保护关系的积极措施；也是强化区域环境规划管理的有效手段。所以全面推行环境影响评价对经济发展和环境保护均有重大意义。

9.3.1.4　环境影响评价制度

环境影响评价制度是法律在进行对环境有影响的建设和开发活动时，应当事先对该活动可能给周围环境带来的影响，进行科学的预测和评估，制定防止或减少环境损害的措施，编写环境影响报告书或填写影响报告表，报经环境保护部门审批后再进行设计和建设的各项规定的总称，最早由美国的《环境政策法》（1969年）提出推行，后为许多国家采用。

我国的环境影响评价制度始于1979年的《中华人民共和国环境保护法（试行）》。该法规定："一切企业、事业单位的选址、设计、建设和生产，都必须充分注意防止对环境的污染和破坏。在进行新建、改建和扩建工程时，必须提出环境影响的报告书，经环境保护主管部门和其他有关部门审查批准后才能进行设计。"在30多年的实践中，我国先后出台了许多有关规定、办法和条例，使这项制度得到了规范、完善和提高。

2002年10月28日，九届全国人大常委会第三十次会议审议通过了《中华人民共和国环境影响评价法》。该法与过去的规章和条例已有很大区别。首先，在评价范围上突破了过去仅对建设项目的环境影响评价，增添了对发展规划的环评，并且制定了评价规划的范围，包括土地利用、城市建设和区域、流域、海域的建设开发利用，以及工业、农业、交通、林业、能源等的开发，这大大提升了环境保护参与综合决策的程度。其次，把环境影响评价列为各项发展规划和建设项目的重要依据，未经过环境影响评价，这些规划和建设项目不能审批；同时还规定了环境影响评价审查到批准的一整套程序，使环境影响评价更加规范。再次，把听取公众、专家的意见明确写进了法律。并且规定，公众和专家的意见如果不采纳，规划编制或项目建设单位要说明理由，确保了环境保护的透明度。最后，为保护环境影响评价得到切实执行并产生效果，《环境影响评价法》中增添了规划实施或项目建设后的跟踪评价，将有利于提高环境影响评价的质量。

9.3.2　环境影响评价的程序

环境影响评价的工作程序大体可以分为三个阶段：

第一阶段为准备阶段。其主要工作为研究有关文件，进行初步的工程分析和环境现状调查，筛选重点评价项目，确定各单项环境影响评价的工作等级，制定评价大纲。

第二阶段为正式工作阶段。其主要工作为工程分析和环境现状调查，并进行环境预测和评价环境影响。

第三阶段为报告书编制阶段。其主要工作为汇总、分析第二作阶段所得到的各种资料、数据，得出结论，完成环境影响影响报告书的编制。

环境影响报告书应着重回答建设项目的选址正确与否以及所采取的环境保护措施是否能满足要求。在正式工作阶段，应按如下步骤进行。

9.3.2.1　工程分析

拟建项目的工程分析是环境影响评价的重要组成部分，应将工程项目分解成如下环节进行分析。

（1）工艺过程。通过工艺过程分析，了解各种污染物的排放源和排放强度，了解废物的治理回收和利用措施等。

（2）原材料的储运。通过对建设项目资源、能源、废物等的装卸、储运及预处理等环节的分析，掌握这些环节的环境影响情况。

（3）厂地（场地）的开发。通过了解拟建项目对土地利用现状和土地利用形式的转变，分析项目用地开发利用带来的环境影响。

（4）其他情况。主要指事故与泄露，判断其发生的可能性及发生的频率。

9.3.2.2　环境影响识别

对建设工程的可能环境影响进行识别，列出环境影响识别表，逐项分析各种工程活动对各种环境要素，诸如大气环境、水环境、土壤环境及生态环境的影响，择其重点深入进行评价。

9.3.2.3　环境影响预测

（1）大气环境影响预测。首先应调查收集建设项目所在地区内的各种污染源、大气污染物排放状况，然后对建设项目的大气污染排放做初步估算，包括排放量、排放强度、排放方式、排放高度及在事故情况下的最大排放量。

大气环境影响评价范围主要根据建设项目的性质及规模确定。评价范围的边长一般由几千米到几十千米。大气质量监测布点可按网格、扇形、同心圆多方位及功能分区布点法进行。

（2）水环境影响预测。首先调查收集建设项目所在地区污染源向水环境的排污状况，然后对建设项目的水环境污染物做出估算，包括排放量、排放方式、排放强度和事故排放量等。

为全面反映评价区内的环境影响，水环境的预测范围等于或略小于现状调查的范围；预测的阶段应分为建设阶段、生产运营阶段以及服务期满后三个阶段；预测的时间段应按冬、夏两季或丰、枯水期进行预测。

为完成以上环境评价工作内容，其工作程序安排如下：凡新建或扩建工程，首先由建设单位向环保部门提出申请，经审查确定应该进行何种等级的环境影响评价，确定等级后，由建设单位委托有关单位承担，该受托单位必须是由国家环保部门确认的具有从事环境影响评价证书的单位。我国环境保护部颁发的环境评价证书分为甲级和乙级等，建设单位应根据具体情况选择不同级别的单位。

9.3.3　环境影响评价的方法

所谓环境影响评价方法，就是对调查收集的数据和信息进行研究和鉴别的过程，以实现量化或直观地描述评价结果为目的。环境影响评价方法主要有列表清单法、矩阵法、网路法、图形叠置法、质量指标法（综合指数法）、环境预测模拟模型法等。

（1）列表清单法。列表清单法多用于环境影响评价准备阶段，以筛选和确定必须考虑的影响因素。具体办法是将拟建工程项目或开发活动与可能受其影响的环境因子分别列于同一张表格中，然后用不同符号或数字表示对各环境因子的影响情况，其中包括有利与不利影响，直观地反映项目对环境的影响。此法也可用来作为几种方案的对比，这种方法使用方便，但不能对环境影响评价程序做出定量评价。

（2）矩阵法。矩阵法是将开发项目各方案与受影响的环境要素特性或事件集中于一个非常容易观察和理解的形式——矩阵之中，使其建立起直接的因果关系，以说明哪些行为可以影响到哪些环境特性以及影响程度的大小。矩阵法有相关矩阵法、迭代矩阵法和表格矩阵法等。

（3）网络法。网络法是以树枝形状表示出建设项目或开发活动所产生的原发性影响和诱发性影响的全貌。用这种方法可以识别出方案行为可能会通过什么途径对环境造成影响及其相互之间的主次关系。

（4）图像叠置法。图像叠置法是将若干张透明的标有环境特征的图叠置在同一张底图上，构成一份复合图，用以表示出被影响的环境特性及影响范围的大小。该方法首先做底图，在图上标出开发项目的位置及可能受到影响的区域，然后对每一种环境特性做评价，每评价一种特性就要进行一次覆盖透视，影响程度用黑白相间的颜色符号或做成不同的明暗强度表示。将各不同代号的透明图重叠在底图上就可以得到工程的总影响图。

（5）质量指标法（综合指数法）。质量指标法是环境质量评价综合指数法的扩展形式。该法的特点是采用函数变换的方法把环境参数转换为某种环境质量等级值，然后将等级值与权重值相乘得到环境影响值，根据环境影响值即可对各种行为的影响进行评价。

（6）环境预测模拟模型法。环境预测模拟模型法又称环境影响预测法，其做法是在可能发生的重大环境影响之后，预测环境的变化量、空间的变化范围、时间的变化阶段等。在物理、化学、生物、社会、经济等复杂关系中，做出定量或定性的探索性描述。在环境影响评价中用到的模拟模型有污染分析模型、生态系统模型、环境影响综合评价模型和动态系统模型等。

9.3.4　环境影响报告书的编制

9.3.4.1　环境影响报告书的编写原则

环境影响报告书是评价工作的最终成果，在编写方法上要注意下列原则：

（1）主要内容。原则上应根据项目的行业特点、厂区自然环境条件及环境规划要求来确定，应符合已经批准的评价工作大纲的要求。

（2）纲目安排。应按照下文所叙述的环境影响报告书的内容提要选取部分或全部进行编写。

（3）评价专题较多时。大中型建设项目若评价专题较多时，可以分册编写，分册装订。

（4）总报告的编写。应做到取材翔实，结论明确，防治对策具体，内容精炼，文字通俗，字数要有一定限制。对于比较复杂的评价，总报告的字数以 3 万～5 万字为宜。所以在叙述主题论证时，可以重点选取专题评价结论部分，与结论有关的计算公式，只需说明公式使用条件和计算结果；属于过程部分的内容可写出摘要，不要在总报告中全部罗列，但对专题报告则数字不限，可以评述。

9.3.4.2　环境影响报告书的编制

环境影响报告书是环境影响评价工作的全面总结。根据国家《环境影响评价技术导则》的规定，环境影响报告书应按下列内容进行编制。

（1）总则。包括以下内容：

1）结合评价项目的特点，阐述编制环境影响报告书的目的。

2）编制依据。包括项目建议书及批准文件、评价工作大纲及其审查意见、评价委托书、建设项目可行性研究报告等。

3）采用的标准。包括国家标准、地方标准或参照国外有关标准。

4）控制污染与保护环境的目标。

（2）建设项目概况。包括以下内容：

1）建设项目的名称、地点及建设性质。

2）建设规模（改、扩建项目应说明原有规模）、占地面积及厂区平面布置。

3）土地利用情况和发展规划。

4）产品方案和主要工艺方法。

5）职工人数和生活区布局。

（3）工程分析。包括以下内容：

1）主要原料、燃料及水的消耗分析，原料、燃料中有毒有害物质含量以及它们的运动途径与分布的分析。

2）水量的平衡情况。

3）工艺过程（应附工艺、污染流程图）。

4）排污过程。应对污染源编号，并按编号列表说明：废水、废气、废渣、颗粒物、放射性废物等的种类、排放量、排放浓度、排放规律、排放方式、噪声、振动、电磁辐射等物理污染因素及因子的数值等。

5）废弃物的回收、综合利用和处理、处置方案，并对其处理效率及可靠性、处理程度的合理性等进行论述，如果是改、扩建或技术改造项目，应对以上项目的内容进行工程实施前后的对比分析。

6）交通运输情况及厂地的开发利用。

7）工程分析的结论性意见。

对于环境破坏型的建设项目，如直接以自然资源作为劳动对象的开发性项目，如水利水电工程、森林采伐、围湖、围海造田工程等，应对下列情况进行详细分析：1）开发的规模、范围、方式；2）开发建设工程影响环境的工程技术参数，如水利水电工程的水库库容，水库淹没面积、坝下保证流量、水库调节性能等。

（4）建设项目周围地区的环境现状调查。包括以下内容：

1）地理位置（附地理位置图）。

2）地形、地貌、地质和土壤情况，江、河、湖、海、水库的水文情况，气候与气象情况。

3）矿藏、森林、草原、水产和野生动植物、果树、农作物情况。

4）大气、地表水、地下水和土壤的环境质量现状。

5）环境功能情况、环境敏感区，包括自然保护区、风景游览区，名胜古迹、温泉、疗养区，以及重要的政治文化设施情况。

6）社会经济情况，包括现有工矿企业和生活居住区分布情况，人口密度、农业概况，土地利用情况，交通运输情况及其他有关的社会经济活动。

7）其他环境污染、环境破坏的现状资料。

（5）环境影响预测。包括以下内容：

1）预测环境影响的时段，包括建设过程、投入使用、服务期满的正常情况和异常情况。

2）预测范围。

3）预测内容与预测方法，包括污染与破坏因素及其因子与预测工作内容、预测手段及方法。

4）预测结果及其分析说明。

（6）评价项目的环境影响。包括以下内容：

1）建设项目环境影响特征，包括污染影响与环境破坏、长期影响与短期影响、可逆与不可逆的影响等等。

2）环境影响的范围、大小程度和途径。

3）如要进行多个厂址的优选时，应叙述综合评价每个厂址的环境影响，同时提出比较结论。

（7）环境保护措施的评价及环境经济论证提出各项措施的投资估算。

（8）建设项目对环境影响经济损益分析。

（9）环境监测制度及环境管理、环境规划的建议。

（10）环境影响评价的结论。

复习思考题

9-1 环境监测的作用与目的？

9-2 环境监测的程序与方法？

9-3 环境质量评价有哪几种，各有什么特点？

9-4 环境现状评价在评价过程中分哪几个阶段？

9-5 环境影响评价有哪几个阶段？

9-6 论述环境质量评价与环境监测的关系。

10 环境管理与环境标准、法规

环境管理是在环境保护的实践中产生，并在环境保护的实践中不断发展起来的。它既是环境科学的分支学科、环境科学与管理科学交叉渗透的产物，同时也是一个工作领域，是环境保护实践的重要组成部分。环境保护法是国家为协调人类与环境的关系，以保护人类健康和保障经济社会的持续、稳定发展而制定的，它是调整人们在开发利用、保护改善环境的活动中产生的各种社会关系的法律的总称。环境标准是环境保护法规系统的一个重要组成部分，按其性质主要为环境质量标准和污染物排放标准两大类。

10.1 环 境 管 理

10.1.1 环境管理概述

10.1.1.1 环境管理的基本概念

环境管理概念和方法随着环境问题的发展，尤其是随着人们对环境问题认识的不断提高而发生变化。

早在 20 世纪七八十年代，人们对环境管理的理解，仅停留在环境管理的微观层次上。把环境保护部门视为环境管理的主体，把环境污染源视为环境管理的对象，并没有从人的管理入手，没有从国家经济、社会发展战略的高度来思考。

到 20 世纪 90 年代，人们对环境管理又有了新的认识。根据学术界对环境管理的认识，可以把环境管理概念概括如下：所谓环境管理是将环境与发展综合决策与微观执法监督相结合，运用经济、法律、技术、行政和教育等手段，对损害环境质量的主体及其活动施加影响，以协调经济发展与环境之间的关系，达到既要发展经济满足人类的基本需要，又不超出环境的容许极限。

环境管理概念的变化，反映了人类对环境保护规律认识的深化程度。由此，可以得出以下结论：

（1）环境管理的核心是对人的管理。人与环境是对立统一的关系，在这一对矛盾中，人是矛盾的主体，是产生各种环境问题的根源。长期以来，环境管理通常将污染源作为管理对象，使环境管理工作长期处于被动局面。因此，环境管理只有对损害环境质量的人的活动施加影响，才能从根本上解决环境问题。

（2）环境管理部门是国家重要的职能部门。环境管理的好坏直接影响一个国家或一个地区可持续发展战略实施的成败，影响人与自然能否和谐相处，共同发展。它不仅仅是一个技术问题，也是一个重要的社会经济问题。环境管理涉及社会领域、经济领域和资源领域在内的所有领域，其内容非常广泛和复杂，与国家其他管理工作紧密联系、相互影响和制约，成为国家管理系统的重要组成部分。

（3）环境管理要协调发展与环境之间的关系。主要是针对次生环境问题，采取积极有效的经济、行政、法律和教育手段，限制或禁止危害环境质量的活动，达到解决由于人类活动所造成的各类环境问题。

10.1.1.2　环境管理在环境保护中的意义和作用

国内外的实践证明，在人类的发展过程中没有正确处理经济与环境的关系，制定并实施完善的环境规划是造成环境污染与生态破坏的根源。而环境管理就是利用各种手段鼓励、引导甚至强迫人们保护环境。

我国是一个发展中国家，环境管理对环境保护的作用尤其重要。在联合国环境与发展大会之后，我国批准的《中国环境与发展十大对策》第 9 条明确提出"健全环境法治，强化环境管理"的要求，强调了强化环境管理的重要意义。并指出："中国实践证明，在经济发展水平较低、环境投入有限的情况下，健全管理机构，依法强化环境管理是控制环境污染和生态破坏的一项有效手段，也是具有中国特色的环境保护道路中一条成功经验。"

10.1.2　环境管理的基本职能和内容

10.1.2.1　环境管理的基本职能

A　宏观指导

在社会主义市场经济条件下，政府转变职能的重点之一，就是加强宏观指导的调控功能。环境管理的宏观指导具体表现在以下两个方面：

（1）对环境保护战略的指导。通过制定和实施环境保护战略对地区、部门、行业的环境保护工作进行指导。包括确定战略重点、环境总体目标（战略目标）、总量控制目标，制定战略对策。

（2）对有关政策的指导。通过制定环境保护的方针、政策、法律法规、行政规章及相关的产业、经济、技术、资源配置等政策，对有关环境及环境保护各项活动进行规范、控制、引导。

B　统筹规划

监控规划是环境管理的先导和依据。

a　环境规划的先导作用

环境规划是环境决策在时间和空间上的具体安排，实施可持续发展战略，必须在决策过程中对环境、经济和社会因素全面考虑、统筹兼顾，通过综合决策使三者得以协调发展。

b　环境规划是环境管理的依据

环境规划是政府环境决策的具体体现。其主要目标是控制污染、保护和改善生态环境，促进经济与环境协调发展。环境规划有三个层次，即宏观环境规划（以协调和指导作用为主）、专项详细环境规划和环境规划实施方案（后两个层次是指定年度计划的依据）。

C　组织协调

a　战略协调

战略协调的主要内容有：实施可持续发展战略，推行环境经济决策，在制定国家、区域或地区发展战略时要同时制定环境保护战略。既要有经济发展目标，又要有明确的环境保护目标，二者进行综合平衡，达到协调统一。不允许牺牲环境求发展，在经济再生产过程中不能无偿地使用环境资源，坚持"谁开发谁保护，谁利用谁补偿，谁破坏谁恢复"的原则，在经济与环境协调发展的过程中，使自然资源可持续利用，环境质量有所改善。

b　政策协调

运用政策、法规以及各项环境管理制度协调经济与环境的关系，促进经济与环境协调发展。主要包括环境保护政策的贯彻落实；制定并实施有利于环境保护的环境经济政策及能源政策；制定并实施控制工业污染的政策；为落实环境保护这项基本国策而进行环境管理体制改革；以及综合运用环境管理制度，建立有效的环境管理运行机制。

c　技术协调

运用科学技术促进经济与环境协调发展。主要包括优化工业结构；采用无废和少废技术以及生产工艺；开发清洁能源；推行清洁生产；采用现代化环境管理技术等。

d　部门协调

环境管理涉及不同地区、不同部门和不同行业等，范围很广。要贯彻好基本国策，很好地完成控制污染、保护生态环境的任务，不能仅靠环保行政主管部门孤军奋战，必须使各地区、各部门、各行业协同动作、相互配合，积极做好各自应承担的环境保护工作，才能带动整个环境保护事业的发展。

D　提供服务

环境管理以经济建设为服务中心，为推动地区、部门、行业的环境保护工作提供服务。

a　技术服务

解决技术难题、组织技术攻关、搞好示范工程建设；培育技术市场、筛选最佳实用技术、推动科技成果的产业化；为推动清洁生产提供技术指导等。

b　信息咨询服务

建立环境信息咨询系统，为重大的经济建设决策，大规模的自然资源开发规划，大型工业建设活动，以及重大的污染治理工程和自然保护等提供信息服务。

c　市场服务

建立环保市场信息服务系统，逐步完善环保市场运行机制；完善环保产业市场流通渠道，加强环保市场监督和管理；建立环保产品质量监督体系；引导和培育排污交易市场的正常发育。

E　监督检查

对地区和部门的环境保护工作进行监督检查是环境保护法赋予环境保护行政部门的一项权力，也是环境管理的一项重要职能。《中国环境与发展十大对策》在第9条中强调："各级党政领导要支持环境管理部门依法行使监督权利，做到有法必依、执法必严、违法必究。"

环境管理的监督检查职能主要包括：环境保护法律法规执行情况的监督检查；制定和实施环境保护规划的监督检查；环境标准执行情况的监督检查；环境管理制度执行情况的监督检查；自然保护区建设、生物多样性保护的监督检查等。

监督检查可以采取多种方式。如联合监督检查、专项监督检查、日常现场监督检查以及污染状况监测和生态监测等。

10.1.2.2   环境管理的类型及其内容

A   按环境管理的规模分类及其内容

a   宏观环境管理

宏观环境管理指从整体、宏观及规划上对发展与环境的关系进行调控，研究解决环境问题。主要内容包括对经济与环境协调发展的协调度进行分析评价；促进经济与环境协调发展的协调因子分析；环境经济综合决策，建立综合决策的技术支持系统；制定与可持续发展相适应的环境管理战略；研究制定对发展与环境进行宏观调控的政策法规等。

b   微观环境管理

微观环境管理指以特定地区或工业企业环境等为对象，研究运用各种手段控制污染或破坏的具体方法、措施或方案。其主要内容有：（1）运用法律手段和经济手段防止新污染的产生，控制污染型工业在工业系统中的比重（改善地区或工业区的工业结构）；（2）运用环境法律制度激励和促进经济管理工作者和企业领导人积极采取减少排污和防治污染的措施；（3）研究在市场经济条件下将环境代价计入成本等具体措施，促进企业合理利用资源、减少排污，降低经济再生产过程对环境的损害；（4）选择对环境损害最小的技术、设备及生产工艺，降低或消除对环境的污染和破坏等。

B   按环境管理的职能和性质分类及其内容

a   环境计划管理

"经济建设、城乡建设与环境 同步规划、同步实施、同步发展"的战略方针，在社会主义市场经济条件下仍是环境保护的重要指导方针。强化环境管理首先要从加强环境计划管理入手。通过全面规划协调发展与环境的关系，加强对环境保护的计划指导，是环境管理的重要内容。环境规划管理首先是研究制定环境规划，使之成为经济社会发展规划的有机组成部分，并将环境保护纳入综合经济决策；用环境规划指导环境保护工作，并根据实际情况检查调整环境规划。

b   环境质量管理

环境质量管理是为了保持人类生存与发展所必需的环境质量而进行的各项管理工作。为便于研究和管理，可将环境质量管理分为几种类型。如按环境要素划分，可分为大气环境质量管理、水环境质量管理、土壤环境质量管理。按性质划分，可分为化学环境质量管理、物理环境质量管理、生物环境质量管理。环境质量管理的一般内容包括制定并正确理解和实施环境质量标准；建立描述和评价环境质量的恰当的指标体系；建立环境质量的监控系统，并调控至最佳运行状态；根据环境状况和环境变化趋势的信息，进行环境质量评价，定期发布环境状况公报（或编写环境质量报告书），以及研究确定环境质量管理的程序等。

c   环境技术管理

环境技术管理是通过制定技术政策、技术标准、技术规程以及对技术发展方向、技术路线、生产工艺和污染防治技术进行环境经济评价，以协调经济发展与环境保护的关系，使科学技术的发展既有利于促进经济持续快速发展，又对环境损害最小，有利于环境质量的恢复和改善。

d 环境监督管理

环境监督管理是指运用法律、行政、技术等手段，根据环境保护政策、法律法规、环境标准、环境规划的要求，对各地区、各部门、各行业的环境保护工作进行监察督促，以保证各项环保政策、法律法规、标准、规划的实施。这是环境管理的一项重要基本职能，也是环保法赋予环保行政主管部门的权力。环境监督管理的范围包括由生产和生活活动引起的环境污染；由开发建设活动引起的环境影响和生态破坏；由经济活动引起的海洋污染和生态破坏；有特殊价值的自然环境及生物多样性保护。环境监督管理的重点为：（1）工业和城市布局的监督；（2）新污染源的控制监督；（3）老污染源的控制监督；（4）重点区域环境问题的监督；（5）城市"四害"整治的监督；（6）乡镇企业污染防治的监督；（7）自然保护的监督；（8）有毒化学品的监督。

C 按环境管理范围分类及其内容

a 资源环境管理

资源环境管理主要是以自然资源为对象，保证它的合理开发和利用。包括可再生资源的恢复和扩大再生产（永续利用），以及不可再生资源的节约利用。资源环境管理当前遇到的问题主要是资源的不合理使用和浪费。当资源以已知用最佳方式来使用，已经到社会所要求的目标时，考虑到已知的或预计的经济、社会和环境效益进行优化选择，那么资源的使用是合理的。浪费是不合理使用的一种特殊形式，不合理使用和浪费有两个结果："掠夺"和"枯竭"。对不可再生资源来说尤为明显，而且也包括植物和动物种类的灭绝。因此，有必要加强资源环境管理，并尽力采取对环境危害小的技术来合理开发利用和保护自然资源。

b 区域环境管理

区域环境管理包括整个国土的环境管理，大经济协作区的环境管理，省区的环境管理，城市环境管理，乡镇环境管理，以及流域环境管理等。主要是协调经济发展目标与环境目标，进行环境影响预测，制定区域环境规划并保证环境规划的实施。涉及宏观环境战略及协调因子分析，研究制定环境政策和保证实现环境规划的措施，同时进行区域的环境质量管理与环境技术管理，按阶段实现环境目标。长远的目标是在理论研究的基础上，建立优于原生态系统的、新的人工生态系统。

c 专业环境管理

环境问题由于行业性质和污染因子的差异存在着明显的专业特征。不同的经济领域会产生不同的环境问题，不同的环境要素往往涉及不同的专业领域。有针对性地加强专业化管理，是现代科学管理的基本原则。如何根据行业和污染因子（或环境要素）的特点，调整经济结构布局，开展清洁生产和生产绿色产品，推广有利于环境的实用技术，提高污染防治和生态恢复工程及设施的技术水平，加强和改善专业管理，是环境管理的重要内容。按照行业划分专业环境管理包括：能源环境管理、工业环境管理（如化工、轻工、石油、冶金等的环境管理）、农业环境管理（如农、林、牧、渔的环境管理）、交通运输环境管理（如高速公路、城市交通的环境管理）、商业及医疗环境管理等。

d 海洋环境管理

海洋环境管理主要是指国家领海范围内的环境管理。它既是资源环境管理，也是一种区域环境管理。海洋环境管理的主要任务是协调海洋资源开发与保护的关系，运用各种手段控制海洋污染与生态破坏，保护海洋的生物多样性，促进海洋经济与环境协调发展。

10.1.3　环境管理的技术方法和管理制度

10.1.3.1　环境管理的技术方法

A　环境管理的预测技术

在环境管理过程中，经常要进行污染物排放量增长预测、环境污染趋势预测、生态环境质量变化趋势预测、经济社会发展环境影响预测，以及环境保护措施的环境效益与经济效益预测等。预测是一种科学的预计和推测过程。根据过去和现在已经掌握的事实、经验和规律，预测未来、推测未知。所以，预测是在调查研究或科学实验基础上的科学分析。它包括通过对历史、现状的调查和科学实验获得大量资料、数据，经过分析研究，找出能反映事物变化规律的可靠信息；借助数学、电子计算技术等科学方法，进行信息处理和判断推理，找出可以预测的规律。环境管理的预测就是根据预测规律，对人类活动将会引起的环境质量变化趋势（未来的变化）进行预测。

预测技术（预测方法）在环境管理中的应用日益广泛。经常应用的预测技术有以下3种。

a　定性预测技术

根据过去和现在的调查研究和经验总结，经过判断、推理，对未来的环境质量变化趋势进行定性分析。

b　定量预测技术

对经济、社会发展的环境影响预测。如对能耗增长的环境影响预测、水资源开放利用的环境影响预测等，只做定性的预测分析，不能满足制定环境对策的要求，这就需要进行定量的预测分析。包括通过调查研究、长期的观察实验、模拟实验及统计回归等方法，找出排污系数或万元产值等污染负荷；根据大量的调查和监测资料找出污染增长与环境质量变化的相关关系，建立数学模型或确定出可用于定量预测的系数（如响应系数），运用电子计算技术等科学方法进行预测。

c　评价预测技术

用于环境保护措施的环境经济评价；大型工程的环境影响评价；区域综合开发的环境影响评价等。

B　环境管理的决策技术

环境管理的核心问题是决策，没有正确的决策就没有正确的环境政策和规划。决策是根据对多种方案综合分析后选择的最佳方案（满足某一目标或两个以上目标的要求）。经常遇到的是环境规划工作过程中的决策。如为达到某一规划期的环境目标，在多个环境污染控制方案中选择最佳方案；在制定环境规划时统筹考虑环境效益、经济效益和社会效益，进行多目标决策等。这些都是制定环境规划中所要进行的决策。在决策中常用的数学方法有线性规划、动态规划及目标规划等。此外，还有环境政策以及环境管理的决策方法等。

C　环境、资源综合承载力分析方法

这个方法是制定区域宏观环境规划的一个重要方法，有三个主要环节。

a 参数筛选及变量集的组成

综合承载力分析有两类变量,一是发展变量(体现开发强度);二是制约变量(体现环境承载力)。这两类变量的参数比较多,可通过专家质询等方法从三方面进行筛选:(1)自然资源方面。如经济、社会发展对水资源、能源、土地资源、生物资源的需求量(发展变量),以及这些自然资源的可供应量(制约变量);(2)环境污染及控制方面。如主要污染物排放量、环境中污染物的含量水平,及各环境功能区的纳污量、环境污染浓度限值、污染治理能力等;(3)社会、经济方面。如人口、经济的增长速度及规模;工业投资、城建投资、技术投资的投资需求;以及现有发展水平对社会、经济发展需求的支持能力。

筛选参数时要注意选择对本区域的开发建设影响大的、有可能成为制约因素的参数;而发展变量与制约变量要一一对应。如选水资源需求量(发展变量),就要同时选水资源可供量与之对应。

b 平衡点的确定

根据判别式确定开发强度与环境承载力的平衡点。判别式为:

开发强度/环境承载力不大于1。

这个判别式的分子由发展变量来组成,分母由制约变量组成。平衡点的确定要因地制宜。某城市经调查研究及专家咨询,将比值（R）分为三级,即 $R \leq 0.8$（开发不足）,$0.8 < R \leq 1$（开发达到平衡）,$R > 1$（开发过度）。

c 计算并分析环境、资源综合承载力

先计算各单项承载力,再选择适当模型计算并分析综合承载力。

D 经济与环境协调度的分析方法

经济与环境协调度分析的方法不止一种,这里介绍一种比较简单的方法。它是基于这样的设想,在经济快速增长的前提下,环境质量也全面改善,则两者处于协调状态;如果环境质量有所改善,则两者是基本协调;如果环境质量维持现状且有恶化趋势,则两者处于需要调节的状态;如果环境质量有所恶化,则两者是基本不协调;如果环境质量全面恶化,则两者为不协调。就我国而言,经济持续快速发展,只需对地区的环境质量进行评价,即可对协调度进行半定量分析。

a 协调度的分级

在经济快速发展（GNP 年平均递增率不小于 8%）的前提下,用协调度综合评价值（Z_P）来分级。其计算式为:

$$Z_P = \frac{1}{2}(S_P + T_P)$$

式中 S_P——生态环境综合评价值;

T_P——投资环境综合评价值。

协调度分级简表如下:

Z_P	$100 \geq Z_P > 90$	$90 \geq Z_P \geq 70$	$70 > Z_P \geq 50$	$50 > Z_P \geq 30$	$Z_P < 30$
协调度分级	协调	基本协调	需要调节	基本不协调	不协调

b 参数筛选

由于要进行生态环境和投资环境两种环境质量评价,所以筛选参数涉及自然生态环境，社会、经济和技术指标，以及环境污染和污染控制等指标，每种环境质量评价最好能筛选出 10 ~ 20 个参数组成指标体系。

　　c　进行评价

对生态环境和投资环境分别进行评价。先确定每个评价指标的分级评分标准，然后计算 S_p 值、T_p 值和 Z_p 值，并对协调度进行分级评价。

除上述技术方法外，系统分析方法、费用与效益分析方法、层次分析方法、目标管理等科学方法，在环境管理上的应用日益广泛。

10. 1. 3. 2　环境管理制度

环境管理制度是指在一定的历史条件下，供人们共同遵守的环境管理规范。我国在多年的环境管理实践中总结出多项环境管理制度。推行这些环境管理制度不是目的，而只是一种手段。推行各项制度是想达到控制环境污染和生态破坏，有目标地改善环境质量，实现环境保护的总目标。同时，也是环境保护部门依法行使环境管理职能的主要方法和手段。

　　A　环境保护规划制度

环境保护规划制度是对一定时间内环境保护目标、任务和措施的规定。它是在对一个城市、一个区域、一个流域甚至全国的环境进行调查、评价的基础上，根据经济规律和自然生态规律的要求，对环境保护提出目标以及达到目标要采取的相应措施，是环境决策在时空方面的具体安排。

在环境管理实践中，环境保护规划是实行各项环境保护法律基本制度的基础和先导，也是实现环境保护、环境建设与经济、社会发展相协调的有利保障，并具体体现了"三同步"的战略方针。

　　B　"三同时"制度

"三同时"制度是指新建、改建、扩建项目和技术改造项目，以及区域性开发建设项目的污染治理设施，必须与主体工程同时设计、同时施工、同时投产的制度。它与环境影响评价制度相辅相成，是防止新污染和破坏的两大"法宝"，是我国环境保护法以预防为主的基本原则的具体化、制度化、规范化，是加强开发建设项目环境管理的重要措施，是防治环境质量恶化的有效的经济手段和法律手段。

总之，"三同时"制度在我国的确立和推行起到了重大作用。"三同时"制度有力地体现了预防为主的方针，有效地控制了新污染的发展，促进了经济与环境保护的协调发展。

　　C　环境影响评价制度

环境影响评价制度又称环境质量预断评价或环境质量预测评价。环境影响评价是对可能影响环境的重大工程建设、区域开发建设及区域经济发展规划或其他一切可能影响环境的活动，在事先进行调查研究的基础上，对活动可能引起的环境影响进行预测和评定，为防止和减少这种影响制定最佳行动方案。

环境影响评价制度是我国规定的调整环境影响评价中所发生的社会关系的一系列法律规范的总称，它是环境影响评价的原则、程序、内容、权利义务以及管理措施的法律化。环境影响评价作为项目决策中环境管理的关键环节，20 多年来在我国对于预防污染、正确处理环境与发展的关系以及合理开发利用资源等方面都起到了重大的作用。

D 排污收费制度

排污收费制度是指一切向环境排放污染物的单位和个体生产经营者，应当按照国家的规定和标准，缴纳一定费用的制度。我国的排污收费制度是在 20 世纪 70 年代末期，根据"谁污染谁治理"的原则，借鉴国外经验，结合我国的国情开始实行的。我国的排污收费制度规定，在全国范围内对污水、废气、固体废物、噪声、放射性等各类污染物的各种污染因子，按照一定标准收取一定数额的费用，并规定排污费可以计入生产成本，排污费专款专用，排污费主要用于补助重点排污源的治理等。

我国实行排污收费制度的根本目的不是为了收费，而是防治污染、改善环境质量的一个经济手段和经济措施。排污收费制度只是利用价值规律，通过征收排污费，给排污单位以外在的经济压力，促进污染治理，节约和综合利用资源，减少或消除污染物的排放，实现保护和改善环境的目的。

E 环境保护目标责任制度

环境保护目标责任制是一种具体落实地方各级人民政府和有污染的单位对环境质量负责的行政管理制度。这种制度以社会主义初级阶段的基本国情为基础，以现行法律为依据，以责任制为中心，以行政制约为机制，把责任、权力、利益和义务有机结合在一起，明确了地方行政首长在改善环境质量上的权力、责任和义务。

环境保护目标责任制的实施是一项复杂的系统工程，涉及面广、政策性和技术性强。它的实施以环境保护目标责任书为纽带，实施过程大体上可分为四个阶段，即责任书的制定阶段、下达阶段、实施阶段和考核阶段。责任制是否得到贯彻执行，关键在于抓好以上四个阶段。

环境保护目标责任制的推出，是我国环境管理体制的重大改革，标志着我国环境管理进入了一个新的阶段。在执行的过程中，要不断总结经验，使责任制在环境保护工作中发挥更大的积极作用。

F 城市环境综合整治定量考核制度

城市环境综合整治就是在市政府的统一领导下，以城市生态理论为指导，以发挥城市综合功能和整体最佳效益为前提，采用系统分析方法，从整体上找出制约和影响城市生态系统发展的综合因素，理顺经济建设、城市建设和环境建设的既相互依存又相互制约的辩证关系，用综合的对策整治、调控、保护和塑造城市环境，为城市人民群众创建一个适宜的生态环境，使城市生态系统良性发展。

由于实行了城市环境综合整治定量考核工作，进一步提高了各级政府领导干部的环境意识和开展城市环境综合整治的自觉性，推动了各城市环境综合整治工作，也使环境监督管理工作得到加强。实践证明，这是一项有效的环境目标管理制度，具有强大的生命力。

G 污染集中控制制度

污染集中控制是在一个特定的范围内，为保护环境所建立的集中治理实施和采用的管理措施，是强化环境管理的一种重要手段。污染集中控制，应以改善流域、区域等控制单元的环境质量为目的。依据污染防治规划，按照废水、废气、固体废物等的性质、种类和所处的地理位置，以集中治理为主，用尽可能小的投入获得尽可能大的环境、经济、社会效益。

实践证明污染集中控制在环境管理上具有方向性的战略意义，特别是在污染防治战略和投资战略上带来重大转变，有助于调动社会各方治理污染的积极性。这种制度实行的时间虽然不长，但已显示出其强大的生命力。实行污染集中控制有利于集中人力、物力、财力解决重点污染问题；有利于采用新技术，提高污染治理效果；有利于提高资源利用率，加速有害物资源化；有利于节省防治污染的总投入；有利于改善和提高环境质量。

H   排污申报登记与排污许可证制度

排污申报登记制度是环境行政管理的一项特别制度。凡是排放污染物的单位，必须按规定向环境保护管理部门申报登记所拥有的污染物排放设施、污染物处理设施和正常作业条件下排放污染物的种类、数量和浓度。

排污许可证制度以改善环境质量为目标，以污染物总量控制为基础，规定了排污单位许可排放什么污染物、许可污染物排放量、许可污染物排放去向等，是一项具有法律含义的行政管理制度。

这两项制度的实行，深化了环境管理工作，使对污染源的管理更加科学化、定量化。只要采取相应的配套管理措施，长期坚持下去，不断总结完善，一定会取得更大成效。

I   限期治理污染制度

限期治理污染制度是强化环境管理的又一项重要制度。限期治理是以污染源调查、评价为基础，以环境保护规划为依据，突出重点，分期分批地对污染危害严重，群众反映强烈的污染物、污染源、污染区域，采取的限定治理时间、治理内容及治理效果的强制性措施，是人民政府为了保护人民的利益对排污单位采取的法律手段。被限期的企事业单位必须依法完成限期治理任务。

在环境管理实践中执行限期治理污染制度，可以提高各级领导的 环境保护意识，推动污染治理工作；可以迫使地方、部门、企业把污染列入议事日程，纳入计划，在人、财、物方面做出安排；可以促进企业积极筹集污染治理资金；可以集中有限的资金解决突出的环境污染问题，做到投资少、见效快，有较好的环境与社会效益；可使群众反映强烈、污染危害严重的突出污染问题逐步得到解决，有利于改善厂群关系和社会的安定团结；有助于环境保护规划目标的实现和加快环境综合整治的步伐。

J   现场检查制度

现场检查制度是指环境保护部门或其他依法行使环境监督管理的部门，进入管辖范围的排污单位现场对其排污情况和污染治理等情况进行检查的法律制度。现场检查制度是一种强制性的法律制度，法定的检察机关依法可以随时对管辖范围内的排污单位的污染情况进行检查，而无需被检察机关同意。

执行现场检查制度，可以使排污单位采取措施积极防治污染和消除污染事故隐患，及时发现和处理环境保护问题，同时也可以督促排污单位遵守相关的环境保护法律，自觉履行环境保护义务。

K   污染事故报告及处理制度

污染事故报告及处理制度是指因发生事故或者其他突发性事件，以及在环境受到或可能受到严重污染、威胁居民生命财产安全的紧急情况时，依照法律法规的规定进行通报和报告有关情况并及时采取应急措施的制度。污染事故主要是指一些违反客观规律的经济、社会活动以及不可抗拒的自然灾害等致使环境受到污染，使人体健康受到危害，社会、经济及人民财产受到损失的突发事件，包括大气污染事故、水污染事故、农药污染事故等。环境紧急情况一般是指出现不利于环境中有害物质扩散、稀释、降解、净化的气象、水文或其他自然现象，使排入环境中的污染物大量聚集，达到严重危害人体健康、对居民的生命财产安全形成严重污染威胁时的情况。

实施这一制度，可以使受到污染威胁的单位和个人提前采取防范措施，可以减少对人体健康的危害和避免公私财产遭受重大损失；可以避免环境遭受更大损失，并为顺利解决和处理环境污染和破坏事故创造条件；有利于解决因事故给群众生产和生活带来的困难，并可及时消除或缓和由事故造成的社会不安定因素。

L 总量控制制度

污染物排放总量控制制度是指在一定时间、一定空间条件下，对污染物排放总量的限制，其总量控制目标可以按环境容量确定，也可以将某一阶段排放量作为控制基数确定控制量。

污染物排放总量控制可使环境质量目标转变为总量控制目标，落实到企业的各项管理之中，它是环保监督部门发放排放许可证的根据，也是企业经营管理的基本依据之一。确定总量指标要考虑各地区的自然特征，弄清污染物在环境中的扩散、迁移和转移规律与对污染物的净化规律，计算出环境容量，并综合分析该区域内的污染源，通过建立一个数学模型，计算出每个源的污染分担率和相应的污染物允许排放总量，求得最优方案，使每个污染源只能排放小于总量控制指标的排放总量。

10.1.4 我国环境管理的发展趋势

1992 年召开的联合国环境与发展大会，对人类必须转变发展战略，必须走可持续发展的道路取得了共识，世界进入可持续发展时代。在新的形势下，我国的环境管理也发生了突出的变化。

10.1.4.1 由末端的环境管理转向全过程环境管理

末端环境管理亦称"尾部控制"，即环境管理部门运用各种手段促进或责令工业生产部门对排放的污染物进行治理或对排污去向加以限制。这种管理模式是在人类的活动已经产生了污染和破坏环境的后果，再去施加影响，因而是被动的环境管理，不能从根本上解决环境问题。

全过程环境管理亦称"源头控制"，主要是针对工业生产过程等经济再生产过程进行从源头到最终产品的全过程控制管理，运用各种手段促使节能、降耗，推行清洁生产，降低或消除污染。

工业－环境系统的过程控制有宏观和微观两个方面。宏观过程控制是从区域部门的工业－环境系统的整体着眼，研究其发展、运行规律，进行过程控制；微观过程控制主要是对一个工业区的工业－环境系统进行过程控制，以及对工业污染源进行过程控制。

从生态方面分析，在人类－环境系统中，工业生产过程作为中间环节，联系着自然环境与人类消费过程，形成一个人工与自然相结合的人类生态系统，其中人类的工业生产活动起着决定性作用。在这个复杂的系统中，为了维持人类的基本消费水平，人类要由环境取得资源、能源进行工业生产。当消费水平一定时，工业生产过程中的资源利用率越低，则需由环境取得的资源越多，而向环境排除的废物也多。如果单位时间内由环境取得的资源、能源的量是一定的（数量、质量不变），利用率越低，向环境排放的废物就越多，为人类提供的消费品越少；反之，资源利用率越高，向环境排放的废物越少，为人类提供的消费品也就越多。所以，从生态系统的要求来看，在发展生产、不断提高人类消费水平的过程中，必须提高资源、能源的利用率；尽可能减少从自然环境中取得资源、能源的数量，向环境排放的废物也就必然减少；尽可能使排放的废物成为易自然降解的物质。这就需要运用生态理论对工业污染源进行全过程控制，设计较为理想的工业生态系统。推行清洁生产、实行环境标志制度，都是促进这一转变的有力措施。

10.1.4.2　由污染物排放浓度控制转向总量控制和人类经济活动总量控制

污染物排放总量控制，就是为了保持功能区的环境规划目标值，将排入环境功能区的主要污染物控制在环境容量所能允许的范围内。第4次全国环境保护会议的两项重大举措之一，就是"九五"期间实施全国主要污染物排放总量控制。该项举措对实现2000年的环境规划目标，力争使环境污染与生态破坏加剧的趋势得到基本控制，无疑是非常有力的有效环境管理措施。但是，对于实施可持续发展战略，还不能满足需要。

为了实现经济与环境协调发展，保证经济持续快速健康发展，建立可持续发展的经济体系和社会体系，并保持与之相适应的可持续利用的资源和环境基础，环境管理必然要扩展到对人类经济活动和社会行为进行总量控制，并建立科学合理的指标体系，确定切实可行的总量控制目标。总量控制目标包括主要污染物总量控制目标，生态总量控制指标，经济、社会发展总量控制指标三个方面。

A　主要污染物总量控制目标

a　确定主要污染物

要根据不同时期、不同情况确定必须进行总量控制的污染物。"九五"期间要求全国普遍进行总量控制的主要污染物有12种。

大气污染物指标3个：即烟尘、工业粉尘、二氧化硫；

废水污染物指标8个：即化学耗氧量（COD）、石油类、氰化物、砷、汞、镉、六价铬；

固体废物指标1个：即工业固体废物排放量。

b　增产不增污（或减污）的控制指标

该指标主要为：万元产值排放量平均递减率。

B　生态总量控制指标

生态总量控制指标主要有森林覆盖率、市区人均公共绿地、水土保持控制指标、自然保护区面积、适宜布局率、过度开发率等。

C　经济、社会发展总量控制指标

经济、社会发展总量控制指标，主要有人口密度、经济密度、能耗密度、建筑密度、万元产值耗水量年平均递减率、万元产值综合能耗年平均递减率、环境保护投资比等。

10.1.4.3　建立与社会主义市场经济体制相适应的环境管理运行机制

（1）资源核算与环境成本核算。把自然资源和环境纳入国民经济核算体系，使市场价格准确反映经济活动造成的环境代价。改变过去无偿使用自然资源和环境，并将环境成本转嫁给社会的做法。迫使企业在面向市场的同时，努力节能降耗、减少经济活动的环境代价、降低环境成本，提高企业在市场经济中的竞争力。

（2）培育排污交易市场。按环境功能区实行污染物排放总量控制，以排污许可证或环境规划总量控制目标等形式，明确下达给各排污单位（企业或事业单位）的排污总量指标，要求各排污单位"自我平衡、自身消化"。企业（或事业单位）因增产、扩建等原因，污染物排放总量超过下达的排污总量指标时，必须消减。至于采取什么样的措施、如何消减，完全是企业自身的事情。如果企业因采用无废技术、推行清洁生产及强化环境管理、建设新的治理设施等原因，使其污染物排放总量低于下达的排污总量指标，可将剩余的指标暂存或有偿转让，卖给排污总量超过下达的指标而又暂时无法消减的企业，这就产生了排污交易问题。培育排污交易市场有利于促进和调动企业治理污染的积极性，将经济效益与环境效益统一起来。

10.1.4.4 建立与可持续发展相适应的法规体系

依法强化环境管理是控制环境污染和破坏的一项有效手段，也是具有中国特色的环境保护道路中的一条成功经验。当前，世界已进入可持续发展时代，我国也将可持续发展战略作为国民经济和社会发展的重要战略之一。所以，研究建立与可持续发展相适应的法规体系，是当前和今后环境管理的发展趋势。

10.1.4.5 突出区域性环境问题的解决

近几年，环境管理工作在加强普遍性的污染防治工作的同时，已经开始突出解决区域性的环境问题。从 1996 年起，我国已经先后将十个区域性环境污染防治工作列为国家环境保护工作的重点。这十个区域性环境污染防治工作被称为"33211"，即"三河"、"三湖"、"二区"、"一市"和"一海"。"三河"是指淮河、海河和辽河流域的水污染防治；"三湖"是指太湖、滇池、巢湖的水污染防治；"二区"是指酸雨控制区和二氧化硫污染控制区的治理；"一市"是指北京市的环境治理；"一海"是指渤海的污染治理，实施《渤海碧海行动计划》。随着我国经济、社会的发展，将有越来越多的区域性环境问题得到重视和解决。

10.2 环 境 标 准

10.2.1 环境标准的种类和作用

环境标准是国家为了保护人民群众健康和促进经济社会发展，根据环境政策和有关法规，在综合分析自然环境特征，考虑生物和人体的承受能力，以及控制污染的经济可能性和技术可行性的基础上，对环境中污染物的容许含量和污染源排放污染物数量和浓度等所做的规定。它是环境保护法规体系的组成部分，是环境管理特别是监督管理的基本手段和依据。环境标准按其性质主要分为环境质量标准和污染物排放标准两大类。它们各有其不同的产生背景和期望目标，在实际工作中发挥着不同的作用。

10.2.1.1 环境质量标准

环境质量标准是以保障人体健康和维护生态平衡为主要目标，而对环境中有害物质或因素所作的限度性规定。按环境要素的不同，可分为大气环境质量标准、水环境质量标准和土壤环境质量标准。

A   大气环境质量标准

1951 年，苏联颁布了居住区大气中有害物质最高允许浓度标准；1970 年，美国颁布的室外空气质量标准对 6 种常见大气污染物（SO_2、NO_x、CO、O_3 及碳氢化合物和飘尘）做出两级限度规定；日本于 1970～1973 年间先后制定了 SO_2、NO_2、CO、飘尘和光化学氧化剂 5 种污染物最高允许浓度标准。我国于 1962 年由国家计委、卫生部颁发的《工业企业设计卫生标准》中，首次对居民区大气中 12 种有害物质规定了最高允许浓度，直到 1982 年才由国家环保局颁布了《大气环境质量标准》。1996 年，国家环保局又根据《中华人民共和国环境保护法》和《中华人民共和国大气污染防治法》，为改善环境空气质量，防止生态破坏，创造适宜的环境，保护人体健康，颁布了《环境空气质量标准》等。

B   水环境质量标准

1938 年，前苏联颁布了地面水卫生要求和地面水中有害物质最高允许浓度标准；1968 年，美国环保局颁布了公共水源地面水中的砷、镉、铬、铅、汞等 17 种化学污染物的最高允许浓度标准；1971 年，日本颁布了公共水域水质标准，对水中的砷、镉、铬、铅、汞以及氰化物、有机磷等 9 种污染物做出了最高允许浓度的规定。我国最早于 1962 年在国家计委、卫生部联合颁布的《工业企业设计卫生标准》中，规定了地面水水质卫生要求和地面水中几十种有害物质最高允许浓度；1983 年，国家环保局颁布了《地面水环境环境质量标准》等。

C   土壤环境质量标准

土壤中的污染物与大气和水中的污染物不同，它不可能直接进入人体，而是通过水、食用植物、动物等进入人体。列入土壤环境质量标准的污染物主要是在土壤中不易降解和危害较大的，如重金属、农药等。土壤环境质量标准的制定工作开始较晚，目前仅有俄罗斯、日本等少数国家颁布了此类标准。

10.2.1.2   污染物排放标准

污染物排放标准是为了实现以环境质量标准为目标，而对污染源排入环境的污染物、有害因素的排放量或排放浓度所作的限度规定。污染物排放标准是实现环境质量标准的必要手段，其作用在于直接控制污染源，从而达到防止环境污染的目的。污染物排放标准按污染物形态的不同，通常分为废气（气态污染物）排放标准、废水（液态污染物）排放标准和废渣（固态污染物）排放标准三种。

A   废气排放标准

19 世纪中期，英国最早颁布有关法令，限制燃煤和酸碱业废气排放；1959 年，美国加州制定了世界上第一个汽车废气排放标准；1964 年，前苏联对发电厂废气排放做出了限定；1969 年，日本制定了四类废气排放标准。我国于 1973 年由国家计委、卫生部联合颁布了《工业"三废"排放标准》，1996 年由国家环保局颁布了《环境空气质量标准》。

B   废水排放标准

早在 1877 年，英国颁布了《河道条令》，禁止向河流排放废液、废渣；1971 年，日本成立环境所，针对严重公害事件相继颁布了环境质量和污染物排放标准；美国于 1971

年后颁布了 27 个行业废水排放标准。1973 年，我国颁布了《工业"三废"排放标准》对废水排放做出了相应规定，以后又陆续颁布了 30 多项行业废水排放标准。

C 废渣排放标准

废渣形式、特性因行业而异，在处理要求和方法上各不相同，迄今尚无统一、完整的排放标准。

10.2.1.3 污染物控制技术标准和污染警报标准

除环境质量标准和污染物排放标准外，有些国家还制定了污染物控制技术标准和污染警报标准，前者属于对污染物排放标准的一种辅助规定。它是根据排放标准的要求，结合生产工业特点，对必须采取的污染控制措施（如生产设备、净化装置及排气筒等）加以具体规定，以便执行检查。污染警报标准是环境污染恶化到必须向社会公众发出一定警报的标准。美国按单一污染物浓度或两种污染物联合浓度的高低，分警告、紧急和危险三级标准。表 10-1 是常见的几种环境标准的特点。

表 10-1　常见的几种环境标准的特点

种　类	目　的	作　用	依　据	分　类	形　式
环境质量标准	保护人体健康和正常生活环境	为环保管理部门工作监督提供依据	环境质量基准及技术经济条件	空气、水和土壤	环境中污染物浓度
污染物排放标准	保证环境质量标准的实现，控制排放	直接控制污染源，便于设计规划	环境质量标准及技术经济条件	废气、废水和废渣	污染物排放浓度或质量排放率
污染物控制技术标准	促进排放标准的实现，控制排放	直接控制污染源，便于设计规划	污染物排放标准或环境质量标准	燃料，原料，净化设备、卫生防护带等	含硫量、净化效率、烟囱高度、防护带等
污染警报标准	防止污染事故的发生，减少损害	便于环保部门和公众采取必要行动	环境环境标准	警戒、警告、危险、紧急	环境中污染物浓度

环境质量标准和污染物排放标准均有国家标准和地方标准之分。国家标准是在全国范围内统一使用的标准，而地方标准仅限于规定地区内使用的标准。国家标准对战略性、普遍性事物作出规定，而地方标准是对战术性、特殊性事物进行限制。地方标准不得与国家标准相抵触，并应严于国家标准。

10.2.1.4 环境标准的作用

（1）环境标准既是环境保护和有关工作的目标，又是环境保护的手段。它是制定环境保护规划和计划的主要依据。

（2）环境标准是判断环境质量和衡量环保工作优劣的准绳。评价一个地区环境质量的优劣、评价一个企业对环境的影响，只有与环境标准相比较才有意义。

（3）环境标准是执法的依据。不论是环境问题的诉讼、排污费的收取还是污染治理的目标等，执法依据都是环境标准。

（4）环境标准是组织现代化生产的重要手段和条件。通过实施标准可以制止任意排污，促使企业对污染进行治理和管理；采用先进的无污染、少污染工艺；促进设备更新、资源和能源的综合利用等。

10.2.2 制定环境标准的原则和方法

10.2.2.1 制定环境质量标准的原则和方法

A　制定环境质量标准的原则

a　保障人体健康

环境质量标准是以保障人体健康、保证正常生活条件及保护自然环境为目标的，故在制定标准时，必须首先研究环境中各种污染物浓度对人体、生物及建筑等的危害影响，分析污染物剂量与环境效应间的相关性。通常人们把这种相关性系统资料称为环境基准。环境基准按不同研究对象，分为卫生基准、生物基准等。

世界卫生组织在总结各国资料的基础上，公布了一系列污染物的卫生基准（见表10-2）。

表 10-2　大气中二氧化碳及烟尘在不同浓度时产生的后果

污染物	疾病入院和死亡增多（人）	肺部疾患恶化（人）	呼吸道症状出现（人）	可见度受影响人群厌恶反应（人）
SO_2	500（日平均）	500~250（日平均）	100（年数字平均）	80（年几何评价）
烟尘	500（日平均）	250（日平均）	100（年数字平均）	80（年几何评价）

注：1. 表中所列情况是两种污染物同时作用结果；
　　2. SO_2、烟尘均按英国标准法测定分析，浓度单位 $\mu g/m^3$。

b　考虑技术经济条件

环境基准虽是制定环境质量标准的主要依据，但不能把它作为唯一的依据。因为环境质量标准是要求在规定期限内达到的环境质量，而不是一般性参考目标。因此，制定标准时应分析估计在规定期限内实现这一质量要求的技术、经济条件。如果标准定得过高，超越技术经济的现实可能性，则标准不起作用。反之，若一味迁就技术经济条件而随意降低标准要求，则会失去其保障人体健康和保护环境的根本意义。标准制定者的职责，就是要在满足环境基准要求和现实技术经济的可行性之间寻找最佳方案。

B　制定环境质量标准的方法

a　综合分析基准资料

制定环境质量标准的第一步是综合分析尽可能多的各种基准资料，必要时还需要进行专门的工业毒理学实验和流行病学调查，以选择污染物的某种浓度和接触时间作为质量标准的初步方案。但这不能简单着眼于卫生基准，而必须兼顾其他。有些污染物对植物或鱼类比对人更为敏感，因此在指标选定时，必须加以全面衡量，做出适当选择。

b　协调代价和效益间的关系

环境质量的实现必须以社会的技术经济条件作为基础，因此制定环境质量标准时，在选出较适合的浓度指标后，还必须作一番技术经济的分析比较，权衡得失与利弊，合理协调代价和效益间的关系。所谓代价，不是单指为消除污染付出的直接投资。所谓效益，也不是简单从污染物浓度的变化来考察。实际上，它们包含极其广泛的社会意义，从人体健康、生态平衡、资源保护、工农业生产，直至整个文化生活等。为了做到这一点，理论上可以把为减少或控制某种污染所需费用的变化与社会经济损失的相应减少或收益的增加的变化曲线同时描绘出来，从中找到最佳点。

C 根据环境管理经验修正

由于环境污染控制的很多理论问题至今尚未得到令人满意的解决，因此在制定环境质量标准的同时，还不得不求助于实际的环境管理经验。通常可以根据环境质量实际监测资料对照预定的质量标准，按照下列公式推算达到标准所需采取的措施，分析估计其实现的可能性。

则为达到现行标准所需的污染控制率（R）应为：

$$R = \frac{gc - a}{gc - b} \times 100\%$$

式中　c——目前实际污染物浓度；

　　　a——空气质量标准；

　　　b——当地污染物本底浓度；

　　　g——在今后一段时间内的生产增长因子。

这种方法往往只适用于特定的地理和气象条件。为了简化和统一计算方法，把平原地形、大气中性稳定状态、微风、点源连续排放，作为推算各种污染源排放标准的共同基础。显然，这样制定出来的排放标准，对山区、大气不稳定状态、强风、面源排放等情况不能适用。

1996 年，我国颁布的《大气污染物综合排放标准》是在利用大气扩散理论的基础上，结合我国实际情况进行若干修正后制定的。对废水排放标准而言，因污染物在水体中迁移转化规律远比污染物在大气中扩散规律复杂，至今尚未见到足以综合各种变化因素的计算公式，故通常把地面水质量标准的水中污染物允许浓度扩大若干倍作为制定污染物排放标准的方法之一。

10.2.2.2　制定污染物排放标准的原则和方法

A 制定污染物排放标准的原则

a 尽量满足环境质量标准要求

由于控制污染物排放的最终目的是保护人体健康和生态系统不被破坏，故环境质量标准应成为制定污染物排放标准的主要依据。

b 考虑技术、经济的可行性和合理性

这一技术原则必须同质量标准原则结合应用。如果在制定污染物排放标准时单纯考虑技术可行性和经济合理性，就失去其保证环境质量的意义；而在以保证实现既定环境质量为前提的情况下，在制定污染物排放标准时，仍应考虑技术经济问题。因此，制定出的排放标准，既要满足环境质量要求，又要与技术发展水平和经济能力相适应，处理好它们之间的关系是一个很重要的问题。

c 应考虑区域的差异性

空气、水等环境要素，既是保护对象，又是可利用的自然资源，因此不能因要保护环境就不分场合和情况一律要求做到"零排放";相反,应允许一定量的污染物排入周围环境中,利用大气和水体的稀释、扩散、分解等作用进行自然净化。因各地的地形、气象、水文等状况,以及污染源的分布、密度、特征等往往差别很大,各地允许排入环境的污染物量自然不同,因此在制定污染物排放标准时,考虑区域差异性的原则是完全必要和合理的。

B　制定污染物排放标准的方法

a　按污染物扩散规律制定排放标准

按污染物在环境中输送扩散轨迹及数学模型,推算出能满足环境质量标准要求的污染物排放量,这是一种合乎逻辑的常用方法。

b　按"最佳使用方法(或最佳可用技术)"制定排放标准

因排放标准的制定不能脱离污染控制技术的实际,因此在英、美等国提出了一种按"最佳使用方法(或最佳可用技术)"制定排放标准的方法。其标准建立在现有污染防治技术可能达到的最高水平上,同时也考虑到采取污染防治措施在经济上的可行性。即这种技术在现阶段实际应用中属于效果最佳,又可以在同类工厂中推广采用。这种方法的缺点是不与环境质量标准直接发生联系,但它具有客观示范作用,因此能起到积极的推动作用。

为了应用这个方法,必须做到调查了解能有效减少或控制某种污染物排放的先进工艺技术和各种净化设备,鉴定其效率,找出最佳者;计算投资和运行费用,估计在较大范围内推广的可能性;大致推算普遍使用后的环境质量状况,为进一步修订做好准备。

c　按环境总量控制法制定排放标准

根据地区气象、水文、地形、污染物的迁移转化规律及环境质量要求,制定出本地区污染物允许的排放总量。这样做的目的是使污染控制的计划更明确、责任更清楚。

10.2.3　环境标准的监督实施

环境标准由各级环保部门和有关的资源保护部门负责监督实施。环境保护部设有标准司,负责环境标准的制定、解释、监督和管理。

实施标准属于执法的范畴。环境标准颁布后,各省、自治区、直辖市和地(市)县环保局负责对本行政区域环境标准的实施进行监督,并通过环保局监测站具体执行。

为保证环境标准的实施,需要制定一整套实施环境标准的条例和管理细则,把环境标准的实施纳入法律,构成法律的组成部分。同时制定具体的实施计划和措施,做到专人负责,有章可循,以便更好地监督和检查环境标准的执行情况。

对新建、改建、扩建和各种开发项目以及区域环境,及时或定时聘请和配合持证单位进行环境质量评价和环境影响评价,确定环境质量目标,并制定实现该目标的综合整治措施,以求维护生态平衡、保障人民健康,促进经济持续发展。

组织专门人员深入环境和污染源现场,定期或不定期采样监测,摸清污染物排放的达标、违标情况,并要求各排污单位提供生产和排污的有关数据,根据法规标准进行奖罚处理。处罚违反环境标准的个人和单位,进行批评教育和限期治理,排污收费。严重污染环境者追究行政与经济责任,直至追究刑事责任。

10.2.4　我国环境标准的形成和发展

我国环境标准的形成和发展，从粗到细，从单一到综合，从初具轮廓到逐步完善，经历了较长岁月。1973 年第一次全国环境保护会议的召开和 1979 年《中华人民共和国环境保护法（试行）》的颁布，可视为我国环境标准形成和发展的两个重要转折点。现分初期、中期及近期三个阶段予以简述。

10.2.4.1　初期状况（1949～1973 年）

自新中国成立至 1973 年第一次全国环境保护会议召开前，国家制定颁布的有关环境标准都属于以保护人体健康为主的环境卫生标准。例如，1959 年由建筑工程部、卫生部联合颁发的《生活饮用水卫生规范》；1956 年由卫生部、国家建委联合颁发的《工业企业设计暂行卫生标准》；1962 年由国家计委、卫生部联合颁发的《注射工作卫生防护暂行规定》；1963 年由建筑工程部、农业部、卫生部联合颁发的《污水灌溉农田卫生管理试行办法》等。这些标准，对于环境保护有关的城市规划、工业企业设计及卫生监督工作起到了指导和促进作用。

10.2.4.2　中期状况（1973～1979 年）

1973 年，第一次全国环境保护会议召开是我国环境保护事业的一个新起点。会议确定了"全面规划，合理布局，综合利用，化害为利，依靠群众，大家动手，保护环境，造福人民"的环境保护方针。通过会议全面动员社会各界、政府部门和各方面专家积极参与环境保护活动，有力地推动了我国环境保护工作。

在此期间，在各部门的密切配合下，进一步修订和充实了已有的一些标准。例如，《生活饮用水卫生规范》经修订改为《生活饮用水卫生标准》，于 1976 年由国家建委、卫生部联合颁发；《工业企业设计卫生标准》修订后，于 1979 年由卫生部、国家建委、国家计委、国家经委、国防科委共同颁发。与此同时，还颁发了一些新标准。例如，1974 年国家计委、国家建委、国防科委、卫生部共同颁发了《放射防护规定》；1979 年农业部、国家水产局颁发了《渔业水质标准》；1979 年国务院环保领导小组、国家建委、国家经委和农业部共同颁发了《农田灌溉水质标准》等。

10.2.4.3　近期状况（1979 年至今）

1979 年《中华人民共和国环境保护法（试行）》的颁布，标志着我国环境保护工作进入了法制管理的新阶段。1984 年和 1988 年又先后颁布了《水污染防治法》和《中华人民共和国大气污染防治法》。几个法中明确规定了防治污染的基本要求及法律责任，使环境标准的制定和实施具备了更充分的法律依据。在各部门共同努力下，一系列环境标准相继颁布。例如，《大气环境质量标准》（1982 年）、《海水水质标准》（1982 年）、《地面水环境质量标准》（1983 年）、《生活饮用水标准》（1985 年）、《农田灌溉水质标准》（1985 年）、《渔业水质标准》（1989 年）、《地下水质标准》（1993 年）、《大气污染综合排放标准》（1984 年）、《污水综合排放标准》（1988 年），以及几十项行业大气污染物和行业废水排放标准。

随着改革开放、经济建设的迅速发展，为适应环境与经济可持续发展的需要，在环境保护部的领导下，各地、各部门密切合作对已有环境标准进行了全面系统地修订、充实和完善，使其更科学，更易于实施监督。

原《大气环境质量标准》经修订更名为《环境空气质量标准》（1996年），调整了其分区和分级，增加了4种污染物及数据统计的有效性规定等。《地面水环境质量标准》于1988年作了修订，采用了新的水域功能分类，并增加了10项参数和标准分析方法等。《大气污染物综合排放标准》经1996年修订后，污染物增加为33项，同时废除、合并了9个行业排放标准。《污水综合排放标准》于1996年修订后，已纳入了17个行业水污染物排放标准，并增加了10项控制项目。总之，我国环境标准近期有了很大发展，并逐步形成了完整的体系，为推动我国环境保护工作发挥了重要的作用。

10.3 环 境 法 规

10.3.1 环境法的基本概念

10.3.1.1 环境保护法的定义

环境保护法是由国家制定或认可，并由国家强制执行的关于保护和改善环境、合理开发利用与保护自然资源、防治污染和其他公害的法律规范的总称。从这个定义可以看出以下几点：

（1）环境保护法是一些特定法律规范的总称。它是以国家意志出现的、以国家强制力来保证实施的法律规范。因此它区别于环境保护其他非规范性文件。

（2）环境保护法所调整的社会关系，是在"保护和改善环境"与"防治污染和其他公害"这两大活动中所产生的人与人之间的关系。由此划清了环境保护法与其他法律的界限。

（3）环境保护法所要保护和改善的对象是整个人类的生存环境，包括生活环境和生态环境，而不仅仅是某几个环境要素，也不是若干种自然资源。因此，环境保护法必然是一个范围较大的体系。

10.3.1.2 环境保护法的目的和任务

《中华人民共和国环境保护法》第一条中规定："为保护和改善生活环境与生态环境，为防治污染和其他公害，保障人体健康，促进社会主义现代化建设的发展，制定本法。"该条目明确规定了环保法的目的和任务。它包括两方面内容：一是直接目的——协调人类与环境之间的关系，保护和改善生活环境和生态环境，防治污染和其他公害；二是最终目的——保护人民健康和保障经济社会持续发展。

10.3.1.3 环境保护法的作用

A 环境保护法是保证环境保护工作顺利开展的有力武器

《中华人民共和国环境保护法》的颁布实施，使环境保护工作制度化、法律化，使国家机关、企事业单位、各级环保机构和每个公民都明确了各自在环境方面的职责、权利和义务。对污染和破坏环境、危害人民健康的，则依法分别追究行政责任、民事责任，情节严重的还要追究刑事责任。有了环境保护法，使我国的环保工作有法可依，有章可循。

B 环境保护法是推动环境法建设的强大动力

《中华人民共和国环境保护法》是我国环境保护的基本法，它的颁布实施为制定各种环境保护单行法规及地方环境保护条例等提供了直接的法律依据，促进了我国环境保护的法制建设。现在已颁布的许多环境保护单行法律、条例、政令、标准等都是依据环境保护法的有关条文制定的。

C　环境保护法增强了广大干部群众的法制观念

《中华人民共和国环境保护法》从法律的高度向全国人民提出了保护环境的规范，明确了什么是法律所提倡的，什么是法律所禁止的，以法律为准绳树立起判别是非善恶的标准，从而指导人们的行动。它要求全国人民加强法制观念，严格执行环境保护法。一方面，各级领导要重视环境保护，对违反环境保护法，污染和破坏环境的行为，要依法办事；另一方面，广大群众应自觉履行保护环境的义务，积极参加监督各企事业单位的保护工作，敢于同破坏和污染环境的行为做斗争。

D　环境保护法是维护我国环境权益的重要工具

《中华人民共和国环境保护法》第四十六条规定："中华人民共和国缔结或者参加的与环境保护有关的国际公约，同中华人民共和国法律有不同规定的，使用国际条约的规定，但中华人民共和国声明保留的条款除外。"《中华人民共和国环境保护法》第二条第三款规定："在中华人民共和国管辖海域以外，排放有害物质，倾倒废弃物，造成中华人民共和国管辖海域污染损害的，也适用本法。"依据我国颁布的一系列环境保护法就可以保护中国的环境权益，依法使中国领域内的环境不受来自他国的污染和破坏，这不仅维护了中国的环境权益，也维护了全球环境。

10.3.2　环境法的基本原则

我国环境保护法的基本原则，是环境保护方针、政策在法律上的体现，它是调整环境保护方面社会关系的基本指导方针和规范，也是环境保护立法、执法、司法和守法必须遵循的基本原则。

（1）经济建设和环境保护协调发展的原则。经济建设和环境保护协调发展的原则的主要含义是指经济建设、城乡建设与环境建设必须同步规划、同步实施、同步发展，以实现经济效益、社会效益和环境效益的统一。协调发展是从经济社会与环境保护之间相互关系方面，对发展方式提出的要求，其目的是为了保证经济社会的健康、持续发展。事实证明，经济发展与环境保护是对立统一的关系，二者相互制约、相互依存、又相互促进。经济发展带来了环境污染问题，同时又受到环境的制约；而环境污染、资源破坏势必也影响经济发展。我们既不能因为保护环境、维持生态平衡而主张实行经济停滞发展的方针，也不能先发展经济后治理环境污染、以牺牲环境来谋求经济的发展。同时，环境污染的有效治理，也需要有经济基础的支持，所以，经济发展又为保护环境和改善环境创造了经济和技术条件。

（2）预防为主、防治结合、综合治理的原则。预防为主、防治结合、综合治理的原则主要含义是指以"防"为核心，采取各种预防手段和措施，防止环境问题的产生及恶化，或者把环境污染和破坏控制在能够维持生态平衡、保护人体健康、保障社会物质财富持续稳定增长的限度之内。预防为主是解决环境问题的一个重要途径，它是与末端治理相对应的原则。预防污染不仅可以大大提高原材料、能源的利用率，而且还可以大大地减少污染物的产生量，避免二次污染风险，减少末端治理负荷，节省环保投资和运行费用。对已形成的环境污染，则要进行积极治理，防治结合，尽量减少污染物的排放量，尽量减轻对环境的破坏。同时，还应把环境与人口、资源与发展联系在一起，从整体上来解决环境污染和生态破坏问题。采用各种有效手段，包括经济、行政、法律、技术、教育等，对环境污染和生态破坏进行综合防治。

（3）开发者养护、污染者治理的原则。开发者养护、污染者治理的原则，在我国环境保护法中称为"谁开发，谁保护"，"谁污染，谁治理"原则。开发利用自然资源的单位和个人对森林、草原、土地、水体、大气等资源，不但有依法开发利用的权利，而且还负责依法管理和保护的责任。同样，凡是对环境造成污染，对资源造成破坏的企业单位和个人，都应当根据法律的有关规定承担防治环境污染、保护自然资源的责任，都应支付防治污染、保护资源所需的费用。只有这样，才能有效地保护自然环境和自然资源，防止生态系统的失调和破坏，也才能做到合理开发利用自然资源，为经济的可持续发展创造有利的条件。

（4）政府对环境质量负责的原则。环境保护是一项涉及政治、经济、技术、社会各方面的复杂而又艰巨的任务，关系到国家和人民的长远利益，解决这种事关全局、综合性很强的问题，只有政府才有这样的职能。《中华人民共和国环境保护法》第十六条明确规定："地方各级人民政府，应当对本辖区的环境质量负责，采取措施改善环境质量。"政府对环境质量负责，就是要求政府采取各种有效措施，协调方方面面的关系，保护和改善本地区的环境质量，实现国家制定的环境目标。

（5）奖励与惩罚相结合的原则。奖励与惩罚相结合的原则，在我国环境保护法的若干条文中都有所体现，它是指在环境保护工作中，运用经济和法律手段对为环境保护做出显著贡献和成绩的单位和个人给予精神和物质奖励；对违法环境法规，污染和破坏环境，危害人民身体健康的单位和个人区分不同情况依法追究其行政责任、民事责任或者刑事责任。

（6）协同合作原则。协同合作原则是指以可持续发展为目标，在国家内部各部门之间、在国际社会和国家（地区）之间重新审视原有利益的冲突，实行广泛的技术、资金和情报交流与援助，联合处理环境问题。协同合作原则要求国际社会和国家内部各部门的协同合作。

（7）公众参与原则。公众参与原则，是目前世界各国环境保护管理中普遍采用的一项原则。1992 年，联合国环境与发展大会通过的《里约环境与发展宣言》中明确提出："环境问题最好是在全体有关市民的参与下进行。"环境质量好坏关系到广大人民群众的切身利益，每个公民都有了解环境状况、参与保护环境的权利。在环境保护工作中，要坚持依靠广大群众的原则，组织和发动群众对污染环境、破坏资源和破坏生态的行为进行监督和检举，使我国的环境保护工作真正做到"公众参与、公众监督"，把环境保护事业变成全民的事业。

10.3.3　我国环境法体系的构成

根据国内外环境立法现状，有关环境保护的法律规范包含多种类型，但它们之间却存在着内在的联系，构成了环境法体系。

我国的环境法体系是以宪法关于环境保护的规定为基础，以环境保护基本法为主干，由保护环境、防治污染的一系列单行法规、相邻部门法中有关环境保护的法律规范、环境标准、地方环境法规以及涉外环境保护的条约、协定所构成。

10.3.3.1 宪法

宪法是国家的根本大法。宪法有关环境保护的规定是环境法的基础。包括我国在内的许多国家在宪法中都对环境保护作了原则性规定。如《中华人民共和国宪法》第九条规定："矿藏、水流、森林、山岭、草原、荒地、滩涂等自然资源，都属于国家所有，即全民所有；由法律规定属于集体所有的森林、草原、荒地、滩涂除外。国家保障自然资源的合理利用，保护珍贵动物和植物。禁止任何组织或者个人用任何手段侵占或者破坏自然资源。"第十条规定："城市的土地属于国家所有；宅基地和自留地、自留山，也属于集体所有。国家为了公共利益的需要，可以依照法律规定对土地实行征用。任何组织或者个人不得侵占、买卖、出租或者以其他形式非法转让土地；一切使用土地的组织和个人必须合理地利用土地。"第二十条第二款规定："国家保护名胜古迹、珍贵文物和其他重要历史文化遗产。"第二十六条规定："国家保护和改善生活环境和生态环境，防治污染和其他公害。国家组织和鼓励植树造林，保护林木。"此外，《中华人民共和国宪法》关于管理国家、社会和个人事物的具有普遍适用意义的规定，也是环境立法的根据。如《中华人民共和国宪法》关于公民教育权利和义务的规定能够适用于环境保护教育立法。

10.3.3.2 环境保护基本法

环境保护基本法是环境法体系中的主干，除宪法外占有核心地位。环境保护基本法是一种实体法与程序法结合的综合性法律。对环境保护的目的、任务、方针政策、基本原则、基本制度、组织机构、法律责任等作了主要规定。

我国的《中华人民共和国环境保护法》、美国的《国家环境政策法》、日本的《环境基本法》等都是环境保护的综合性法律。这些法律通常对环境法的基本问题，如适用范围、组织机构、法律原则与制度等作了原则规定。因此，它们居于基本法的地位，成为制定环境保护单行法的依据。

10.3.3.3 环境保护单行法

环境保护单行法是针对特定的环境保护对象（如某种环境要素）或特定的人类活动（如基本建设项目）而制定的专项法律法规。这些专项的法律法规通常以宪法和环境保护基本法为依据，是宪法和环境保护基本法的具体化。因此，环境保护单行法的有关规定一般都比较具体细致，是进行环境管理、处理环境纠纷的直接依据。在环境法体系中，环境保护单行法数量最多，占有重要的地位。

由于环境保护单行法数量多，内容广泛，可以按其调整环境关系的差异而作如下分类。

A 污染防治法

由于环境污染是环境问题中最突出、最尖锐的部分，所以污染防治是我国环境法体系的主要部分和实质内容所在，基本上属于小环境法体系，如水、气、声、固体废物等污染防治法。

B 环境行政法规

国家对环境的管理通常表现在行政管理活动中，并且通过制定法规的形式对环境管理机构的设置、职责、行政管理程序、制度以及行政处罚程序等作出规定，如我国的《自然保护区管理条例》、《建设项目环境保护管理条例》、《风景名胜区管理条例》等，这些法规都属于环境管理法规，它们多数具有行政法规的性质。

C   自然资源保护法

这类法规定的日的是为了保护自然环境和自然资源免受破坏，以保护人类的生命维持系统，保存物种遗传的多样性，保证生物资源的永续利用。如我国的《森林法》、《野生动物保护法》、《草原法》等。

10.3.3.4   相邻基本法中有关环境保护的法律规范

由于环境保护的广泛性，专门环境立法尽管在数量上十分庞大，但仍然不能对涉及环境的社会关系全部加以调整。所以环境法体系中也包括了其他部门法，如民法、刑法、经济法、行政法中有关环境保护的一些法律法规，它们也是环境法体系的重要组成部分。

10.3.3.5   环境标准

环境标准是环境法体系的特殊组成部分。环境标准是国家为了维护环境质量，控制污染，从而保护人体健康、社会财富和生态平衡而制定的具有法律效力的各种技术指标和规范的总称。它不是通过法律条文规定人们的行为规范和法律后果，而是通过一些定量化的数据、指标、技术规范来表示行为规则的界限以调整环境关系。环境标准主要包括环境质量标准、污染物排放标准、基础标准、方法标准和样品标准五大类。在环境法体系中，环境标准的重要性主要体现在它为环境法的实施提供了数量化基础。

10.3.3.6   地方环境法规

环境问题受各地的自然条件和社会条件等因素的影响很大，因地制宜地制定地方性环境保护法规规章，有利于对环境进行更好更全面地管理。因此，这些地方性环境法规也是我国环境法体系的重要组成部分，它对于有效贯彻实施国家环境法规，丰富完善我国环境法体系的内容，具有重要的理论和实践意义。

10.3.3.7   涉外环境保护的条约、协定

国际环境法不是国内法，不是我国环境法体系的组成部分。但是我国缔结参加的双边与多边的环境保护条约协定，是我国环境法体系的组成部分。如《中日保护候鸟及其栖息环境协定》、《保护臭氧层公约》、《联合国气候变化框架条约》、《生物多样性公约》、《联合国防止荒漠化公约》、《濒危野生动植物物种国际贸易公约》、《防止倾倒废物和其他物质污染海洋公约》、《控制危险废物越境转移及其处置巴塞尔公约》等。

复习思考题

10-1 环境管理的基本内容有哪些？

10-2 我国现行的主要环境管理制度有哪些？

10-3 什么是环境标准，其在环境管理中起何作用？

10-4 简述制定环境标准的原则和方法。

10-5 环境法的基本原则有哪些？

10-6 简述我国环境法体系的构成。

11 可持续发展的基本理论

环境与发展，是当今国际社会普遍关注的全球性问题。人类经过漫长的奋斗历程，特别是产业革命以来，在改造自然和发展经济方面取得了辉煌的成就。但与此同时，人类赖以生存的环境为此付出了惨重的代价。人类社会生产力和生活水平的提高，在很大程度上都是建立在环境质量恶化的基础上。气候异常、灾害频发、臭氧层破坏、生物物种锐减、资源匮乏、能源枯竭等，敲响了一次次警钟，迫使人们不得不严肃思考，不得不重新审视自己的社会经济行为和发展的历程，认识到通过高消耗追求经济增长和"先污染后治理"的传统发展模式已不再适应当今和未来发展的需要，必须努力寻找一条人口、经济、社会、环境和资源相互协调的可持续发展道路。

11.1 可持续发展理论的内涵与特征

11.1.1 可持续发展的定义

"可持续发展"一词在国际文件中最早出现于 1980 年由国际自然保护同盟（IUCN）制定的《世界自然保护大纲》。其概念最初源于"生态学"，是指对于资源的一种管理战略。其后加入了一些新的内涵，是一个涉及经济、社会、文化、技术和自然环境的综合的、动态的概念。目前，在国际上认同度较高的是《我们共同的未来》，它对"可持续发展"作出了经典性定义："可持续发展是既满足当代人的需要，又不对后代人满足其需要的能力构成危害的发展。"

这个定义包涵了三个重要的内容：第一是"需求"，要满足人类的发展需求，可持续发展应特别优先考虑世界上穷人的需求；第二是"限制"，发展不能损害自然界支持当代人和后代人的生存能力，其思想实质是尽快发展经济满足人类日益增长的基本需要，但经济发展不应超出环境的容许极限，经济与环境协调发展，保证经济、社会能够持续发展；第三是"平等"，指各代之间的平等以及当代不同地区、不同国家和不同人群之间的平等。

11.1.2 可持续发展理论的基本特征

可持续发展的三个基本特征是生态持续、经济持续和社会持续。它们彼此互相联系、相互制约且不可分割。

11.1.2.1 生态持续

生态持续是基础。也就是说，可持续发展要求经济建设和社会发展要与环境承载能力相协调，发展的同时必须保护和改善地球生态环境，保证以可持续的方式使用自然资源和环境成本，使人类的发展控制在地球可承载的范围之内，尽可能地减少对环境的损害，使人与自然和谐相处。进入 21 世纪，越来越多的人认识到，人类与自然之间不是主人与奴隶、征服者与被征服者的关系，而是要和谐相处。面对未来发展的重重压力，把"生态良好"纳入文明发展道路之中，既体现了当代人的切身利益，又关乎子孙后代的长远利益。因此，我们要树立生态文明理念，大力倡导绿色消费，注重人与自然和谐相处，把资源承载能力、生态环境容量作为经济活动的重要条件，引导公众自觉选择节能环保、低碳排放的消费模式，进一步加强环境保护。生态系统为人类福祉和经济活动提供必需的资源和服务，保护环境是保护健康、维护生态平衡的迫切需要，同时也具有重要的经济意义。

环境承载力（环境承受力或环境忍耐力）指在某一时期，某种环境状态下，某一区域环境对人类社会、经济活动的支持能力的限度。通常，人们用环境承载力作为衡量人类社会经济与环境协调程度的标尺。

11.1.2.2　经济持续

经济持续是条件。经济发展是国家实力和社会财富的基础，因此，可持续发展鼓励经济增长，而不是以环境保护为名取消经济增长，可持续发展不仅重视经济增长的数量，更追求经济发展的质量。衡量一个国家的经济是否成功，不仅要以它的国民生产总值为标准，还需要计算产生这些财富的同时所消耗的全部自然资源的成本和由此产生的对环境恶化造成的损失所付出的代价，及环境破坏承担的风险，这样的加减价值综合之后才是保证经济发展质量之下真正的经济增长。由此看来，寻求一种循环经济发展模式和集约型的经济增长方式是非常必要的。这就要求我们要改变传统的以"高投入、高消耗、高污染"为特征的生产模式和消费模式，而走一条科技含量高、经济效益好、资源消耗低、环境污染少、人力资源优势得到充分发挥的新型工业化道路。一方面，要研究、开发和推广新能源、新材料，广泛采用符合域情的污染治理技术和生态破坏修复技术，全力推行清洁生产；另一方面，要大力发展先进生产力。实行经济结构的战略性调整，淘汰落后的工艺设备，关闭、取缔污染严重的企业；变传统工业"资源—生产—污染排放"的发展方式为"资源—生产—再生资源"的循环发展方式，实施绿色技术和清洁生产，提倡绿色消费，以改善质量、提高经济活动中的效益、节约资源和消减废物。

11.1.2.3　社会持续

社会持续是共同追求。可持续发展并非要人类回到原始社会，尽管那时候的人类对环境的损害是最小的。全世界各国的发展程度不同，发展的目标也各不相同，长期以来，人们把 GDP 作为经济发展的主要甚至是唯一的评价指标，片面追求 GDP 增长的发展。在这种背景下，很多人把 GDP 增长本身当作发展的最终目的。于是就出现了追求 GDP 的快速增长，掠夺性地、盲目地开采资源，污染再大的项目也要大干快上，导致人口、资源、环境的矛盾日益尖锐。发展的本质和最终追求都是改善人类生活质量，提高人类健康水平，创造一个保障人们平等、自由、教育、人权和免受暴力的社会环境。经济增长是为了满足人的全面发展的需要（包括人的生理、心里、文化、交往等的需要）所服务的。我们不能为了满足物质方面的需要而损害其他方面的需要，不能为了 GDP 的增长而损害环境和健康，削弱社会全面发展和可持续发展的能力。

总而言之，可持续发展要求在发展中积极解决环境问题，既要推进人类发展，又要促进自然和谐，只有真正地懂得环境与发展的关系，保持经济、资源、环境的协调，可持续发展才有可能成为现实。

11.1.3　可持续发展理论的基本原则

（1）公平性原则。所谓公平是指机会选择的平等性。可持续发展的公平性原则包括两个方面：一方面是同代人之间的公平，即代内之间的横向公平；另一方面是代际之间的公平，即世代之间的纵向公平。可持续发展要满足当代所有人的基本需求，给他们机会以满足他们要求过美好生活的愿望。可持续发展不仅要实现当代人之间的公平，而且也要实现当代人与未来各代人之间的公平，因为人类赖以生存与发展的自然资源是有限的。从理论上讲，未来各代人应与当代人有同样的权力来提出他们对资源与环境的需求。可持续发展要求当代人在考虑自己的需求与消费的同时，也要对未来各代人的需求与消费负起历史的责任。因为同后代人相比，当代人在资源开发和利用方面处于一种无竞争的主宰地位。各代人之间的公平要求任何一代都不能处于支配的地位，即各代人都应有同样选择的机会空间。

（2）持续性原则。这里的持续性是指生态系统受到某种干扰时能保持其生产力的能力。资源和环境是人类生存与发展的基础和条件，资源的持续利用和生态系统的可持续性是保持人类社会可持续发展的首要条件。这就要求人们根据可持续性的条件调整自己的生活方式，在生态可能的范围内确定自己的消耗标准，要合理开发、合理利用自然资源，使再生性资源能保持其再生能力，非再生性资源不至过度消耗并能得到替代资源的补充，环境自净能力能得以维持。可持续发展的可持续性原则从某一个侧面反映了可持续发展的公平性原则。

（3）共同性原则。可持续发展关系到全球的发展。要实现可持续发展的总目标，必须争取全球共同的配合行动，这是由地球整体性和相互依存性所决定的。因此，致力于达成既尊重各方的利益，又保护全球环境与发展体系的国际协定至关重要。正如《我们共同的未来》中写的"今天我们最紧迫的任务也许是要说服各国，认识回到多边主义的必要性"，"进一步发展共同的认识和共同的责任感，是这个分裂的世界十分需要的。"这就是说，实现可持续发展就是人类要共同促进自身之间、自身与自然之间的协调，这是人类共同的道义和责任。

11.2　中国实施可持续发展战略的行动

11.2.1　《中国 21 世纪议程》的主要内容

为了实施联合国环境与发展大会提出的《21 世纪议程》，落实可持续发展的行动计划，1992 年 7 月，我国政府决定，由国家计划委员会和国家科学技术委员会牵头，组织各有关部门制定和实施我国的可持续发展战略，即《中国 21 世纪议程》。经过 52 个部门和社会团体、300 多位专家以及管理人员的共同努力，编制了《中国 21 世纪议程》——中国 21 世纪人口、环境与发展白皮书，并于 1994 年 3 月 25 日国务院第 16 次常务会讨论通过。《中国 21 世纪议程》的实施，将为逐步解决我国的环境与发展问题奠定基础，有力地推动我国走上可持续发展的道路。

《中国 21 世纪议程》阐明了中国的可持续发展战略和对策，其内容包括四大部分：第一部分涉及可持续发展的总体战略，包括序言、中国可持续发展战略与对策、与可持续发展有关的立法与实施、费用与资金机制、教育与可持续发展能力建设，以及团体及公众参与的可持续发展等六章；第二部分涉及社会可持续发展内容，包括人口、居民消费和社会服务、消除贫困、卫生与健康、人类居住区可持续发展和防灾减灾等五章；第三部分涉及经济可持续发展内容，包括可持续发展经济政策、农业与农村的可持续发展、工业与交通、通讯业的可持续发展、可持续的能源生产和消费等四章；第四部分涉及资源与环境的合理利用与保护，包括自然资源保护与可持续利用、生物多样性保护、荒漠化防治、保护大气层、固体废物无害化管理等五章。每章均设导言和方案领域两部分，导言重点阐明该章的目的、意义及其在可持续发展整体战略中的地位、作用；每一个方案领域又分为三部分：首先在行动依据里扼要说明本方案领域所要解决的关键问题，其次是为解决这些问题所要制定的目标，最后是实现上述目标所要实施的行动。

（1）可持续发展总体战略。这一部分内容从总体上论述了中国可持续发展的背景、必要性、战略与对策等，提出了到 2000 年各主要产业发展目标、社会发展目标和与上述目标相适应的可持续发展对策。其内容包括：建立中国可持续发展法律体系，通过立法保障妇女、青少年、少数民族、工人、科技界等社会各阶层参与可持续发展以及相应的决策过程；制定和推进有利于可持续发展的经济政策、技术政策和税收政策；能力建设作为实施《中国 21 世纪议程》的重点，强调加强现有信息系统的联网信息共享，特别注意各级领导和管理人员实施能力的培训，同时加强教育建设、人力资源开发和提高科技能力。

（2）社会可持续发展。其内容包括：控制人口增长和提高人口素质，引导民众采用新的消费和生活方式；在工业化、城市化进程中，发展中小城市和小城镇，发展社会经济，注意扩大就业容量，大力发展第三产业；加强城乡建设规划和合理利用土地，注意将环境污染由分散治理转到集中治理；增强贫困地区自然经济发展能力，尽快消除贫困；建立与社会经济发展相适应的自然灾害防治体系。

（3）经济可持续发展。其内容包括：利用市场机制和经济手段推动可持续综合管理体系；在工业生产中积极推广清洁生产，尽快发展环保产业，发展多种交通模式；提高能源效率与节能，推广减少污染的煤炭开采技术和清洁煤技术，开发利用新能源和可再生能源。

（4）资源合理利用与环境保护。其内容包括：在自然资源管理决策中推进可持续发展影响评价制度；通过科学技术引导，对重点区域或流域进行综合开发整治，完善生物多样性保护法规体系，建立和扩大国家自然保护区网络；建立全国土地荒漠化监督信息系统，采用新技术和先进设备控制大气污染和酸雨；开发消耗臭氧层物质的替代产品和替代技术，大面积造林，建立有害废物处置、利用的法规、技术标准等。

11.2.2　《中国 21 世纪议程》的特点

《中国 21 世纪议程》具有以下几方面的独特之处：

（1）突出体现新的发展观。《中国 21 世界议程》体现了新的发展观，力求结合我国国情，分类指导，有计划、有重点、分区域、分阶段摆脱传统的发展模式，逐步由粗放型经济发展过渡到集约型经济发展。具体内容如下：

1）我国东部和东南沿海地区经济相对比较发达，在经济继续保持稳定、快速增长的同时，重点调高增长的质量，提高效益、节约资源与能源，减少废物，改变传统的生产模式与消费模式，实施清洁生产和文明消费。

2）我国西部、西北部和西南部经济相对不够发达，重点是消除贫困，加强能源、交通、通信等基础设施建设，提高经济对区域开发的支撑能力。

3）对于农业，重点提出了一系列通过政策引导和市场调控等手段，逐步使农业向高产、优质、高效、低耗的方向发展。发展我国独具特色的乡镇企业，引导其提高效益、减少污染，为农村剩余劳动力提供更多的就业机会。

4）能源是我国国民经济的支柱产业。根据我国能源结构中煤炭占70%以上的特点，在能源发展中重点发展清洁煤技术，计划通过一系列清洁煤技术项目和示范工程项目，大力提倡节能、提高能源效率以及加快可再生能源的开发速度。

（2）注重处理好人口与发展的关系。长期以来，庞大的人口基数给我国经济、社会、资源和环境带来了巨大压力。尽管我国人口的自然增长率呈下降趋势，但人口增长的绝对数仍很大，社会保障、卫生保健、教育、就业等远跟不上人口增长的需求。《中国21世纪议程》根据这一严峻的现实，着重提出了要继续进行计划生育，在控制人口增长的同时，通过大力发展教育事业、健全城乡三级医疗卫生和妇幼保健系统、完善社会保障制度等措施，提高人口素质、改善人口结构，同时大力发展第三产业，扩大就业容量，充分发挥人力资源的优势。

（3）充分认识我国资源所面临的挑战。《中国21世纪议程》充分认识我国资源短缺和人口激增对经济发展的制约。因此，它强调从现在起必须要有资源危机感。21世纪要建立资源节约型经济体系，将水、土地、矿产、森林、草原、生物、海洋等各种自然资源的管理纳入国民经济和社会发展计划，建立自然资源核算体系，运用市场机制和政府宏观调控相结合的手段，促进资源合理配置，充分运用经济、法律、行政手段实行资源的保护、利用与增值。

（4）积极承担国际责任和义务。《中国21世纪议程》充分认识我国的环境与发展战略与全球环境与发展战略的协调。对诸如全球气候变化问题、防止平流层臭氧耗损问题、生物多样性保护问题、防止有害废物越境转移问题以及水土流失和荒漠化问题等，都提出了相应的战略对策和行动方案，以强烈的历史使命感和责任感去履行对国际社会应尽的责任和义务。

11.3 可持续发展战略的实施途径

11.3.1 清洁生产

清洁生产是一种新的创造性思想，该思想从生态经济系统的整体性出发，将整体预防的环境战略应用于生产过程、产品和服务中，以提高物料和能源利用率、降低对能源的过度使用、减少人类和环境自身的风险。这与可持续发展的基本要求、能源的永久利用和环境容量的持续承载能力是相符合的，这也是实现资源环境和经济发展双赢的有效途径。

11.3.1.1 清洁生产的基本概念

清洁生产工艺是从无废工业演变而来。1984年联合国欧洲经济委员会在塔什干召开的国际会议上曾对无废工艺作了如下的定义："无废工艺乃是这样一种生产产品的方法

（流程、企业、地区——生产综合体），它能使所有的原料和能量在原料—生产—消费—二次原料的循环中得到最合理和综合的利用，同时对环境的任何作用都不致破坏它的正常功能。"

美国环境保护局对废物最少化技术所作的定义是："在可行的范围内，减少产生的或随之处理、处置的有害废弃物量。它包括在产生源处进行的消减和组织循环两方面的工作。这些工作导致有害废弃物总量与体积的减少，或有害废物毒性的降低，或两者兼而有之，并与使现代和将来对人类健康与环境的威胁最小的目标相一致。"

联合国环境规划署于 1989 年就提出了清洁生产的最初定义，并得到了国际社会的普遍认可和接受。而 1992 年在联合国环境与发展大会上通过的《21 世纪议程》，则首次正式提出了清洁生产的概念，指出实行清洁生产是取得可持续发展的关键因素，这个观点得到了与会国的积极响应。而后联合国环境规划署 1996 年提出了较完整的定义："清洁生产是一种新的创造性思想，该思想将整体预防的环境战略持续应用于生产过程、产品和服务中，以增加生态效率和减少人类及环境的风险。对生产过程，要求节约原材料和能源，淘汰有毒原材料，减降所有废弃物的数量和毒性；对产品，要求减少从原材料提炼到产品最终处置的全生命周期的不利影响；对服务，要求将环境因素纳入设计和所提供的服务中。"

2002 年 6 月 29 日颁布的《中华人民共和国清洁生产促进法》第二条指出，"本法所称清洁生产，是指不断采取改进设计、使用清洁的能源和原料、采用先进的工艺技术与设备、改善管理、综合利用等措施，从源头消减污染，提高资源利用效率，减少或者避免生产、服务和产品使用过程中污染物的产生和排放，以减轻或者消除对人类健康和环境的危害。"

需要指出的是，清洁生产是一个相对的概念，所谓清洁生产技术和工艺、清洁产品、清洁能源都是同现有技术工艺、产品和能源比较而言的。因此，推行清洁生产是一个不断持续的过程，随着社会经济的发展和科学技术的进步，需要适时地提出更新的目标，达到更高的水平。

清洁生产可以概括为以下三个目标：

（1）自然资源的合理利用。要求投入最少的原材料和能源产出尽可能多的产品，提供尽可能多的服务。包括最大限度节约能源和原材料、利用可再生能源或者清洁能源、利用无毒无害原材料、减少使用稀有原材料、循环利用物料等措施。

（2）经济效益最大化。通过节约资源、降低损耗、提高生产效益和产品质量，达到降低生产成本、提高企业的竞争力的目的。

（3）对人类健康和环境的危害最小化。通过最大限度地减少有毒有害物料的使用、采用无废或者少废技术和工艺、减少生产过程中的各种危险因素、废物的回收和循环利用、采用可降解材料生产产品和包装、合理包装以及改善产品功能等措施，实现对人类健康和环境的危害最小化。

清洁生产主要包括以下三个方面的内容：

（1）清洁的能源。常规能源的清洁利用，如采用洁净煤技术，逐步提高液体染料、天然气的使用比例；可再生能源的利用，如水力资源的充分开发和利用；新能源的开发，如太阳能、生物质能、风能、潮汐能、地热能的开发和利用；各种节能技术和措施等，如在能耗大的化工行业采用热电联产技术，提高能源利用率。

（2）清洁的生产过程。尽量少用、不用有毒有害的原料，这就需要在工艺设计中充分考虑；无毒无害的中间产品；减少或消除生产过程的各种危险性因素，如高温、高压、低温、低压、易燃、易爆、强噪声、强震动等；少废、无废的工艺；高效的设备；物料的再循环（厂内、厂外）；简便、可靠的操作和控制；完善的管理等。

（3）清洁的产品。节约原料和能源，少用昂贵和稀缺的原料，利用二次资源作原料；产品在使用过程中以及使用后不含危害人体健康和生态环境的因素；易于回收、复用和再生；合理包装；合理的使用功能（以及具有节能、节水、降低噪声的功能）和合理的使用寿命，产品报废后易处理、易降解等。

推行清洁生产在于实现两个全过程控制：

首先，在宏观层次上组织工业生产的全过程控制，包括资源和地域的评价、规划、组织、实施、运营管理和效益评价等环节；其次，在微观层次上物料转化生产全过程控制，包括原料的采集、储运、预处理、加工、成型、包装、产品和储存等环节。

清洁生产的目标是节约能源、降低原材料消耗、减少污染物的产生量和排放量；清洁生产的基本手段是改进工艺技术、强化企业管理，最大限度的提高资源、能源的利用率和改变产品体系，更新设计观念，争取废物最少排放，即将环境因素纳入服务中去；清洁生产的方法是排污审计，即通过审计发现排污部位、排污原因，并筛选消除或减少污染物的措施及产品生命周期分析。因此，清洁生产的终极目标是保护人类与环境，提高企业自身的经济效益。

清洁生产的概念不但包含有技术上的可行性，还包括经济上的可盈利性，体现经济效益、环境效益和社会效益的统一。

11.3.1.2 清洁生产在我国的发展

我国在 20 世纪 70 年代末期就已经认识到，通过技术改造最大限度地把"三废"消除在生产过程之中是防治工业污染的根本途径。1983 年第二次全国环境保护工作会议上明确提出，环境污染问题要尽力在计划过程和生产过程中解决，实行经济效益、社会效益和环境效益三统一的指导方针。同年国务院发布了技术改造应结合工业污染防治的规定，提出要把工业污染防治作为技术改造的重要内容，通过采用先进技术、提高资源利用率，把污染物消除在生产过程之中，从根本上解决污染问题。

20 世纪 80 年代中期全国举行了两次少废、无废工艺研讨会，不少工业部门和企业开发应用了一批少废、无废工艺，取得了一定的成绩。

我国积极响应联合国环境与发展大会提出的可持续发展战略和清洁生产工艺，1992年国务院发布了《环境与发展的十大对策》，明确宣布实行可持续发展战略，尽量采用清洁工艺。这不但是我国环境保护政策的新的里程碑，也是在物质生产领域内建设具有中国特色社会主义的具体纲领，为推动清洁生产创造了极为有利的条件。1993 年 10 月国家经贸委和国家环境保护局在上海召开了第二次全国工业污染防治会议，会议一致高度评价清洁生产的重要意义和作用，确定了清洁生产在 20 世纪 90 年代我国环境保护的战略地位。

在 1994 年 3 月，国务院通过的《中国 21 世纪议程》中列入了清洁生产的内容。有关清洁生产的项目也被列入第一批优先项目计划。

1995 年，我国在制定"九五"经济和社会发展计划以及 2010 年长远目标中进一步提出有关实行可持续发展的战略；在"九五"期间实行"两个转变"，即经济体制由计划经济向社会主义市场经济转变，增长方式由粗放型向集约型转变。提出要根据国情，选择有利于节约资源和保护环境的产业结构和消费方式。市场机制为实施清洁生产提供了新的机遇，清洁生产正是促进增长方式转变的重要途径。

1997 年，国家环保局颁发了《关于推行清洁生产的若干意见》，对推行清洁生产的管理、机构、宣传、实施等作了明确的规定。

2000 年，国家环保总局局长解振华在全国省级环保厅（局）长会议上的讲话中，将积极推行清洁生产列在环保工作主要措施的首位，并指出清洁生产是工业污染防治的必由之路。

近年来，我国在制定和修订颁布的环境保护法中都纳入了清洁生产的要求，明确国家鼓励、支持开展清洁生产。2002 年《清洁生产促进法》正式颁布实施，这对于提高资源利用效率，减少和避免污染物产生，保护和改善环境，保障人体健康，促进经济与社会可持续发展，起着极其重要的作用。

11.3.1.3　实施清洁生产的途径

A　资源的综合利用

资源的综合利用是推行清洁生产的首要方向。如果原料中的所有组分通过工业加工过程的转化都能变成产品，这就实现了清洁生产的主要目标。应该指出的是，这里所说的综合利用，有别于所谓的"三废的综合利用"。这里是指并未转化为废料的物料，通过综合利用，就可以消除废料的产生。资源的综合利用也包括资源节约利用的含义，物尽其用意味着没有浪费。资源综合利用，不但可增加产品的生产，同时也可减少原料费用。降低工业污染及其处置费用，提高工业生产的经济效益，是全过程控制的关键。因此，有些国家已经将资源综合利用定为国策。我国《清洁生产促进法》第二十五条也对资源的综合利用作了规定。第二十六条规定，企业应当在经济技术可行的条件下，对生产和服务过程中产生的废物、余热等自行回收利用或者转让给有条件的其他企业和个人利用。

B　改革工艺和设备

改革工艺技术是预防废物产生的最有效的方法之一。通过工艺改革可以预防废物产生，增加产品产量和效率，提高产品质量，减少原材料和能源消耗。但是工艺技术改革通常比强化内部管理需要投入更多的人力和资金，因而实施起来时间较长，通常只有加强内部管理之后才进行研究。

企业改革生产工艺可以采取的清洁生产措施：

（1）采用无毒、无害或者低毒、低害的原料，替代毒性大、危害严重的原料。

（2）采用资源利用率高、污染物产生量少的工艺和设备，替代资源利用率低、污染物产生量多的工艺和设备。

（3）对生产过程中产生的废物、废水和余热等进行综合利用或者循环使用。

（4）采用能够达到国家或者地方规定的污染物排放标准和污染物排放总量控制指标的污染防治技术。

此外，对新建、改建和扩建项目应当进行环境影响评价，对原料使用、资源消耗、资源综合利用以及污染物产生与处置等进行分析论证，优先采用资源利用率高及污染物产生量少的清洁生产技术、工艺和设备。在项目试生产后正式生产之前，必须通过"环保验收"，以确认是否达到了环评和环评批复的要求。

C 组织厂内的物料循环

"组织厂内物料循环"被美国环保局作为与"源消减"并列的实现废料排放最少化的两大基本方向之一。在这里强调的是企业层次上的物料再循环。实际上，物料再循环作为宏观仿生的一个重要内容，可以在不同的层次上进行，如工序、流程、车间、企业乃至地区，考虑再循环的范围越大，则实现的机会越多。

厂内物料再循环可分为如下几种情况：

（1）将流失的物料回收后作为原料返回原工序中。例如，造纸废水中回收纸浆；印染废水中回收染料；收集跑、冒、滴、漏的物料等。

（2）将生产过程中生成的废料经过适当处理后作为原料或原料替代物返回原生产流程中。例如，铜电解精炼中的废电解液，经处理后提出其中的铜再返回到电解精炼流程中；鞋革废液除去固体夹杂物，用碱性溶液沉淀成氢氧化铬，再用硫酸溶解后重新用于鞋革。

（3）将生产过程中生成的废料经过适当处理后作为原料返用于本厂其他生产过程中。如发酵过程中产出的二氧化碳可作为制造饮料的原料；有色熔炼尾气中的二氧化硫可用作硫酸车间的原料或建立石膏生产线。

在厂内物料再循环中，应特别强调生产过程中气和水的再循环，以减少废气和废水的排放。

D 加强管理

在企业管理中要突出清洁生产的目标，从着重于末端处理向全过程控制倾斜，使环境管理落实到企业中的各个层次，分解到生产过程的各个环节，贯穿于企业的全部经济活动之中，与企业的计划管理、生产管理、财务管理、建设管理等专业管理紧密结合起来。

E 改革产品体系

在当前科学技术迅猛发展的形势下，产品的更新换代速度越来越快，新产品不断问世。人们开始认识到，工业污染不但发生在生产产品的过程中，也发生在产品的使用过程中。有些产品使用后废弃、分散在环境之中，也会造成始料未及的危害。我国《清洁生产促进法》中对产品和包装物的设计，应当考虑其在生命周期中对人类健康和环境的影响，优先选择无毒、无害、易于降解或者便于回收利用的方案。而建筑工程应当采用节能、节水、节电等有利于环境与资源保护的建筑设计方案、建筑和装修材料、建筑构配件及设备。

F 必要的末端处理

前面已经指出，清洁生产本身是一个相对的概念。一个理想的模式，在目前的技术水平和经济发展水平条件下，实现完全彻底的无废生产，还是比较罕见的，废料的产生和排放有时还难以避免。因此，还需要对它们进行必要的处理和处置，使其对环境危害降至最低。

清洁生产是环境保护的一部分。末端治理也是环境保护的一部分。清洁生产是针对末端治理而提出的，两者在环境保护的思路上各具特色。在现阶段，在环境保护的过程中它们相辅相成，互为弥补，各自发挥着自己的作用，从而共同达到环境保护的目的。

11. 3. 2 循环经济

循环经济是 1992 年联合国环境与发展大会提出可持续发展道路之后，在经济和环境法制发达国家出现的一种新型经济发展模式，这一模式在这些国家已经取得了巨大的成效，并已称为国际社会推行可持续发展战略的一种有效模式。

11.3.2.1 循环经济的基本概念

"循环经济"一词，是由美国经济学家 K·波尔丁在 20 世纪 60 年代提出的，是指在资源投入、企业生产、产品消费及其废弃的全过程中，把传统的依赖资源消耗的线性增长的经济，转变为依靠生态型资源循环来发展的经济。国家发改委环境和资源综合利用司在研究中提出，循环经济应当是指通过资源的循环利用和节约，实现以最小的资源消耗，最小的污染获取最大的发展效益。其核心是资源的循环利用和节约，最大限度地提高资源的使用效益；其结果是节约资源、提高效益、减少环境污染。

循环经济是可持续发展的新经济发展模式，是与传统经济活动的"资源消费—产品—废物排放"开放型（或称为单程型）物质流动模式相对应的"资源消费—产品—再生资源"闭环型物质流动模式。它是以资源利用最大化和污染排放最小化为主线，将清洁生产、资源综合利用、生态设计和可持续消费等融为一体的循环经济战略，本质上是一种生态经济。循环经济的根本之源就是保护日益稀缺的环境资源，提高环境资源的配置效率。

循环经济倡导在物质不断循环利用的基础上发展经济，是符合可持续发展战略的一种全新发展模式。其主要原则是：减少资源利用量及废物排放量（Reduce），大力实施物料的循环利用（Recycle），以及努力回收利用废弃物（Reuse）。这就是著名的"3R"法则，也是循环经济最重要的实际操作原则。

11.3.2.2 循环经济在我国的发展

我国推行循环经济始于 20 世纪 90 年代后期，经过近年来不断探索，已形成了独具一格的循环经济发展模式，即"3 + 1"模式，即小循环、中循环、大循环，废物处置和再生产业。

小循环——在企业层面，选择典型企业和大型企业，根据生态效益理念，通过产品生态设计、清洁生产等措施进行单个企业的生态工业试点，减少产品和服务中物料和能源的使用量，实现污染物排放的最小化。

中循环——在区域层面，按照工业生态学原理，通过企业间的物质集成、能量集成和信息集成，在企业间形成共生关系，建立工业生态园。目前环境保护部已批准了广西贵港、天津泰达等多个园区为国家生态工业园区试点。

大循环——在社会层面，重点进行循环型城市和省区的建立。目前，环境保护部在辽宁省进行了以改造老工业基地为核心的循环经济示范省建设试点工作，在贵阳市进行了以发挥当地资源优势，构建新的产业格局为核心的循环经济城市建设试点工作。

废物处置和再生产业——建立废物和废旧资源的处理、处置和再生产业，以从根本上解决废物和废旧资源在全社会的循环利用问题。

11.3.2.3 发展循环经济的基本途径和重点

当前和今后一个时期，我国发展循环经济应重点抓好以下五个环节：

（1）在资源开采环节，要大力提高资源综合开发和回收利用率。对矿产资源开发要统筹规划，加强共生、伴生矿产资源的综合开发和利用，实现综合勘查、综合开发、综合利用；加强资源开采管理，健全资源勘查开发准入条件，改进资源开发利用方式，实现资源的保护性开发；积极推进矿产资源深加工技术的研究，提高产品附加值，实现矿业的优化与升级；开发并完善我国矿产资源特点的采、选、冶工艺，提高回采率和综合回收率，降低采矿贫化率，延长矿山寿命；大力推进尾矿、废矿的综合利用。

（2）在资源消费环节，要大力提高资源利用效率。加强对钢铁、有色、电力、煤炭、石化、化工、建材、纺织、轻工等重点行业的能源、原材料、水等资源消耗管理，实现能量的梯级利用、资源的高效利用，努力提高资源的产出效益；电动机、汽车、计算机、家电等机械制造企业，要从产品设计入手，优先采用资源利用率高、污染物产生量少以及有利于产品废弃后回收利用的技术和工艺，尽量采用小型或重量轻、可再生的零部件或材料，提高设备制造技术水平；包装行业要大力压缩无实用性材料消耗。

（3）在废弃物产生环节，要大力开展资源综合利用。加强对钢铁、有色、电力、煤炭、石化、建材、造纸、酿造、印染、皮革等废弃物产生量大、污染重的重点行业的管理，提高废渣、废水、废气的综合利用率；综合利用各种建筑废弃物及秸秆、畜禽粪便等农业废弃物，积极发展生物质能源，推广沼气工程，大力发展生态农业；推动不同行业通过产业链的延伸和耦合，实现废弃物的循环利用；加快城市生活污水再生利用设施建设和垃圾资源化利用；充分发挥建材、钢铁等行业废弃物消纳功能，降低废弃物最终处置量。

（4）在再生资源产生环节，要大力回收和循环利用各种废旧资源。积极推进废钢铁、废有色金属、废纸、废塑料、废旧轮胎、废旧家电及电子产品、废旧纺织品、废旧机电产品、包装废弃物等的回收和循环利用；支持汽车发动机等废旧机电产品再制造；建立垃圾分类收集和分选系统，不断完善再生资源回收、加工、利用体系；在严格控制"洋垃圾"和其他有毒有害废物进口的前提下，充分利用两个市场、两种资源，积极发展资源再生产业的国际贸易。

（5）在社会消费环节，要大力提倡绿色消费。树立可持续的消费观，提倡健康文明、有利于节约资源和保护环境的生活方式与消费方式；鼓励使用绿色产品，如能效标识产品、节能节水认证产品和环境标志产品等；抵制过度包装等浪费资源行为；政府机构要发挥带头作用；把节能、节水、节材、节粮、垃圾分类回收、减少一次性用品的使用逐步变成每个公民的自觉行动。

11.3.2.4　加快发展循环经济的主要措施

当前我国加快发展循环经济的主要措施有：

（1）发展循环经济，要坚持以科学发展观为指导，以优化资源利用方式为核心，以提高资源生产率和降低废弃物排放为目标，以技术创新和制度创新为动力，采取切实有效的措施，动员各方面的力量，积极加以推进。

（2）要把发展循环经济作为编制国家发展规划的重要指导原则，用循环经济理念指导编制各类规划。加强对发展循环经济的专题研究，加快节能、节水、资源综合利用、再生资源回收利用等循环经济发展重点领域专项规划的编制工作。建立科学的循环经济评价指标体系，研究提出国家发展循环经济战略目标及分阶段推进计划。

（3）加快发展低能耗、低排放的第三产业和高技术产业，用高新技术和先进适用技术改造传统产业，淘汰落后工艺、技术和设备。严格限制高能耗、高耗水、高污染和浪费资源的产业以及开发区的盲目发展。用循环经济理念指导区域发展、产业转型和老工业基地改造，促进区域产业布局合理调整。开发区要按循环经济模式规划、建设和改造，充分发挥产业集聚和工业生态效应，围绕核心资源发展相关产业，形成资源循环利用的产业链。

（4）要研究建立完善的循环经济法规体系，当前要抓紧制定《资源综合利用条例》、《废旧家电及电子产品回收处理管理条例》、《废旧轮胎回收利用管理条例》、《包装物回收利用管理办法》等发展循环经济的专项法规。完善财税政策，加大对循环经济发展的支持力度；继续深化企业改革，研究制定有利于企业建立符合循环经济要求的生态工业网络的经济政策。

（5）要组织开发和示范有普遍推广意义的资源节约和替代技术、能量梯级利用技术、延长产业链和相关产业链技术、"零排放"技术、有毒有害原材料替代技术、回收处理技术、绿色再制造等技术，努力突破制约循环经济发展的技术瓶颈。在重点行业、重点领域、工业园区和城市继续开展循环经济试点工作。

11.3.3　低碳经济

在人类大量消耗化石能源、大量排放二氧化碳等温室气体，从而引发全球能源市场动荡和全球气候变暖的大背景下，国际社会正逐步转向发展"低碳经济"，目的是在发达国家和发展中国家之间建立相互理解的桥梁，以更低的能源强度和温室气体排放轻度支撑社会经济高速发展，实现经济、社会和环境的协调统一。

11.3.3.1　低碳经济的基本概念

低碳经济的概念源于英国在 2003 年 2 月 24 日发表的《我们未来的能源——创建低碳经济》的白皮书。英国在其《能源白皮书》中指出，英国将在 2050 年将其温室气体排放量在 1990 年水平上减排 60%，从根本上把英国变成一个低碳经济的国家。英国是世界上最早实现工业化的国家，也是全球减排行动的主要推进力量。

所谓低碳经济，是指在可持续发展思想指导下，通过技术创新、制度创新、产业转型、新能源开发等多种手段，尽可能地减少煤炭、石油等高碳能源消耗，不断提高碳利用率和可再生能源比重，减少温室气体排放，逐步使经济发展摆脱对化石能源的依赖，最终实现经济社会发展与生态环境保护双赢的一种经济发展形态。

低碳经济中的"经济"一词，涵盖了整个国民经济和社会发展的方方面面。而所提及的"碳"，狭义上指造成当前全球气候变暖的二氧化碳气体，特别是由于化石能源燃烧所产生的二氧化碳，广义上包括《京都协议书》中所提出的六种温室气体（二氧化碳、甲烷、氧化亚氮、氢氟碳化物、全氟化碳、六氟化硫）。低碳经济作为一种新的经济模式，包含三个方面的内容：首先，低碳经济是相对于高碳经济而言的，是相对于基于无约束的碳密集能源生产方式和能源消费方式的高碳经济而言的。因此，发展低碳经济的关键在于降低单位能源消费量的碳排放量（即碳强度），通过碳捕捉、碳封存、碳蓄积降低能源消费的碳强度，控制二氧化碳排放量的增长速度；其次，低碳经济是相对于新能源而言的，是相对于基于化石能源的经济发展模式而言的。因此，发展低碳经济的关键在于促进经济增长与由能源消费引发的碳排放"脱钩"，实现经济与碳排放错位增长（碳排放低增长、零增长乃至负增长），通过能源替代、发展低碳能源和无碳能源控制经济体的碳排放弹性，并最终实现经济增长的碳脱钩；再者，低碳经济是相对于人为碳通量而言的，是一种为解决人为碳通量增加引发的地球生态圈失衡而实施的人类自救行为。因此，发展低碳经济的关键在于改变人们的高碳消费倾向和碳偏好，减少化石能源的消费量，减缓碳足迹，实现低碳生存。

11.3.3.2 低碳经济的目标

发展"低碳经济"，实质是通过技术创新和制度安排来提高能源效率并逐步摆脱对化石燃料的依赖，最终实现以更少的能源消耗和温室气体排放支持经济社会可持续发展的目的。通过制定和实施工业生产、建筑和交通等领域的产品和服务的能效标准和相关政策措施，通过一系列制度框架和激励机制促进能源形式、能源来源、运输渠道的多元化，尤其是对替代能源和可再生能源等清洁能源的开发利用，实现低能源消耗、低碳排放以及促进经济产业发展的目标。

A 保障能源安全

当前，全球油气资源不断趋紧、保障能源安全压力逐渐增大。21 世纪以来，全球油气供需状况已经出现了巨大的变化，石油的剩余生产能力已经比 20 世纪 80~90 年代大大减少，一个中等规模的石油输出国出现供应中断，就可能导致国际市场上石油供应绝对量的短缺。在全球油气资源地理分布相对集中的大前提下，受到国际局势变化和重要地区政局动荡等地缘整治因素的影响，国际能源市场的不稳定因素不断增加，油气供给中断和价格波动的风险显著上升。此外，西方发达国家还利用政治外交和经济金融措施对石油市场的投资、生产、储运和定价进行控制，构建符合其自身利益的全球政治经济格局。所有这些因素导致全球油气供应的保障程度及其未来市场预期都有所降低，推动油气价格剧烈波动。

低碳发展模式就是在上述能源背景下发展起来的社会经济发展战略，以减少对传统化石燃料的依赖，从而保障能源安全。目前，世界各国经济社会都受到油气供应中断风险增加和当前油气价格剧烈波动的影响，主要发达国家对于国际能源市场的高度依赖更是面临着保障能源安全的挑战，低碳发展模式就是调整与能源有关的国家战略和政策措施的重要手段。

B 应对气候变化

气候变化问题为能源体系的发展提出了更加深远的挑战，气候变化问题是有史以来全球人类面临的最大的"市场失灵"问题，扭曲的价格信号和制度安排导致了全球环境容量不合理的配置和利用，并最终形成了社会经济中大量社会效率低下且不可持续的生产和消费。应对全球气候变化的国际谈判和国际协议的发展，实质上是对经济社会发展所必需的温室气体排放容量进行重新配置，制定相关国际制度，实现经济发展目标与保护全球气候目标的统一。

低碳发展模式是在全球环境容量瓶颈凸显以及应对气候变化的国际机制不断发展的背景下发展起来的，是应对气候变化的必然选择。在未来形成全球大气容量国际制度安排的前提下，发展低碳经济，将化石燃料开放利用的环境外部性内部化，并通过国际国内政策框架的制定来促进构建经济、高效且清洁的能源体系，从而实现《联合国气候变化框架公约》的最终目标，使得"大气中温室气体的浓度稳定在防止气候系统受到具有威胁性的人为干扰的水平上。"当前，全球各国都共同面临着减少化石燃料依赖并降低温室气体排放和稳定其大气中浓度的挑战，发达国家和发展中国家在未来将承担"共同但有区别的"温室气体减排责任，而低碳发展模式能够实现经济社会发展和保护全球环境的双重目标。

C　促进经济发展

发展低碳经济，目的在于寻求实现经济社会发展和应对气候变化的协调统一。低碳并不意味着贫困，贫困不是低碳经济的目标，低碳经济是要保证低碳条件下的高增长。通过国际国内层面合理的制度构建，规制市场经济下技术和产业的发展动向，从而实现整个社会经济的低碳转型。发展低碳经济，不仅有助于实现应对气候变化的全球重大战略目标，并且也能够为整个社会经济带来新的增长点，同时还能创造新的就业岗位和国家的经济竞争力。

在 20 世纪几次石油危机的刺激下，西方发达国家走在了全球发展低碳经济的前列。英国、德国、丹麦等欧洲各国以及日本长期重视发展可再生能源和替代能源的战略，在当前具备了引领全球低碳技术和低碳产业的优势。在全球金融危机和经济放缓的背景之下，美国也将发展替代能源和可再生能源、创造绿领就业机会为核心，实现国家的"绿色经济复兴计划"。目前，欧美发达国家都在通过制度构建、技术创新发展低碳技术和低碳产业，推动社会生产生活的低碳转型，以新的经济增长点和增长面推动整体社会繁荣。

11.3.3.3　低碳经济实现的途径

发展低碳经济，需要在能源效率、能源体系低碳化、吸碳与碳汇及经济发展模式和社会价值观念等领域开展工作。大量研究表明，通过发展低碳经济，采取业已或者即将商业化的低碳经济技术，大规模发展低碳产业并推动社会低碳转型，能够控制温室气体排放，关键是成本问题及如何分摊这些成本。

A　提高能效和减少能耗

低碳发展模式要求改善能源开发、生产、运输、转换和利用过程中的效率并减少能源消耗。面对各种因素所导致的能源供应趋紧，整个社会迫切需要在既定的能源供应条件下支持国民经济更好更快地发展，或者说在保障一定的经济发展速度的同时，减少对能源的需求并进而减少对能源结构中仍占主导地位的化石燃料的依赖。提高能源效率和节约能源涵盖了整个社会经济的方方面面，尤其作为重点用能部门的工业、建筑和交通部门更是迫切需要提高能效的领域，通过改善燃油的经济性、减少对小汽车的过度依赖、提高建筑能效和提高电厂能效等措施，能够实现节能增效的低碳发展目标。

发展低碳经济，制定并实施一系列相互协调并互为补充的政策措施，包括实行温室气体排放贸易体系，推广能源效率承诺，制定有关能源服务、建筑和交通方面的法规并发布相应的指南和信息，颁布税收和补贴等经济激励措施。这些政策措施的目的在于通过合理的制度框架，引导和发挥自由市场经济的效率与活力，从而以长期稳定的调控信号和较低的成本引导重点用能部门向低能耗和高能效的方向转型。

B　发展低碳能源并减少排放

能源保障是社会经济发展必不可少的重要支撑，低碳发展模式则是要降低能源中的碳含量及其开发利用产生的碳排放，从而实现全球大气环境中温室气体环境容量的高效合理利用。实现经济社会发展的"低碳化"，是为了在合理的制度安排之下推动碳排放所产生的环境负外部性内部化，从而实现从低效率的"高碳排放"转向大气环境容量得以优化配置和利用的"低碳经济"。通过恰当的政策法规和激励机制，推动低碳能源技术的发展以及相关产业的规模化，能够将其减缓气候变化的环境正外部性内部化，使得发展低碳经济更加具有竞争力。

降低能源中的碳含量和碳排放，主要涉及控制传统的化石燃料开发利用所产生的二氧化碳以及在资源条件和技术经济允许的情况下，通过以相对低碳的天然气代替高碳的煤炭作为能源，通过捕集各种化石燃料电厂以及氢能电厂和合成燃料电厂中的碳并加以地质封存，能够改善现有能源体系下的环境负外部性。此外，能源"低碳化"还包括开发利用新能源、替代能源和可再生能源等非常规能源，以更为"低碳"甚至"零碳"的能源体系来补充并一定程度上替代传统能源体系。风力发电、生物质能、光伏发电以及氢能等新型能源，在未来都有很大的发展潜力，特别是大量分散、不连续和低密度的可再生能源，能够很好地补充城乡统筹发展所必需的能源服务，并且新能源产业的发展也是提供就业岗位、促进能源公平的有力保障。

C 发展吸碳经济并增加碳汇

低碳发展模式还意味着调整和改善全球大气环境的碳循环，通过发展吸碳经济并且增加自然碳汇，从而抵消或中和短期内无法避免的化石能源燃烧所排放的温室气体，最终有利于实现稳定大气中温室气体浓度的目标。减少毁林排放和增加植树造林，不仅是改变人类长期以来对森林、土地、林业产品、生物多样性等资源过度索取的状态，而且也是改善人与自然的关系、主动减缓人类活动对自然生态影响以及打造生态文明的重要手段。

与自然碳汇相关的林业和土地资源对于不同发展阶段的国家具有不同的开发利用价值，尤其是当前在保障粮食安全、缓解贫困、发展可持续生计等方面具有重大的意义。应对气候变化国际体制在避免毁林等方面的发展，就是将相关资源在自然碳汇方面的价值转化成为具体的经济效益，与其在其他领域所具有的价值进行综合的权衡，从而引导各国的经济社会发展路径朝低碳方向转型。通过植树造林增加自然碳汇降低大气中的温室气体浓度，通过控制热带雨林焚毁减少向大气中排放温室气体，以及通过对农业土地进行保护性耕作从而防止土壤中的碳流失，对于全球各国尤其是众多发展中国家都具有重要意义。

D 推行低碳价值理念

低碳发展模式还要求改变整个经济社会的发展理念和价值观念，引导实现全面的低碳转型。《21世纪议程》指出"地球所面临的最严重的问题之一，就是不适当的消费和生产模式"。发展低碳经济就是在应对气候变化的背景之下从社会经济增长和人类发展的角度，对合理的生产消费模式做出重大变革。

发展低碳经济要求经济社会的发展理念从单纯依赖资源和环境的外延型粗放型增长，转向更多依赖技术创新、制度构建和人力资本投入的科学发展理念。传统的基于化石燃料所提供的高污染高强度能源支撑起来的工业化和城市化进程，必须从未来能源供需、相应资源环境成本的内部化等方面进行制度和技术创新。发展低碳经济还要求全社会建立更加可持续的价值观念，不能因对资源和环境过度索取而使其遭受严重破坏，要建立符合我国环境资源特征和经济发展水平的价值观念和生活方式。人类依赖大量消耗能源、大量排放温室气体所支撑下的所谓现代化的体面生活必须尽早尽快调整，这将是对当前人类的过度消费、超前消费和奢侈消费等消费观念的重大转变，进而转向可持续的社会价值观念。

11.3.3.4　低碳经济和循环经济的关系

循环经济和低碳经济在最终目标上，都是要实现人与自然和谐的可持续发展。但循环经济追求的是经济发展与资源能源节约和环境友好的三位一体的三赢模式；低碳经济是特定指向的经济形态，针对的是导致全球气候变化的二氧化碳等温室气体以及主要是化石燃料的碳基能源体系，旨在实现与碳相关的资源和环境的有效配置和利用。在实现途径上，二者都强调通过提高效率和减少排放。但低碳经济更加强调通过改善能源结构、提高能源效率、减少温室气体的排放；而循环经济强调提高所有的资源能源的利用效率，减少所有废弃物的排放。

在实现低碳经济的具体途径中，减少能源消耗和提高能源效率都很好地体现了循环经济"减量化"的要求，而对二氧化碳等温室气体的捕捉封存，尤其是二氧化碳封存并提高原油采收率等措施，则很好地体现了循环经济"再利用"和"资源化"的原则，此外，开发应用消耗臭氧层物质的非温室气体类替代产品，则体现了循环经济在"再设计、再修复、再制造"等更广意义上的要求。因此，低碳经济与循环经济具有紧密的联系。

从循环经济在世界各国的实践来看，循环经济和低碳经济根本的不同是所对应的经济发展阶段不同。循环经济是适应工业化和城市化全过程的经济发展模式，而低碳经济是新世纪新阶段应对气候变化而催生的经济发展模式。因此也可以认为，低碳经济是循环经济理念在能源领域的延伸，循环经济是发展低碳经济的基础，循环经济发展的结果必然走向低碳经济。对于处于工业化、城市化过程中的发展中国家来说，循环经济是不可逾越的经济发展阶段。

低碳经济的关注点和重点领域在低碳能源和温室气体的减排上，聚焦在气候变化上，这是与发达国家经济发展阶段相对应的。发达国家经过两百多年的工业化发展，特别是近几十年来后工业化社会的发展，在产业结构、传统污染物治理以及资源利用率方面，都取得了显著的成果，但在现有经济技术条件下，改善的空间不是太大。由于资源禀赋的条件限制和经济规模的扩张，温室气体的排放并没有减少，可是从二氧化碳排放量的构成看，还有较大的降低空间。因此对于发达国家来说，低碳经济追求的目标应该是绝对的低碳发展。发展中国家的传统污染问题尚未得到解决，气候变化的问题又摆在面前，所以对发展中国家而言，目标应该是相对的低碳发展，重点在低碳，目的在发展。

11.3.4　绿色技术

随着人们环境保护意识的逐步增强以及环境保护事业的深入发展，国际上兴起了一股"绿色高潮"，如"绿色产品"、"绿色标志"、"绿色革命"、"绿色文明"等。在科学技术领域出现了"绿色技术"的新名词。绿色代表环境、象征生命。人们在某一名词前冠以"绿色"，以表明某一社会、经济活动或是行为、产品、技术等有益于环境或对环境无害。

11.3.4.1　绿色技术的基本概念

绿色技术的科学内涵尚在发展中，各专业的说法不一，如有的环境保护专家认为绿色技术就是环境保护技术，有的生态学家认为，绿色技术就是生态技术。这些说法都有其正确的部分，但也是不全面的。我们认为绿色技术具有如下几个方面的基本技术特性：首先，绿色技术不是只指某一单项技术，而是一个技术群，或是说一整套技术。它不仅包括持续农业与生态农业，也包括生态破坏和污水、废气、固体废弃物防治技术以及污染治理生物技术和环境监测的高新技术，这些技术之间又相互联系。其次，绿色技术具有高度的战略性，它与持续发展的战略密不可分。持续发展是对高消耗、高消费给环境带来严重恶化的传统技术的否定。因此，绿色技术是可持续发展的技术基础。第三，绿色技术是一个发展着的相对概念，随着时间的推移和科学技术的进步，绿色技术的内涵和外延也随着变化与发展。尤其是绿色技术根据环境价值观念会不断发生变化，技术也就会随着而变。第四，绿色技术对高新技术的容量很大，也就是说，高新技术在绿色技术中可以发挥巨大的作用。所谓高新技术的"绿色"，就是充分发挥现代科学技术的潜力，走对环境无害的发展道路。

各国有各自的具体情况，国情不同，经济发展和环境保护的重点不同，所以不同国家甚至一个国家的不同地区，绿色技术的主要内容都会有所不同。我国是一个发展中国家，正处在经济快速增长的阶段。面临发展生产力、增强综合国力和提高人民生活水平的任务。同时，我国又面临着相当严峻的问题和困难，庞大的人口基数、有限的人均资源、资源利用率低、环境污染和生态破坏严重、技术水平低等，因此可持续发展是我国长期的发展模式。

为了促进可持续发展，我国必须大力发展绿色技术。1996 年国家环境保护局制定的《中国跨世纪绿色工程规划》中，确定的我国环境保护重点行业有煤炭、石油、天然气、电力、冶金、有色金属、建材、化工、轻工、纺织、医药。与此相对应的绿色技术的主要内容，包括能源技术、材料技术、催化剂技术、分离技术、生物技术、资源回收技术等。

11.3.4.2 绿色技术的特征

A 绿色技术的动态性

技术是影响环境变迁的重要因素，因此人们在主观上希望尽可能采用污染少的技术，或希望发展绿色技术。但客观上，技术因素受到经济、社会、自然等各方面的影响，因此在不同条件下，绿色技术具有不同的内涵，这就是绿色技术的动态性。把握绿色技术的动态性，将有助于认识技术因素演变的内在规律及其对环境的影响，有助于采取合适的技术对策，在加快经济发展的同时减轻对环境的不利影响。

B 绿色技术的层次性

绿色技术的层次性表现在产业规划、企业经营、生产工艺三个层次。产业规划应体现可持续发展的原则，从实际出发，合理布局和设计产业结构，体现经济与环境协调发展；企业经营应当渗透到企业发展的战略谋划中去，在绿色思想的指导下，影响企业产品设计、原材料和能源选用、工艺改进等；从环境保护的要求出发，优化工艺流程，积极推行清洁生产。这三个层次相互影响，既有区别又密切联系。

C 绿色技术的复杂性

绿色技术的复杂性体现在两个方面：一是广度上，技术改进往往会引起环境、经济、社会等多种效应，产生的综合影响是复杂的；二是深度上，技术改进与环境效应之间的联系不能只看表面，需要进行深入研究。对于广度问题以对电动汽车评价为例，电动汽车采用蓄电池代替汽油或柴油作为动力源，行驶中不会排放 NO_x、CO 等有害气体，从此角度看是一项绿色技术。但评价范围扩大一些，发现在蓄电池生产过程中，要耗用石油或煤炭等初级能源，生产过程中排放出大量废水、废气。即存在污染转移的问题，把发生在行驶过程中的污染集中到生产过程中。此外还有废旧蓄电池的处置问题。

11.3.4.3　绿色技术的应用

绿色象征着自然、生命、健康、舒适和活力，绿色使人回归自然。面对环境污染，人们选择了绿色作为无污染、无公害和环境保护的代名词，明确地表达了其自身的含义，即无污染、无公害和有助于环境保护的产品。

绿色产品的概念应当从产品的全生命周期来把握，即对产品生命周期的各个环节进行综合评价，只有当其综合效益对环境和健康有益，才能称得上是真正的绿色产品。

A　绿色食品

绿色食品是安全、营养、无公害食品的统称。绿色食品的产地必须符合生态环境质量的标准，必须按照特定的生产操作规程进行生产、加工，生产过程中只允许限量使用限定的人工合成化学物质，产品及包装经检验、监测必须符合特定的标准，并且经过专门机构的认证。绿色食品是一个庞大的食品家族，主要包括粮食、蔬菜、水果、畜禽肉类、蛋类、水产品等系列。绿色食品的核心一是安全，二是营养，三是好吃。任何受过农药、化肥污染或使用了防腐剂、抗氧化剂、漂白剂、增稠剂而又可能对人体健康带来不良影响的食品，都不应称为绿色食品。

B　绿色纺织品

绿色纺织品一般是指不含有有害物质的纺织品，对人体应绝对安全；同时在生产使用和废弃物处理过程中，对人类也没有不利因素和影响。它是由绿色纤维的纺织品和"绿色"印染整理加工两方面组成。

C　绿色化学品

现代人类社会的存在离不开化学品，不愿在使用化学产品的同时造成对自身的危害，只有使用那些对人类和环境无害的化学产品，即绿色化学品。判断一个化学品是否为绿色化学品，要从一个化学品的全生命周期来分析。首先，该产品的起始原料应来自可再生原料，如农业废物；其次，产品本身必须不会引起环境或健康问题，包括不会对野生生物、有益昆虫或植物造成损害；最后，产品被使用后，应能再循环或易于在环境中降解为无害物质。

D　绿色能源

能源是发展经济、满足人民生活的重要物质基础。现在获取能源的途径主要仍然是石油、煤和天然气。这些化石燃料不仅受到资源的限制，而且在使用中也会带来严重的环境污染问题。因此，开发新能源，大力推行绿色能源计划已受到世界各国的高度重视。所谓绿色能源计划是指能够保护环境、维持生态平衡以及实现经济可持续发展的能源生产和消费。如开发、推广清洁煤技术，提高能源利用效率和节约能源，开发利用可再生能源和新能源，加强能源规划和管理。绿色能源技术包括现代风能技术、太阳能发电技术、氢能利用技术、海洋能利用技术、地热能利用技术、生物质发电技术、新能源技术等。

E　绿色汽车

绿色汽车的特点是节能、低废、高效、轻质、易于回收利用。节能是汽车综合优化的一个重要指标，其涉及很多因素，这些因素是相互关联和制约的，要达这一目标必须采用新技术，如先进的模拟设计方法、先进的高功率电池、代用燃料和燃料储存、辅助动力装置、有效空调系统、电力推进部件、减轻质量的新型轻质材料和新结构、超级储能装置等。

F　绿色建筑

绿色建筑是指建筑设计、建造、使用中充分考虑环境保护的要求，把建筑物与种植业、养殖业、能源、环保、美学、高新技术等紧密结合起来，在有效满足各种使用功能的同时，能够有益于使用者身心健康，并创造符合环境保护要求的工作和生活空间结构。绿色建筑包括以下几个原则：资源经济和较低费用的原则，全寿命设计原则，宜人性设计的原则，灵活性原则，传统特色与现代技术相统一的原则，建筑理论与环境科学相融合的原则。

复习思考题

11-1　可持续发展的基本特征有哪些？

11-2　请根据你自己的经验，分析一个不能够持续发展的实例。

11-3　简述《中国21世纪议程》的特点和主要内容。

11-4　什么是清洁生产，实施清洁生产的途径有哪些？

11-5　试述清洁生产和循环经济的关系。

11-6　简述绿色技术的意义和特征。

参 考 文 献

[1] 方淑荣. 环境科学概论 [M]. 北京：清华大学出版社，2011.

[2] 祖彬. 环境保护基础 [M]. 哈尔滨：哈尔滨工程大学出版社，2007.

[3] 李淑芹，孟宪林. 环境影响评价 [M]. 北京：化学工业出版社，2011.

[4] 战友，李立欣，孙平. 环境保护概论 [M]. 北京：化学工业出版社，2010.

[5] 奚旦立，孙裕生. 环境监测 [M]. 北京：高等教育出版社，2010.

[6] 郑丹星，冯流，武向红. 环境保护与绿色技术 [M]. 北京：化学工业出版社，2006.

[7] 洪坚平，林大仪，王果，等. 土壤污染与防治（第二版）[M]. 北京：中国农业出版社，2005.

[8] 曾向东. 环境影响评价 [M]. 北京：高等教育出版社，2008.

[9] 谭绩文. 矿山环境学 [M]. 北京：地震出版社，2008.

[10] 徐炎华. 环境保护概论（第二版）[M]. 北京：中国水利水电出版社，2009.

[11] 高廷耀. 水污染控制工程 [M]. 北京：高等教育出版社，1999.

[12] 梁红，高红武. 环境保护与节能减排 [M]. 北京：中国环境科学出版社，2010.

[13] 陆书玉，栾胜基，朱坦. 环境影响评价 [M]. 北京：高等教育出版社，2001.

[14] 戴树桂. 环境化学 [M]. 北京：高等教育出版社，1997.

[15] 曲向荣. 土壤环境学 [M]. 北京：清华大学出版社. 2010.

[16] 曲向荣，张国徽，吴昊，等. 环境保护概论 [M]. 北京：机械工业出版社，2014.

[17] 吴烨. 环境地质 [M]. 北京：科学出版社，2011.

[18] 章丽萍，张春辉，王丽敏. 环境保护概论 [M]. 北京：煤炭工业出版社，2013.

[19] 孙向阳. 土壤学 [M]. 北京：中国林业出版社，2004.

[20] 熊文强，郭孝菊，洪卫. 绿色环保与清洁生产概论 [M]. 北京：化学工业出版社，2002.

[21] 徐恒力. 环境地质学 [M]. 北京：大地出版社，2009.

[22] 李铁峰. 环境地质学 [M]. 北京：高等教育出版社，2003.

[23] 蒋志学，邓士谨. 环境生物学 [M]. 北京：中国环境科学出版社，1989.

[24] 李连山. 大气污染控制工程 [M]. 武汉：武汉理工大学出版社，2002.

[25] 左玉辉. 环境学 [M]. 北京：高等教育出版社，2006.

[26] 吴彩斌，雷恒毅，宁平. 环境学概论 [M]. 北京：中国环境科学出版社，2005.

[27] 赵景联. 环境科学导论 [M]. 北京：机械工业出版社，2005.

[28] 李爱贞. 生态环境保护概论（第二版）[M]. 北京：气象出版社，2005.

[29] 魏振枢，杨永杰. 环境保护概论（第二版）[M]. 北京：化学工业出版社，2011.

[30] 孔昌俊. 环境科学与工程概论 [M]. 北京：科学出版社，2004.

[31] 潘岳，刘青松. 环境保护 [M]. 北京：中国环境科学出版社，2004.

[32] 张锦瑞. 环境保护与治理 [M]. 北京：中国环境科学出版社，2002.

[33] 程发良，常慧. 环境保护基础 [M]. 北京：清华大学出版社，2002.

[34] 朱蓓丽. 环境工程概论 [M]. 北京：科学出版社，2001.

[35] 马光. 环境与可持续发展导论 [M]. 北京：科学出版社，2001.

[36] 陈英旭. 环境学 [M]. 北京：中国环境科学出版社，2001.

[37] 钱易，唐孝炎. 环境保护与可持续发展 [M]. 北京：高等教育出版社，2001.

[38] 郝吉明，马广大. 大气污染控制工程 [M]. 北京：高等教育出版社，2002.

[39] 贾建丽，于妍，王晨. 环境土壤学 [M]. 北京：化学工业出版社，2012.

[40] 储金宇，秦明周. 环境地学 [M]. 武汉：华中科技大学出版社，2010.

[41] 王显政，王乃新，王久明，等. 煤矿固体废物治理与利用 [M]. 北京：煤炭工业出版社，1998.

［42］何绪文，贾建丽．矿井水处理及资源化的理论与实践［M］．北京：煤炭工业出版社，2009.

［43］关伯仁．环境科学基础教程［M］．北京：中国环境科学出版社，1994.

［44］张坤民．可持续发展论［M］．北京：中国环境科学出版社，1995.

［45］井文涌．环境学导论（第二版）［M］．北京：清华大学出版社，1999.

［46］蒋展鹏．环境工程学［M］．北京：高等教育出版社，1999.

［47］刘培桐．环境科学导论［M］．北京：中国环境科学出版社，1991.

［48］刘常海．环境管理［M］．北京：中国环境科学出版社，1999.

［49］刘耀邦．可持续发展战略读本［M］．北京：中国计划出版社，1996.

［50］杨铭枢，卢宝文．环境保护概论［M］．北京：石油工业出版社，2009.

［51］刘天齐．环境保护［M］．北京：化学工业出版社，2000.

［52］李焰．环境科学导论［M］．北京：中国电力出版社，2000.

［53］金岚．环境生态学［M］．北京：高等教育出版社，1992.

［54］杨士弘．城市生态环境学［M］．北京：科学出版社，1995.

［55］刘劲松，王丽华，宋秀娟．环境生态学基础［M］．北京：化学工业出版社，2003.

［56］刘少康．环境与环境保护导论［M］．北京：清华大学出版社，2002.

［57］陈国新．环境科学基础［M］．上海：复旦大学出版社，1992.

［58］唐永銮，刘育民．环境学导论［M］．北京：高等教育出版社，1987.

［59］孙承咏．环境学导论［M］．北京：中国人民大学出版社，1994.

［60］赵广超，左胜鹏，王传辉．环境保护概论［M］．芜湖：安徽师范大学出版社，2011.

［61］周富春，胡莹，祖波，等．环境保护基础［M］．北京：科学出版社，2008.

［62］张俊秀．环境监测［M］．北京：中国轻工业出版社，2010.

［63］李广超．环境监测［M］．北京：化学工业出版社，2010.

［64］左玉辉，华新，柏益尧，等．环境学原理［M］．北京：科学出版社，2010.

［65］刘琨，李永峰，王璐．环境规划与管理［M］．哈尔滨：哈尔滨工业大学出版社，2010.

［66］国家统计局，环境保护部．2010中国环境统计年鉴［M］．北京：中国统计出版社，2011.

［67］胡筱敏，成杰民，王凯荣．环境学概论［M］．武汉：华中科技大学出版社，2010.

冶金工业出版社部分图书推荐

书　名	作　者	定价（元）
环境保护及其法规（第2版）	任效乾　等编著	45.00
环保设备材料手册（第2版）	王绍文　等主编	178.00
除尘技术手册	张殿印　等编著	78.00
环保工作者实用手册（第2版）	杨丽芬　等主编	118.00
环保知识400问（第3版）	张殿印　主编	26.00
固体废物处理处置技术与设备（本科教材）	江　晶　编著	38.00
环保机械设备设计	江　晶　编著	55.00
大宗工业固废环境风险评价	宁　平　等著	30.00
计算化学在典型大气污染物控制中的应用	汤立红　等著	49.00
化工行业大气污染控制	李　凯　等著	36.00
高原湖泊低污染水治理技术及应用	杨逢乐　等著	28.00
环境生化检验	王瑞芬　编	18.00
膜法水处理技术（第2版）	邵　刚　编著	32.00
环境噪声控制	李家华　主编	19.8
矿山环境工程（第2版）	蒋仲安　主编	39.00
固体废弃物资源化技术与应用	王绍文　等编著	65.00
高浓度有机废水处理技术与工程应用	王绍文　等编著	69.00
新型实用过滤技术（第2版）	丁启圣　著	120.00
现代除尘理论与技术	向晓东　著	24.00
高原湖泊低污染水治理技术及应用	杨逢乐　等著	28.00
湿法冶金污染控制技术	赵由才　等编著	38.00
工业企业粉尘控制工程综合评价	赵振奇　等编著	27.00
污水处理技术与设备（本科教材）	江　晶　编著	35.00
环境工程微生物学（本科教材）	林　海　主编	45.00
能源与环境（本科教材）	冯俊小　主编	35.00
固体废物污染控制原理与资源化技术（本科教材）	徐晓军　等编著	39.00
冶金企业环境保护（本科教材）	马红周　主编	23.00
环境污染控制工程	王守信　等编著	49.00
焦化废水无害化处理与回用技术	王绍文　等编著	28.00
钢铁工业废水资源回用技术与应用	王绍文　等编著	68.00
工业废水处理工程实例	张学洪　等编著	28.00